재미있는 통계해법

김상오 지음

Statistics Solution

홍릉과학출판사

머리말

이 책은 통계학을 공부하려는 학부학생과 통계학에 대한 기초지식이 필요한 대학원생, 그리고 통계 프로그램을 활용하여 연구하려는 연구생 및 실무자들의 입문서로 적합하도록 집필하였다.

통계학은 현대의 모든 학문분야와 실무분야에서 과학적으로 사고하고 분석하는데 반드시 갖추어야 할 중요한 지식체계이다. 오늘날 통계학은 자연과학뿐만 아니라 인문·사회과학 및 의학 등 모든 학문분야에서 널리 활용되고 있으며, 실무분야에서도 그 실효성이 날로 증대되고 있다.

이러한 점을 감안하여 통계학의 기본적 개념뿐만 아니라 실무에서 널리 적용되고 있는 중요한 통계기법들을 독자들이 보다 쉽게 이해하고 응용할 수 있도록 하는데 중점을 두었다. 따라서 이 책에서는 풍부한 예제를 통해 기초 통계 개념들을 쉽게 터득할 수 있도록 하였고, 특히 중요한 이론분야에서는 통계 패키지(SPSS)를 사용하여 예제를 다시 한 번 분석하고 결과를 설명함으로써 실무분야에서 통계학의 활용 능력을 배가시키고자 하였다.

대학에서 한 학기 강의에 적합하도록 총 14개 장으로 구성하였다. 이론공통분야는 모두 10개 장으로 이루어졌고, 응용분야는 모두 4개 장으로 이루어졌다. 이론공통분야에서는 통계학의 기초개념인 자료 분석, 확률 및 확률분포, 추정기법, 가설검정 등을 다루었고, 응용분야에서는 분산분석, 상관관계분석, 회귀분석, 시계열분석 등을 다루었다.

이 책을 집필하는데 있어서 그동안 출간된 국내외의 많은 관련 문헌들이 큰 밑거름이 되었고, 저자 나름대로 많은 시간과 노력을 기울였으나 사실상 부족한 점이 많으리라 생각한다. 이 책에서 다루어야 할 내용이 빠졌거나 다루고 있더라도 미흡한 것에 대해서는 여러분의 질책과 조언을 겸허하게 받아들여 앞으로 계속하여 보충하고 보완하여 나갈 것을 약속한다.

끝으로 이 책을 집필하고 출간하는 과정에서 많은 도움을 주신 여러분께 깊이 감사드린다. 특히 출판을 위해 힘써주신 홍릉과학출판사 임직원과 편집부직원들의 노고에 고마운 마음을 전한다. 그리고 집필과정에서 조언과 격려를 보내주신 동료 교수님께 감사드리며, 새로운 가족이 된 이 응교와 최 정원에게 축복이 있길 바란다.

2016년 12월

저 자

차례

CHAPTER 01 통계와 SPSS

CHAPTER 02 통계자료의 기술

CHAPTER 03 대표값

CHAPTER 04 산포도

CHAPTER 05 확률

CHAPTER 06 이산확률분포

CHAPTER 07 연속확률분포

CHAPTER 08 표본분포와 신뢰구간

CHAPTER 09 두 모집단의 신뢰구간

CHAPTER 10 가설검정(I)

CHAPTER 14 시계열분석

CHAPTER

01 통계와 SPSS

1.1. 통계학의 태생과 발전

인간이 세상을 살아오면서 주변 환경(자연과 사회현상 등)의 다양한 변화에 적응하기 위해 이들 변화에 대한 과학적 분석이 필요하였고, 분석 자료는 인간의 모든 생활에 대단히 유익하게 사용되었다. 오랜 옛날 천문학자들은 천체의 움직임을 오랫동안 기록하고 분석함으로써 천체가 앞으로 어떻게 변화할 것인가를 예측하였다. 아울러 뉴튼(1642~1727)이 사과열매의 낙하현상에서 만유인력의 법칙(the law of gravitation)을 발견한 것과 같이 자연현상에 대한 분석이 그들의 변화를 알 수 있는 방법이 된다는 사실을 깨닫게 되었다. 이러한 유익한 분석 자료를 얻기 위해 변화에 대한 자료를 수집하고 분석하는 방법에 대한 연구가 시작되었고, 그 후 분석 자료는 정치 · 사회 · 경제 및 산업 등 모든 분야에서 활용되기 시작하였다.

이와 같이 자료 수집과 분석에 관한 지식이 체계화되기 시작한 것은 1660년 독일의 H. Corning(1606~1681)교수가 각 국의 정치 · 경제 · 지리 · 역사 · 군사 및 조세 등에 관한 국세를 Helsmtadt대학에서 강의함으로서 국상학이라는 통계개념이 태동되면서 부터이다.

이와 때를 같이하여 영국에서는 런던의 상인 J. Graunt(1620~1674)가 런던시에서 발표한 사망자 수를 정리 · 분석하여 '사망표에 대한 자연적 · 정치적 관찰(Natural and Political Obeservation upon the Bill of Morality)' 이란 논문을 1962년 발표하였고, 또한 W. Petty(1623~1687)가 [정치 산술학](Political Arithmetick)이라는 저서를 발표함으로써 영국에서도 통계에 대한 개념이 탄생하게 되었다. 그 후 정치 산술학의 영향을 받은 Süssmilch(1707~1767)는 1741년에 [신의 질서](Die Göttliche Ordnung)라는 불후의

저서를 발표함으로써 대수법칙(law of large number)을 창안하게 되었다.

그러나 독일의 국상학이나 영국의 정치 산술학과는 달리 프랑스에서는 Pascal (1623~1662), Fermat(1601~1665), Bernoulli(1700~1782) 등이 도박의 수리를 정립시킴으로써 고전 확률론을 대성케 하였다. 이들 중에서도 Bernoulli는 확률론과 더불어 수학적으로 대수의 법칙(law of large numbers)을 정립하기에 이르렀으며, 이와 같은 확률수리의 전초 위에 Laplace(1749~1827)는 고전 확률론을 대성케 하였다. 또한 19세기 중엽에 이르러 Belgium의 통계학자이며 천문학자인 A. J. Quetelet (1796~1874)는 Laplace의 영향을 받아 확률론을 연구하여 후일 [사회물리학]을 저술하게 되었으며, 이것이 오늘날 전해지는 기술 통계학의 시조가 되었다. 아울러 Quetelet는 무질서하게 보이는 사회현상도 자연현상과 같이 보편적인 법칙성이 통용되고 있을 것으로 믿으면서 당시 유행하던 Newton의 기계론적 자연법칙 위에 정치 산술학과 확률론을 결합시켜 사회현상의 법칙성을 파악하기 위한 수단으로 활용하여 통계학의 의의를 높게 평가받게 하였다.

그 후 기술 통계학은 K. Pearson(1857~1936)에 의거 이론적 체제가 확립되었고, A.L. Bowley 및 G.U. Yule(1881~1951) 등이 더욱 발전시켰다. 또한 기술 통계학은 경제이론과 융합하여 계량 경제학을 발전시켰고, 다른 한편으로는 Dawin(1809~1882)의 진화론에 영향을 받아 생물학에 응용됨으로써 생물측정학(biometry)을 발전시켰다. 그 뒤 W. Lexis(1837~1914), F. Galon(1822~1911), P.L. Tchebycheff(1821~1894) 등의 수학자가 수리적 입장에서 통계학을 더욱 발전시켰다.

20세기에 들어오면서부터 통계학은 큰 전환기를 맞이하게 되었는데, 그것은 통계학의 연구방법론이 종전과 같이 대량관찰법에 중점을 두는 것이 아니라, 한 걸음 더 나아가서 모집단에서 몇 개의 표본을 추출하여 그것에 의거 모집단의 특성을 파악하는 방법에 중점을 두게 되었다. 즉, W.S. Gosset(1876~1937)가 1908년에 실험적 도수분포에 대한 소표본 이론을 발표함으로써 추측 통계학의 발전을 가져오게 되었으며, 1920년에는 R. A. Fisher(1890~1962)가 $t-$분포를 증명함과 더불어 분산 및 공분산 분석에서 $Z-$분포를 도출함으로써 불멸의 업적을 남기게 되었다.

사실 Fisher의 공헌은 농업 · 생물 및 유전분야뿐 만 아니라 교육 · 심리 등 모든 분야에 영향을 끼쳤다. 그 뒤 추측 통계학은 1936년과 1938년에 J. Neyman과 E.S. Pearson에 의해 발표된 통계적 가설검정이론에 의거 더욱 체계화되기에 이르렀다.

가설검정이론의 뒤를 이어 1950년 A. Wald(1902~1950)에 의해 발표된 통계적 결정이론(theory of statistical decision)은 추측 통계학을 대성하게 하였다. 더욱이 지난 반세기간 게임이론(theory of game), 선형계획법(linear programming), 산업연관분석(inter-industries analysis)의 출현은 통계학 발전에 새로운 전기를 마련하였다. 즉, 그것은 추측으로부터 제어과정(control process)으로의 발전을 뜻한다.

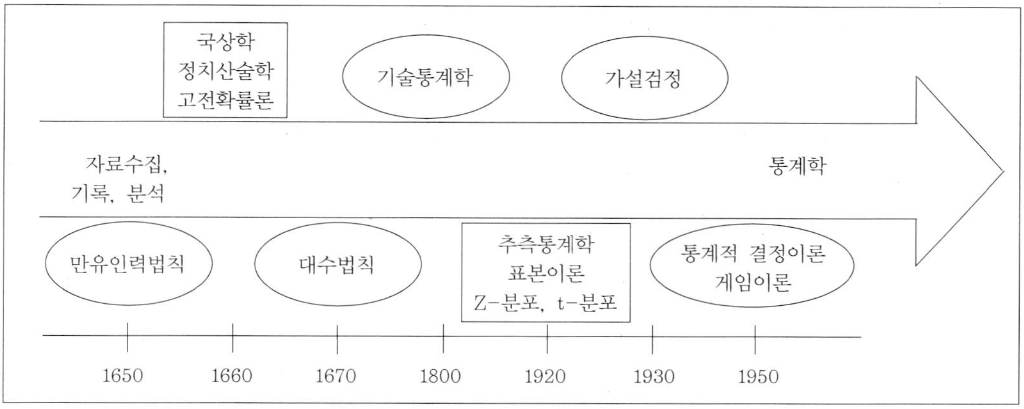

그림 1.1 통계학의 발전과정

1.2. 통계학의 활용과 분류

산업사회와 정보사회를 거처 정보통신기술의 융합으로 이뤄지는 제 4차 산업혁명사회는 정보기술의 발달과 함께 끊임없이 쏟아지는 수 많은 자료(big data)의 홍수 사회로 변천하였다. 이러한 환경속에서 우리는 보다 나은 내일을 위하여 수 많은 자료를 분류·처리하여 양질의 정보를(information) 생산하고, 생산된 정보를 기초로 의사결정(decision making)을 내리면서 살아가고 있다.

가령, 직장의 선택, 배우자의 선택, 가정과 직장에서 필요한 제품 및 비품의 구입, 하루 일과에서 취하여야 할 행동과 취하지 말아야 할 행동 등 일상생활은 끊임없는 의사결정의 연속으로 이루어진다. 더욱이 기업이나 단체의 경우 많은 국내·외 경쟁업체와 경쟁하여야 하므로 의사결정은 더욱 복잡하다. 자칫 잘못된 정보로 의사결정을 할 경우 회사가 도산하기도 하고, 반대로 적절한 정보 선택과 적절한 의사결정으로 회사가 지속적으로 성장하기도 한다.

이와 같이 모든 문제에 대한 의사결정은 방대한 자료와 정보의 홍수속에서 객관적인 자료 수집과 분석, 정확한 정보 선택으로 이루어진다. 이러한 관점에서 **통계학**은 관심의 대상에 대한 자료 수집과 정리, 분석 등으로 얻게 되는 정보를 토대로 불확실한 사실에 대하여 과학적인 판단을 내리는 합리적이고 실용적인 학문이라 할 수 있다. 그러나 우리의 행동결정은 매우 복잡하고 많은 과정을 거쳐야 하고, 불확실한 상황에 따른 위험도 많이 내재하고 있다. 그러므로 통계학은 이러한 행동결정상의 과오와 그에 따르는 위험을 극소화할 수 있는 방법과 이론, 즉 의사결정이론을 연구하는 방법론으로 적용되고 있다.

이렇게 보면 통계학은 모든 사람에게 관계될 뿐만 아니라 모든 분야와 연관을 맺고 있다. 따라서 오늘날 통계학은 하나의 교양학문적인 성격을 지니고 있음은 물론 종합학문으로서 그 효용성이 더욱 증대되고 있는 실정이다.

통계학의 분류는 이용목적과 접근방법, 또는 연구내용 등에 따라 여러 가지로 구분할 수 있으나 크게 두 가지 분야로 구분할 수 있다. 하나는 **기술 통계학**(descriptive statistics)이고, 다른 하나는 **추측 통계학**(inferential statistics)이다. 기술 통계학은 자료의 기술, 즉 자료의 수집, 정리 및 요약을 중점적으로 다루며, 관찰한 특정집단의 구조적 특성을 파악할 목적으로 사용한다. 예를 들면 각종 세금, 교통사고 건수 등 여러 분야의 자료에 대한 내용을 그래프로 표시하거나 평균, 중앙값, 최빈값으로 표현되는 대표값을 구하거나 분산, 표준편차, 변이계수와 같은 산포도를 수치화하여 특정집단의 특성을 기술하는 기법이다.

그리고 **추측 통계학**은 모집단에서 대표성이 인정되는 표본을 추출한 후, 그 표본의 특성을 조사한 다음 그에 의거 모집단의 특성(또는 모수)을 추정하는 통계적 방법론을 뜻한다. 예를 들면 국회의원 선거에서 특정후보의 당선과 관련된 여론조사를 할 경우, 지역구의 일부 유권자에게 어느 후보를 지지할 것인가를 물어서 특정후보의 당선가능성을 판단하게 된다. 이런 경우 모집단은 그 지역구의 전체 유권자이고 표본은 의견을 피력한 일부 유권자가 될 것이다. 그런데 우리의 관심은 전체 유권자의 특성(여론)을 파악하는 것이지 의견을 피력한 일부 유권자의 표본특성(여론)을 파악하고자 하는 것은 아니다. 즉, 모집단의 특성을 알기위해 일부 표본의 통계치를 얻어 모집단의 특성을 판단하는 것이 궁극적 목적이다. 그러나 전체 모집단을 조사할 경우 경비와 시간이 많이 소요되고, 이에 따른 정확도도 결여되기 때문에 표본조사를 통해 모수를 일정 신뢰수준에서 파악하게 된다. 오늘날 확률이론과 표본이론이 급격히 발전하면서 추측 통계학도 크게 발전하였으며, 모집단의 특성을 파악하는데 있어서도 과거와 같이 기술 통계적 방법은 이용하지 않는 실정이다. 추측 통계학은 크게 추정(estimation)과 가설검정(hypothesis testing)으로 구분되며, 확률론의 개념을 이용하여 관련 이론들을 크게 발전시키고 있다.

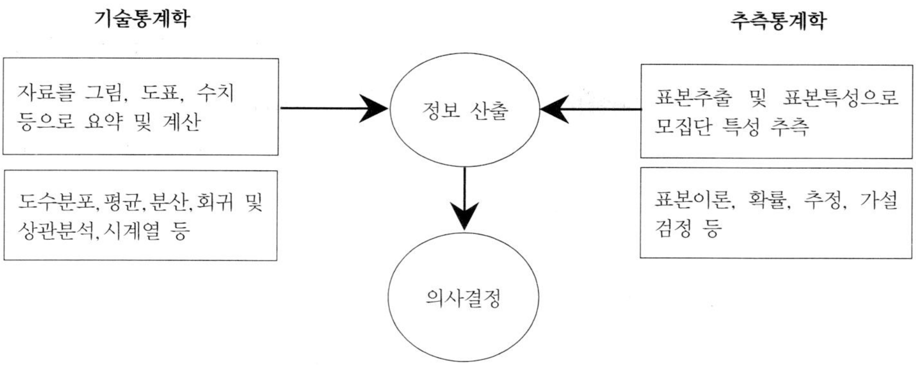

그림 1.2 기술통계학과 추측통계학

1.3. SPSS

본 절에서는 앞으로 설명하게 될 통계이론과 이와 관련된 문제풀이 과정의 이해를 돕기 위해 통계패키지인 SPSS를 사용하여 문제의 결과를 도출하고, 이들 결과를 상호 대비시켜 보고자 한다. SPSS통계 패키지는 학계와 실무에서 통계적 문제해결에 가장 많이 사용하고 있으며, 본서에서도 SPSS 사용과정을 간단히 설명함으로써 현업에서의 통계 관련 문제풀이에 도움을 줌과 동시에 통계학 학습에 효과를 배가시키고자 한다.

1.3.1 자료와 척도

우리가 살아가는 현실적 문제와 사회과학분야의 자료는 비구조적이고 비정형적 구조로 어떠한 형태나 특성을 파악할 수 없다. 따라서 과학적 조사 방법으로 이러한 형태의 자료를 정형적이고 구조적 형태로 변경시켜 자료가 갖는 규칙성과 변화과정을 해석하고 예측하여야 한다.

이와 같이 과학적 조사방법의 도구로 사용되는 통계 패키지가 SPSS(Statistical Package for the Social Sciences)이며, SAS(Statistical Analysis System) 패키지와 더불어 경영, 경제, 심리학, 물리학 등 다양한 분야에서 자료처리 및 분석에 가장 많이 사용되고 있다.

통계 패키지를 사용하여 어떠한 문제를 분석하기 위해서는 관련 자료를 수집하고 정리하여야 한다. 광범위하고 다양한 형태의 자료는 다음과 같이 분류할 수 있으며, 이러한 자료들을 수집하기 위해서는 일반적으로 설문지를 많이 사용한다.

(1) 정성적 자료 : 수치로 표현이 가능하나 속성자체(크기)를 표현할 수 없음
➜ 범주형 자료 : 평균의 의미가 없다

(2) 정량적 자료 : 수치로 표현이 가능하고 속성자체(크기)를 표현할 수 있음
➜ 연속형 자료와 이산형 자료로 재분류 :평균의 의미가 있다

설문지를 사용하여 얻을 수 있는 자료의 형태(type of data)는 숫자의 특성을 어느 정도 내포하고 있느냐에 따라 다음과 같이 네 가지 척도로 분류된다.

(1) 명목척도 (2) 순위척도 (3) 등간척도 (4) 비율척도

(1) **명목척도**(nominal scale) : 자료를 분류하기 위해 사용되는 숫자이다.

※ 귀하의 성별은 어떻게 되십니까? ① 남자 ② 여자
※ 귀하의 직업은 무엇입니까?
① 전문직 ② 회사원 ③ 공무원 ④ 자영업 ⑤ 기타

(2) **순위척도**(ordinal scale) : 자료들 간의 순위개념을 측정하기 위해 사용된 숫자이다

※ 취업정보를 획득하기 위해 다음 매체 중 어떤 매체를 가장 많이 이용하는지를 ( ) 안에 순위를 적어 주세요.
① TV( ) ② 인터넷( ) ③ 신문( ) ④ 학교( ) ⑤ 부모와 친구( )

(3) **등간척도**(interval scale) : 자료들 간의 속성에 대한 차이를 비교하여 측정하기 위해 사용된 숫자이다.

※ 귀하는 향후 3년 우리나라 경제전망을 어떻게 생각하십니까? 적절한 곳에 √표 시하여 주세요.

매우 어둡다	어둡다	잘 모르겠다	밝다	매우 밝다
1	2	3	4	5

(4) **비율척도**(ratio scale) : 절대적 기준(0)을 가지고 자료들 간의 크기 비교는 물론 절대적 크기까지 측정할 수 있는 숫자이다.

※ 귀사의 지난 1년간 매출액이 얼마였습니까? (　　　　　)억원
※ 귀하의 체중은 몇 Kg 입니까? (　　　　　)Kg

1.3.1 SPSS 소개

한글 SPSS 패키지는 매년 새로운 버전이 나오고 있어 빠른 업데이트가 요구된다. 본서에서는 최근 업데이트된 SPSS 24.0 패키지를 이용하여 분석하고 결과를 수록하였다. SPSS 패키지는 다음과 같이 세 개의 창으로 구성되어 있다.

(1) 데이터(data) 창　　(2) 명령문(syntax) 창　　(3) 분석결과(Window) 창

(1) 데이터(data) 창 : 데이터의 입력과 수정 등의 작업을 수행하는 곳으로 파일의 확장자명은 ＊.sav이다. 메인 창에서 [파일]→[새 파일]→[데이터] 순서를 따르게 되면 다음과 같이 활성화 된다.

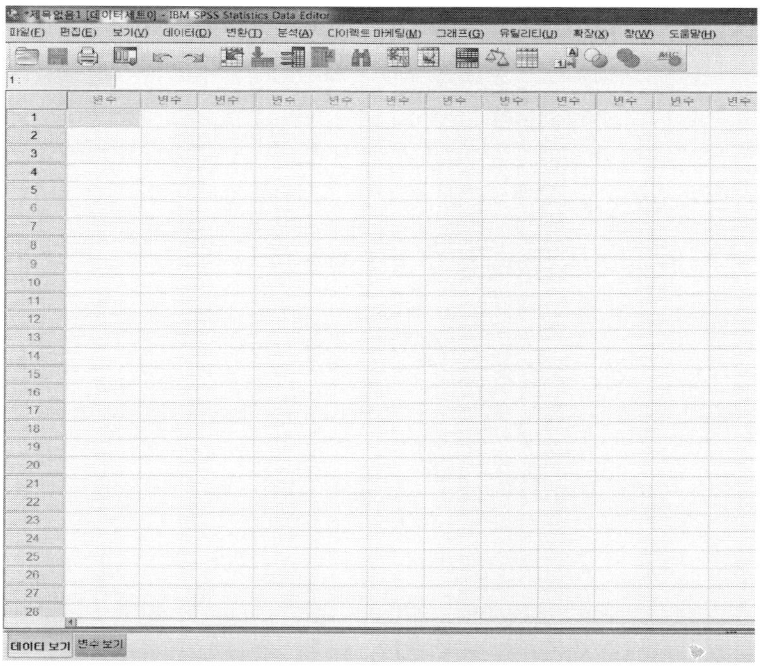

(2) 명령문(syntax) 창 : 프로그램 명령어를 직접 입력할 수 있고 선택한 메뉴의 명령어도 자동 입력하는 곳으로 파일의 확장자명은 ＊.sps이다. 메인 창에서 [파일]→[새 파일]→[명령문] 순서를 따르게 되면 다음과 같이 활성화 된다.

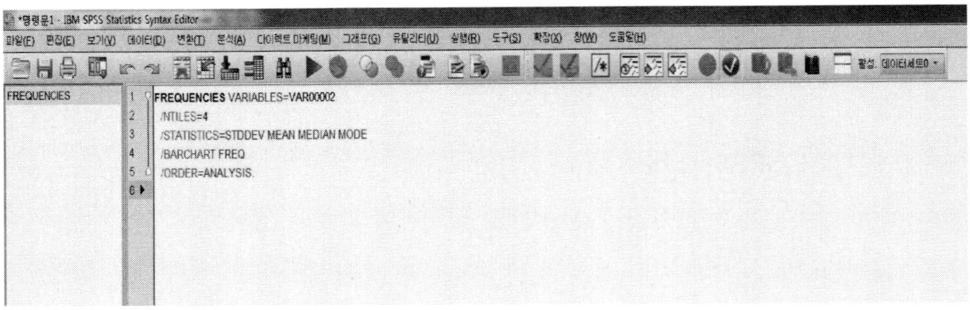

(3) 분석결과(Window) 창 : 통계 분석한 결과를 출력하여 주는 곳으로 파일의 확장자명은 ＊.spv이다.

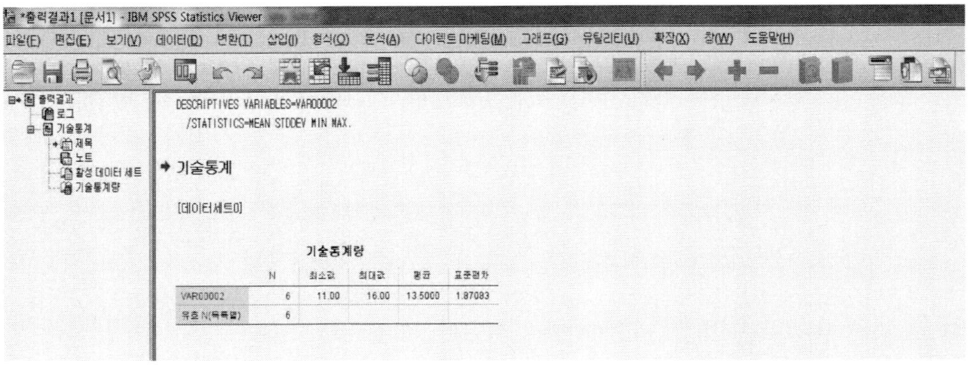

CHAPTER

02 통계자료의 기술

일상생활에서 흔히 얻을 수 있는 특정 목적의 자료(data)들은 정리되지 않은 기초자료(raw data)이다. 이러한 기초자료는 특정 목적에 따라 정리되고 분석되어야만 유용한 정보(information)로 변화되고, 이들 정보들이 특정 목적을 위한 과학적 의사결정에 사용된다.

기초자료의 정리 및 분석을 위한 가장 일반적인 통계방법은 자료를 적당한 계급구간으로 나누어 체계적으로 정리하여 표로 작성하는 것이다. 이와 같이 기초자료를 일목요연하게 정리하여 작성한 표를 도수분포표(frequency distribution table) 또는 도수분포(frequency distribution)라 한다.

이 장에서는 특정 목적을 위해 관찰된 자료를 정리하고 분류하여 도수분포를 작성하고, 이를 시각적 효과를 위해 표현되는 여러 가지 그래프에 관하여 설명하고자 한다.

2.1. 도수분포

도수분포(frequency distribution)는 수집된 모든 자료들을 계급(class)별로 분류하여 표(table)로 나타낸 분류 통계표이다. 도수분포의 작성목적은 통계집단의 특성을 일목요연하게 파악하는 데 있다.

예를 들어 대학졸업생의 초임 월정급여를 조사하기 위해 서울 강남에서 30명의 남·녀 대졸 초임 근로자를 조사한 결과, 〈표 2.1〉과 같이 조사되었다.

❙ 표 2.1 ❙ 대학졸업생 초임 급여 **(단위 : 만원)**

310, 270, 230, 190, 150, 160, 200, 235, 275, 315, 335, 295, 250, 200, 185, 210, 240, 280, 296, 260, 210, 225, 255, 265, 305, 298, 258, 260, 222, 269

〈표 2.1〉은 정리되지 않은 30명의 급여 자료로, 전체적으로 급여에 대한 개략적인 특성을 파악할 수가 없다. 따라서 급여에 대한 내용을 개략적으로 분석하기 위해 〈표 2.2〉와 같이 간단하게 정리할 수 있다.

❙ 표 2.2 ❙ 대학졸업생 초임 급여 도수분포 **(단위 : 만원)**

월정 급여액	근로자수(f)
150~189	3
190~229	7
230~269	10
270~309	7
310~349	3
	합계 30

〈표 2.2〉와 같이 간단히 정리한 표가 도수분포표가 된다. 〈표 2.2〉의 각 계급은 시작 값과 끝 값이 존재한다. 시작 값과 끝 값을 우리는 **계급의 하한치**(lower class limit)와 **계급의 상한치**(upper class limit)라 한다. 그리고 〈표 2.2〉의 도수분포표를 분석하기 위해서는 좀 더 상세한 도수 분포표를 작성하여야 한다. 예를 들어 도수분포표를 사용하여 평균과 분산 값을 계산하기 위해서는 〈표 2.3〉과 같이 계급중앙값과 계급경계값 등이 필요하다.

❙ 표 2.3 ❙ 대학졸업생의 초임급여 도수분포 **(단위 : 만원)**

월정급여액(계급한계)	계급경계	계급중앙값	근로자수(f)
150~189	149.5~189.5	169.5	3
190~229	189.5~229.5	209.5	7
230~269	229.5~269.5	249.5	10
270~309	269.5~309.5	289.5	7
310~349	309.5~349.5	329.5	3
			합계 30

이와 같이 자세한 통계분석을 위한 도수분포표를 작성하기 위해서는 다음과 같은 작성 방법이 필요하다.

▌도수분포 작성방법▐

(1) 계급수 결정 : 주관적 / 객관적 방법

예) 2의 K승법 : $2^k \fallingdotseq (\leq)$ n, 단, n : 자료수, k : 계급수

(2) 계급간격 : (최대값 − 최소값) / 계급수

(3) 계급경계값 : 계급과 계급간의 중간값

(4) 계급중앙값 : (계급상한값 + 계급하한값) / 2

(1) 계급수 결정

〈표 2.1〉에서 자료수 n=30인 경우 계급수 k=5가 된다. 즉 $2^5 \fallingdotseq 30$의 관계에서 결정할 수 있다.

(2) 계급간격

〈표 2.1〉에서 최대값=335, 최소값=150이므로 계급간격≒(335−150)/5=37이다. 따라서 계산상의 편의를 위해 계급간격을 40으로 설정하여 〈표 2.2〉와 같이 도수분포표를 작성할 수 있다.

(3) 계급경계값

계급경계(class boundary)는 각 계급간의 정확한 한계값으로 인근계급과 분리하기 위하여 사용하는 특정한 점들(point)이다. 그러므로 계급경계는 각 계급별로 인근 계급의 최대값과 최소값의 중앙값을 각각 동시에 취함으로 결정된다.

(4) 계급중앙값

〈표 2.1〉에서 각 계급의 중앙값은 해당계급의 대표값으로 사용한다. 예컨대 첫 번째와 두 번째 중앙값은 다음과 같이 계산된다.

- 첫 번째 계급의 중앙값=(150+189)/2=169.5
- 두 번째 계급의 중앙값=(190+229)/2=209.5 이다.

예 제 1

다음은 남 · 녀 대학생 100명의 몸무게를 조사한 자료이다. 도수분포표를 작성하여 보자.

45 46 47 48 49 50 51 52 52 53 53 55 56 56 57 57 58 58 59 59 59 60 60 60 60 60 61 61
61 62 62 62 62 63 63 63 63 63 64 64 64 65 65 65 65 66 66 66 66 67 67 67 67 67 67 68
68 68 68 69 69 70 70 70 71 71 71 71 72 72 72 73 73 73 74 74 75 75 75 76 76 76 77 77
78 78 78 78 78 78 78 80 80 82 83 84 85 86 90 95

풀이

(1) 계급 수 결정

예제에서 자료 수 n=100인 경우 계급 수 k=6이 된다. 즉 2^6≒(≤)100의 관계에서 결정할 수 있다.

(2) 계급간격

예제에서 최대값=95, 최소값=45이므로 계급간격≒(95-45)/6=8.333...이다. 따라서 계산상의 편의를 위해 계급간격을 9로 설정하여 〈표 2.4〉와 같이 도수분포표를 작성할 수 있다.

■ ■ ■ ■

표 2.4 남·녀 대학생 100명의 몸무게 도수분포 (단위 : Kg)

몸무게(계급)	계급경계	계급중앙값	근로자수(f)
44~52	43.5~52.5	48	9
53~61	52.5~61.5	57	20
62~70	61.5~70.5	66	35
71~79	70.5~79.5	75	27
80~88	79.5~88.5	84	7
89~97	88.5~97.5	93	2
			합계 100

문제 1

〈예제 1〉의 자료(남 · 녀 대학생 100명의 몸무게)를 사용하여 계급수를 다섯 개로 하여 도수분포표를 작성하시오.

2.2. 통계그래프

일상생활에서 흔히 얻을 수 있는 자료(data)들을 체계적으로 정리하기 위해 앞 절에서 도수분포표를 작성하였다. 그러나 자료의 전체적인 구조와 흩어짐의 정도, 그리고 변동추이 등을 한 눈으로 보기위해서는 도수분포표를 각종 통계그래프로 표현해야 한다.

1) 히스토그램과 도수다각형

히스토그램(histogram)은 도수분포표를 이용하여 작성된 막대그래프(bar graph)이다. 〈표 2.2〉의 초임급여 도수분포를 히스토그램으로 작성하면 〈그림 2.1〉과 같다. 즉, 각 계급과 관련된 계급경계치가 그래프의 수평축을 따라 기입되고 관찰도수가 수직축을 따라 기입된다.

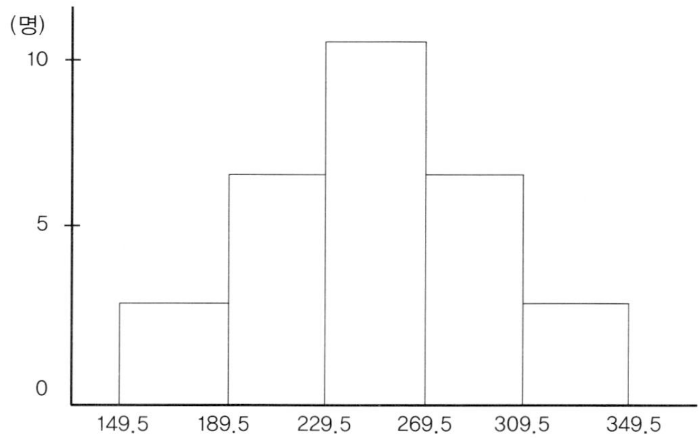

그림 2.1 대학 졸업생의 초임급여 히스토그램

또한 **도수 다각형**(frequency polygon)은 도수분포를 이용하여 작성된 선 그래프(line graph)로 〈그림 2.2〉와 같다. 즉 수평축에 각 계급과 관련된 계급의 중앙값이 표시되고 수직축에는 각 계급의 관찰도수가 표시된다. 각 계급에서의 관찰도수는 계급의 중앙값 위에 점(dot)으로서 표시하고 점을 선분으로 연결하면 다각형 모양이 형성된다.

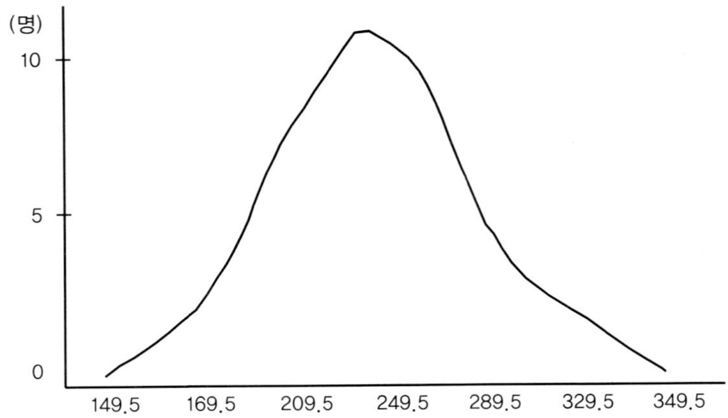

그림 2.2 대학 졸업생의 초임급여 도수 다각형

2) 도수곡선과 왜곡도, 첨도

(1) **도수곡선**(frequency curves)은 〈그림 2.3〉과 같이 도수 다각형을 부드럽게(smooth) 작성한 것이다.

(2) **왜곡도**(skewness)는 곡선 모양의 상태를 구분하기 위한 개념으로 〈그림 2.4〉와 같이 세 가지로 분류할 수 있다.

① '+' 왜곡도 : 오른쪽으로 꼬리를 갖는 비대칭(nonsymmetric) 곡선으로 좌측왜곡이라고도 한다.

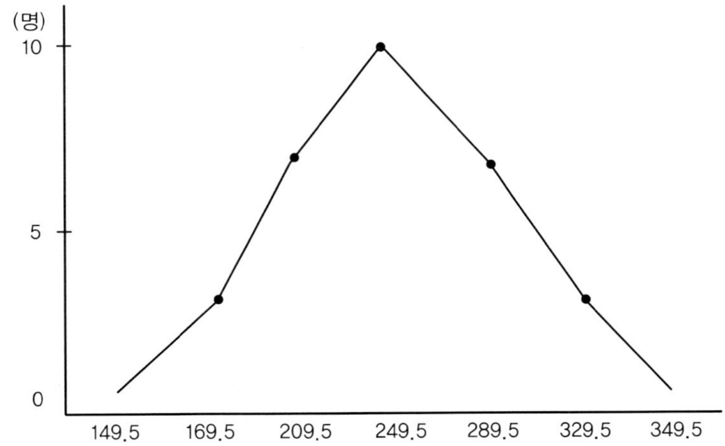

그림 2.3 대학 졸업생의 초임급여 도수곡선

② '–' 왜곡도 : 왼쪽으로 꼬리를 갖는 비대칭(nonsymmetric) 곡선으로 우측왜곡이라고도 한다.

③ 대칭(symmetric) : 좌우측으로 동일한 곡선꼬리를 갖는다.

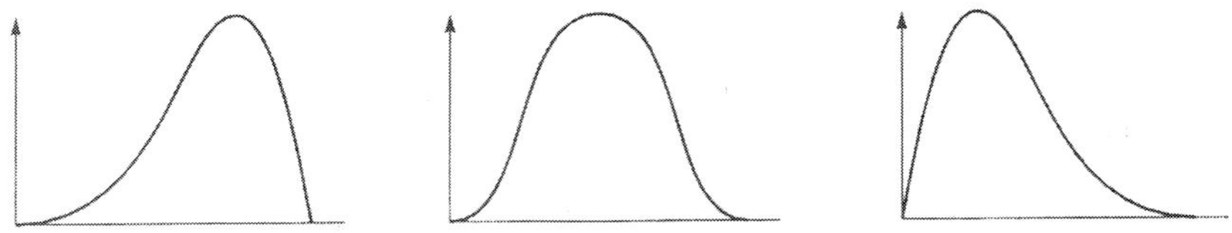

'+' 왜곡도 대칭 '–' 왜곡도

그림 2.4 '+' 왜곡도, 대칭, '–' 왜곡도

(3) **첨도**(kurtosis)의 견지에서는 〈그림 2.5〉와 같이 곡선의 높낮이로 구분할 수 있다.

① 낮은 첨도(platy kurtic) : 관찰도수의 분포가 계급들 간에 고루 분포된 경우이다.
② 높은 첨도(lepto kurtic) : 관찰도수의 분포가 특정계급에 분포된 경우이다.
③ 보통 첨도(meso kurtic) :관찰도수의 분포가 ①과 ②의 중간 경우이다.

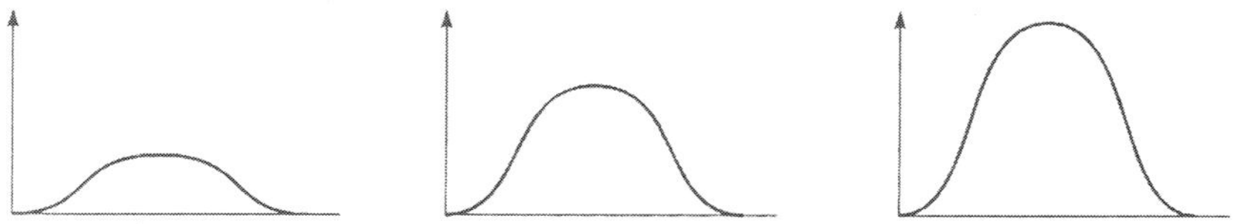

낮은 첨도 보통 첨도 높은 첨도

그림 2.5 낮은 첨도, 보통 첨도, 높은 첨도

3) 막대도표와 원도표

(1) **막대도표**(bar chart)와 히스토그램과의 차이는 히스토그램은 도수분포의 자료와 항상 연관되는 반면 막대도표는 어떤 범주의 자료든 전체 자료를 표현하는 것이다.

예컨대 어느 대학의 졸업생 500명의 취업현황이 〈표 2.5〉와 같이 분포하였다면, 이를 막대도표로 나타내면 〈그림 2.6〉과 같이 작성된다.

표 2.5 졸업생의 취업현황

대학원진학	대기업	중소기업	공무원	군입대	미취업	계
200	1,400	2,200	600	600	400	5,400

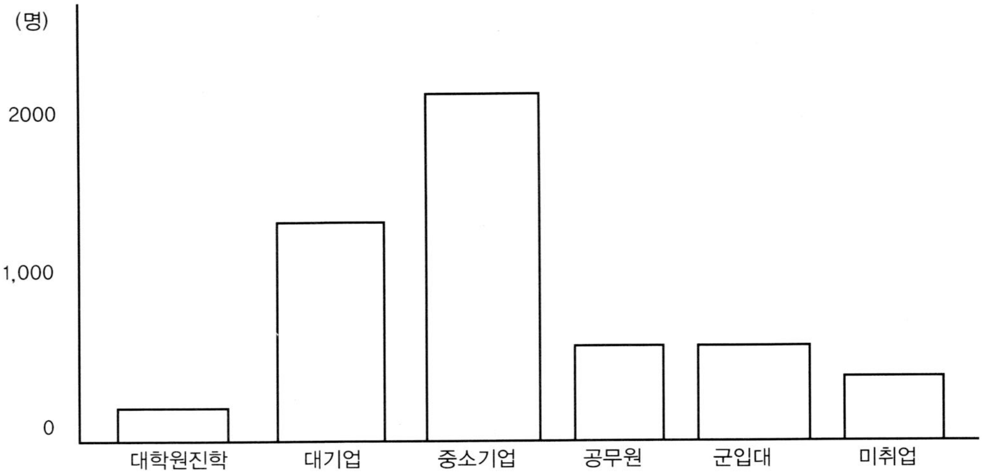

그림 2.6 졸업생의 취업현황 막대도표

(2) **원도표**(pie chart)는 자료의 전체적인 분포와 합계의 분할을 표현하기에 가장 적합한 그림표이다. 그리고 각 자료의 분포를 퍼센트로 원형도표에 표시하면 자료 비교를 간단하게 할 수 있다. 예컨대 〈그림 2.7〉은 H자동차회사의 2015년도 차종별 판매에 대한 분포를 퍼센트 원형도표로 나타낸 것이다.

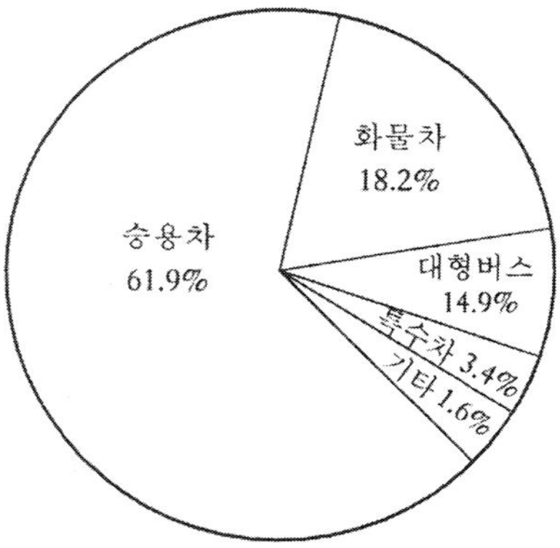

그림 2.7 H자동차회사의 차종별 판매 원형도표

원형도표를 작성할 때 각 자료가 차지하는 원형의 면적은 다음과 같이 계산된다. 예를 들어 〈표 2.5〉의 졸업생 취업현황에서 대학원에 진학한 200명이 차지하는 원형의 면적은 다음과 같다.

$$5{,}400 : 200 = 360 : x$$

즉, $x = 13.3$으로 원형도표에서 13.3°를 차지해야 한다.
마찬가지 방법으로 계산하면, 대기업=93.3° 중소기업=146.7° 공무원=40° 군입대=40° 미취업=26.7°이다.

문제 2

〈표 2.4〉 남 · 녀 대학생 100명의 몸무게 도수분포를 사용하여 히스토그램과 도수다각형, 막대도표와 원도표를 작성하시오.

2.3. SPSS 통계그래프

SPSS 분석결과

〈표 2.3〉의 대학졸업생 초임 급여 도수분포를 사용하여 막대도표와 원도표, 히스토그램을 SPSS 통계패키지로 출력하시오.

| 절차 | 통계패키지 탑 메뉴에서 [분석] → [기술통계량] → [빈도분석] → 〈분석할 변수 이동〉 → [도표] → [도표유형] → [도표화 값] → [계속] → [확인] 순서를 따르게 되면 다음과 같이 결과분석 창이 활성화 된다.

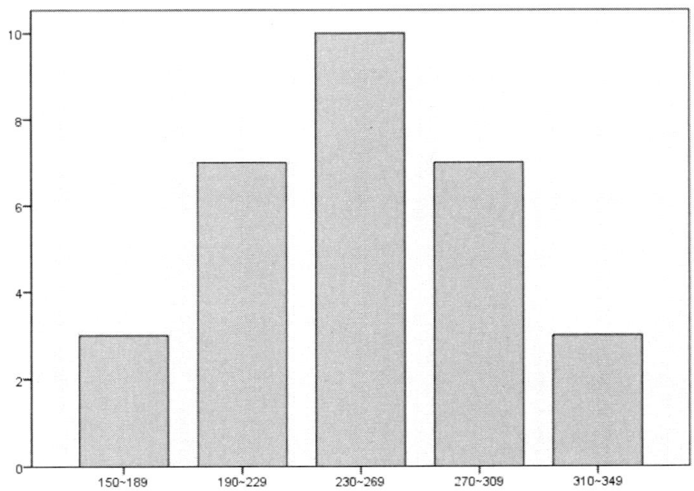

그림 2.8 급여 도수분포표의 막대도표

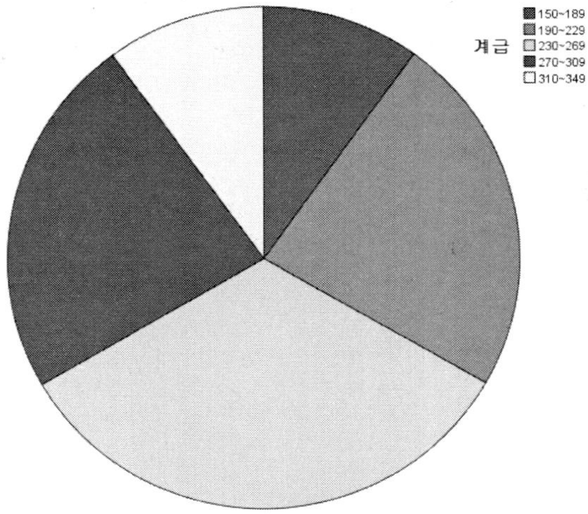

그림 2.9 급여 도수분포표의 원도표

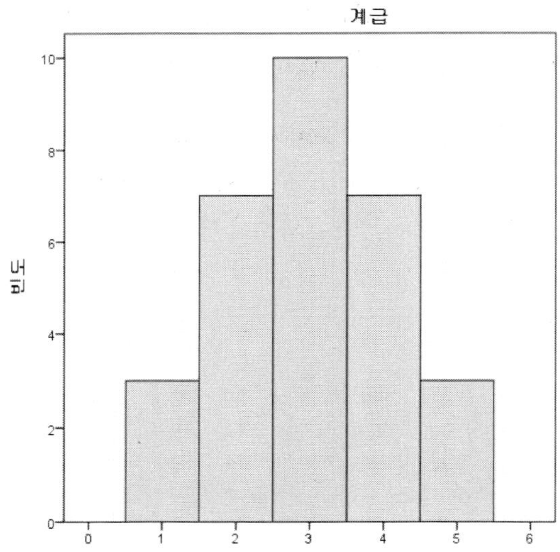

그림 2.10 급여 도수분포표의 히스토그램

연 습 문 제

2.1 〈표 2.6〉의 임대아파트 임대요금 분포표를 참고하여 다음 물음에 답하시오.

① 첫 번째 계급의 상한치(upper class limit)와 하한치(lower class limit)는 얼마인가?

② 첫 번째 계급의 상한경계(upper boundary)와 하한경계(lower boundary)는 얼마인가?

③ 적용된 계급구간의 구간크기(interval size)는 얼마인가?

④ 첫 번째 계급의 중앙값(midpoint)는 얼마인가?

⑤ 임대료 분포에서 가장 많은 비율을 차지하는 계급의 상한경계와 하한경계는 얼마인가?

⑥ 매달 임대료가 239,500원이라 한다면, 이 임대인이 포함되는 계급의 상한치와 하한치는 얼마인가?

표 2.6 임대아파트의 임대요금 분포 (단위 : 천원)

임대료/월	아파트수
150~179	3
180~209	8
210~239	10
240~269	13
240~269	33
270~299	40
300~329	35
330~359	30
360~389	16
390~419	12
420~449	합계 200

2.2 〈표 2.6〉의 자료를 이용하여 히스토그램을 그리시오.

2.3 〈표 2.6〉의 자료를 이용하여 도수곡선과 도수 다각형을 그리시오.

2.4 문제 2.3의 결과로 왜곡도(skewness)의 견지에서 설명하시오.

2.5 〈표 2.6〉의 자료를 이용하여 누적 도수분포를 작성하시오.

2.6 〈표 2.7〉는 미국 주요 도시에서 판매되고 있는 특정상품의 가격을 조사한 결과이다. 자료를 참고하여 이들 가격을 다섯 계급으로 구분하여 도수분포를 작성 하고자 한다. 첫 번째 계급의 하한치를 47.0으로 하여 계급구간을 결정하고 도수분포표를 작성하시오.

표 2.7 특정상품의 지역별 평균가격 분포

지역	가격($)	지역	가격($)
Atlanta	53.4	Los Angeles-Long Beach	53.5
Baltimore	55.1	Milaukess	50.1
Boston	53.9	Minneapolis-St. Paul	60.3
Buffalo	53.4	New York-Northeasten N.J.	55.2
Chicago	54.8	Philadelphia	52.9
Cincinnati	53.3	Pittsburgh	53.4
Cleveland	53.9	St. Louis	52.3
Dallas	49.1	San Diego	55.3
Detroi	53.7	San Francisco-Oakland	56.8
Houston	47.9	Seattle	52.7
Kansas City	49.6	Washington D.C.	55.2

2.7 문제 2.6의 결과에서

① 가장 높은 값을 갖는 계급의 상한치와 하한치는 얼마인가?
② 가장 높은 값을 갖는 계급의 경계치는 얼마인가?
③ 가장 높은 값을 갖는 계급의 중앙값(midpoint)은 얼마인가?
④ 관찰한 자료에서 가장 많은 도수를 갖는 계급의 중앙값은 얼마인가?

2.8 문제 2.6의 결과를 이용하여 히스토그램을 그리시오.

2.9 문제 2.6의 결과를 이용하여 도수곡선과 도수 다각형을 그리시오.

2.10 문제 2.9의 결과에서 왜곡도 개념을 설명하시오.

2.11 〈표 2.8〉은 특정산업의 시간당 천 명에 대한 재해자 수의 평균이다. 다음 물음에 답하시오.

표 2.8 **특정산업의 시간당 천 명에 대한 재해의 평균**

시간당 천 명에 대한 재해의 평균수	회사수
1.5~1.7	3
1.8~2.0	12
2.1~2.3	14
2.4~2.6	9
2.7~2.9	7
3.0~3.2	5
	합계 50

① 〈표 2.8〉에서 각 계급의 경계값과 계급 중앙값을 구하시오.

② 히스토그램과 도수다각형, 막대도표를 그리시오.

2.12 문제 2.11의 결과를 이용하여

① 시간당 천 명에 대한 재해가 적어도 평균 3.0인 회사의 비율은 얼마인가?

② 시간당 천 명에 대한 재해가 평균 2.0 이하의 회사는 몇 %인가?

③ 시간당 천 명에 대한 재해가 평균 2.95와 관련된 퍼센트 값은 얼마인가?

④ 58%째 일어날 재해의 평균수는 얼마인가?

⑤ 재해의 평균수가 2.5 이하인 회사는 몇 퍼센트인가?

2.13 〈표 2.9〉는 국내 철강회사의 연중보고서에 나타난 재정상태 보고서이다. 2010년부터 2015년까지 국내 철강회사의 연간 순이익을 막대도표로 나타내시오.

❙ 표 2.9 ❙ 연도별 국내 철강업계의 재정상태 (단위 : 억원)

연도	총이익	총비용	순이익
2010	217	130	87
2011	248	130	18
2012	154	98	56
2013	157	87	70
2014	326	87	239
2015	635	119	516

2.14 〈표 2.9〉의 자료에 대한 막대도표에서 총비용과 순이익을 각 연도에 따라 표시하시오.

2.15 〈표 2.10〉는 H항공기 제작회사의 연중보고서에 나타난 자료로 항공기별 주문 잔고 금액이다. 각 금액의 퍼센트를 계산하여 원형도표를 그리시오.

❙ 표 2.10 ❙ H항공회사의 주문잔고 (단위 : 백만원)

종류	금액
민간항공기	2,732
미사일과 우주항공기	408
군용 항공기	639
기타	45
	합계 3,824

CHAPTER

03 대표값

앞 장에서 우리는 통계집단의 특성에 대한 분포를 개괄적으로 파악하기 위해 기초자료를 도수분포, 막대도표, 원도표 등을 활용하였다. 그러나 도수분포와 막대도표 등은 집단의 특성을 나타내는 특성치가 얼마인지를 알 수 없다. 따라서 기초자료의 여러 가지 특성을 보다 정확한 숫자로 표시해 주는 산술적 계산에 의한 분석이 필요하다. 이러한 산술적 통계방법은 통계집단의 기초자료를 수리적으로 계산하는 방법으로 대표값과 산포도가 있다.

대표값은 통계집단의 중심위치(central location)를 나타내는 측정치로 여러 가지 종류가 있으나, 계산하는 방법에 따라 계산적 대표값(calculated central value)과 위치적 대표값으로 분류된다. 전자는 기초자료와 도수분포자료를 산술적으로 계산한 통계값으로 산술평균이 대표적이며, 후자는 기초자료와 도수분포자료를 크기 순으로 나열하여 자료의 중심부분에 위치한 변수의 값으로 중위수와 최빈수가 이에 속한다. 본 장에서는 대표값과 관련된 내용들을 설명하고 산포도는 다음 장에서 설명하기로 한다.

3.1. 산술평균

산술평균(arithmetic mean)은 통계집단의 중심적 경향치를 나타내는 대표값 중에서 이론적으로나 실제적으로 가장 많이 사용되는 통계값으로 간단히 **평균**이라 부른다. 산술평균은 도수분포로 정리된 자료(grouped data)와 정리되지 않은 자료(ungrouped data)에 따라 다르게 계산한다.

우선 정리되지 않은 자료의 산술평균은 수집된 자료의 모든 값을 더하고 이 값을 관찰된 자료의 개수로 나누어 계산한다. 통계학적으로 모집단(population)에 대한 산술평균은 그리스 문자 μ('mu'라 함)로 나타내고 표본에 대한 산술평균은 로마 문자 $\bar{x}$('x bar'라 함)로 나타낸다.

따라서 모집단 평균과 표본평균에 대한 식은 다음과 같다.

모집단 평균 : $\mu = \sum \frac{x_i}{N}$ 　　　 표본 평균 : $\bar{x} = \sum \frac{x_i}{n}$

위의 두 식은 동일한 것으로 자료의 모든 값을 더하고($\sum x$) 이 값을 자료의 개수로 나눈 경우이다. 따라서 분모에 있어 차이는 대문자 N은 모집단 자료의 개수를 나타내고, 소문자 n은 표본자료의 개수를 나타낸다.

예 제 1

히터와 에어컨 제작회사에서 지난 여름 8명의 판매원이 7월 한 달 동안 판매한 에어컨 수가 다음과 같을 때 판매원 1명의 평균 판매 에어컨 수는 얼마인가?

판매 에어컨 수 : 8, 11, 5, 14, 8, 11, 16, 11

풀이

$$\mu = \sum \frac{x_i}{N} = \frac{(8+11+5+14+8+11+16+11)}{8} = \frac{84}{8} = 10.5(\text{대})$$

■ ■ ■ ■

3.2. 정리된 자료의 산술평균

관찰된 자료의 개수가 많은 경우는 비록 정확한 산술평균은 아니더라도 주어진 자료를 정리하여 도수분포를 만들어 구하는 것이 편리하다. 관찰된 자료들이 도수분포로 정리되면 원래 갖고 있던 개별 자료값은 사용하지 않고 각 계급(class)의 중앙값(midpoint)이 각 계급에 포함된 자료의 대표값으로 사용된다. 즉, 정리된 자료에서의 평균값은 각 계급에 속하는 도수(f)에 계급 중앙값(x_c)을 곱하고 이들을 더한($\sum$) 다음 다시 도수분포에 나타난 전체 관측도수($\sum f$)로 나누어 계산한다.

정리된 모집단의 평균 : $\mu = \frac{\sum f.x_c}{\sum f}$　　　정리된 표본의 평균 : $\bar{x} = \frac{\sum f.x_c}{\sum f}$

이와 같이 도수분포를 이용한 산술평균은 계산과정이 간단한 반면 근사적 산술평균을 얻게 된다.

예 제 2

〈표 3.1〉은 도시근로자 100명을 임의로 추출하여 월정급여를 조사한 자료이다. 100명에 대한 평균급여를 구하시오.

표 3.1 도시근로자 100명에 대한 급여 (단위 : 만원)

월정급여액	근로자수(f)
140~159	7
160~179	30
180~199	33
200~219	25
220~239	11
240~259	4
	합계 100

풀이

근로자란 큰 모집단에서 100명을 뽑았기 때문에 하나의 표본이 된다. 평균을 구하기 위해 각 계급의 도수를 계급 중앙값과 곱한 ($f \cdot x_c$)값을 계산하면 다음 표와 같다.

월정급여액	계급중앙값(x_c)	근로자수(f)	($f \cdot x_c$)
140~159	149.50	7	1,046.50
160~179	169.50	30	3,390.00
180~199	189.50	33	6,253.50
200~219	209.50	25	5,237.50
220~239	229.50	11	2,524.50
240~259	249.50	4	998.00
		합계 100	$\sum f \cdot x_c$ = 19,450.00

$$\bar{x} = \frac{194,500,000}{100} = 1,945,000(\text{원})$$ 즉, 도시근로자의 평균급여는 1,945,000원이다.

■ ■ ■ ■

3.3. 가중평균

가중평균(weighted mean)은 정리된 자료들의 각 값에 상대적 중요도를 감안하여 계산한 대표값으로, 정리된 자료 값(x)에 적절한 가중치(w)를 곱하고 이 값을 모두 더한 다음 가중치의 합($\sum w$)으로 나눈 값이다. 즉, 다음 식으로 계산된다.

$$X_w = \frac{\sum w.x}{\sum w}$$

예 제 3

어느 대학에 다니는 학생이 3학점인 전공과목과 1학점인 교양과목을 수강하여 전공과목은 A학점(4.0) 교양과목은 B학점(3.0)을 받았다. 두 과목의 평균 성적은 얼마인가?

풀이

전공과목의 가중치는 3이고 교양과목의 가중치는 1이다. 따라서 가중치의 합($\sum w$)은 4이고 각 과목의 취득 점수는 전공과목이 4.0, 교양과목이 3.0이다. 따라서 다음과 같이 계산된다.

$$\text{평균성적} = \frac{3 \times 4 + 1 \times 3}{4} = 3.75$$

■ ■ ■ ■

예 제 4

여러 가지 제품을 생산하는 제조회사에서 작년 회계연도 동안 회사의 네 개 생산라인(line)에 대한 각각의 이익발생을 조사한 결과, A라인이 4.2%, B라인이 5.5%, C라인이 7.4%, D라인이 10.1%의 이익이 발생하였다. 그리고 각 라인의 총 제품판매액은 A라인이 30,000,000원, B라인이 20,000,000원, C라인이 5,000,000원, D라인이 3,000,000원이었다. 가중평균과 비가중평균(unweighted mean)을 각각 구하고 두 평균을 비교하시오.

풀이

문제의 조건으로부터 다음 표를 작성할 수 있다.

생산라인	이익률(x)	판매액(w)	$x \cdot w$
A	4.2%	30,000,000	1,260,000
B	5.5%	20,000,000	1,100,000
C	7.4%	5,000,000	370,000
D	10.1%	3,000,000	303,000
	$\sum x$=27.2%	$\sum w$=58,000,000	$\sum w \cdot x$=3,033,000

(1) **비가중평균** : $\mu = \dfrac{\sum x_i}{N} = \dfrac{27.2}{4} = 6.8\%$

즉, 평균 6.8%의 이익이 각 라인에서 발생한다.

(2) **가중평균** : $X_w = \dfrac{\sum w \cdot x}{\sum w} = \dfrac{3,033,000}{58,000,000} = 5.2\%$

즉, 평균 5.2%의 이익이 각 라인에서 발생한다.

이와 같은 평균차이는 네 개의 라인에서 생산되는 제품이 동일한 금액으로 판매되지 않기 때문에 상대적 중요도인 판매금액을 고려치 않은 비가중평균은 잘못된 평균값이다.

■ ■ ■ ■

3.4. 조화평균

조화평균(harmonic mean)은 일정한 거리에서의 평균속도와 같이 역수형태를 가지는 측정값의 평균으로, 자료에 가속도 개념이 포함된 경우의 평균값을 얻고자할 때 사용한다.

예 제 5

A도시에서 B도시까지의 거리는 $100km$이다. 승용차로 A도시에서 B도시까지 갈 때는 평균 $80km/h$로, 다시 돌아 올 때는 $120km/h$로 주행했다. 이때 왕복 평균 주행속도는 얼마인가?

풀이

A도시에서 B도시로 갈 때는 $\frac{100km}{80km/h}$ 의 시간이 소요되었고, 다시 돌아 올 때는 $\frac{100km}{120km/h}$ 의 시간이 소요되었다. 그러므로 왕복거리를 총소요시간으로 나누면 된다.

평균 주행속도 $= \dfrac{100+100}{\dfrac{100}{80}+\dfrac{100}{120}} = 96(km/h)$이다.

■ ■ ■ ■

예 제 6

승용차로 전주에서 대전까지 $70km$를 평균 시속 $80km$로 주행하고, 대전에서 서울까지 $200km$를 평균 시속 $100km$로 주행했다면 전주에서 서울까지의 평균 주행속도는 얼마인가?

풀이

총 주행거리는 $(200+70)km$ 이고 전체시간은, $(\frac{70km}{80km/h}+\frac{200km}{100km/h})$ 이다.

그러므로 평균 주행속도는 $\dfrac{200+70}{\dfrac{70}{80}+\dfrac{200}{100}} = 94(km/h)$이다.

■ ■ ■ ■

3.5. 기하평균

기하평균(geometric mean)은 인구변동률, 물가변동률 또는 경제성장률과 같이 등비수열로 변하는 자료에 대한 대표값을 얻고자할 때 사용되며, 일반적으로 산술평균값보다 작은 값으로 계산된다.

예 제 7

최근 5년간 어느 도시의 인구가 전년도 대비 3%, 5%, 5%, 6%, 7% 증가하였다고 한다. 5년간의 연평균 인구증가율은 얼마인가?

풀이

5년 전의 인구를 a라 하고, 평균 인구증가율을 $(x \times 100\%)$라 하자. 그러면 다음 표의 수치를 얻을 수 있다.

5년전	4년전	3년전	2년전	1년전	현재
a	1.03×a	1.03×1.05×a	1.03×1.05×1.05×a	1.03×1.05×1.05 ×1.06×a	1.03×1.05×1.05 ×1.06×1.07×a

즉, $(1+x)^5 = (1.03 \times 1.05 \times 1.05 \times 1.06 \times 1.07)$이고 $(1+x) = \sqrt[5]{1.03 \times 1.05 \times 1.05 \times 1.06 \times 1.07} \fallingdotseq 1.052$이다. 따라서 평균증가율은 $(1.052-1)$로 5.2%이다.

■ ■ ■ ■

예 제 8

다음 자료는 어느 기업의 연간 임금인상률을 나타낸 것이다. 2011년부터 2016년까지 연간 평균 임금인상률을 구하시오.

연도	임금인상률
2010	-
2011	0.048
2012	0.069
2013	0.050
2014	0.096
2015	0.163
2016	0.054

풀이

$\sqrt[6]{1.048 \times 1.069 \times 1.050 \times 1.096 \times 1.163 \times 1.054} = 1.079$ 이다.

따라서 연평균 임금인상률은 $1.079 - 1 = 0.079$, 즉, 7.9% 이다.

■ ■ ■ ■

3.6. 중위수

중위수(median)는 산술평균과 같이 관찰된 자료의 중심적 경향을 나타내는 측도로 도수분포에서 중심위치를 나타내는 변수값이다. 따라서 중위수를 위치적 중심 경향치라 부른다.

미정리된 자료에서의 중위수는 관찰된 자료를 크기순서로 나열하고, 이때 중간위치에 있는 자료값이 중위수가 된다.

관찰된 자료의 크기가 n일 때, n이 짝수이면 중위수는 중간의 두 개 자료값의 산술평균이 중위수가 된다. 즉, $(n/2)$번째와 $(n/2+1)$번 째 값의 산술평균이 중위수가 된다. 반면 n이 홀수인 경우 $(n+1)/2$번째 관찰값이 중위수가 된다.

따라서 중위수를 계산하기 위한 수식은 다음과 같이 표현할 수 있다.

$$\text{Med(중위수)} = X_{\left(\frac{n}{2}+\frac{1}{2}\right)}$$

예 제 9

어느 회사의 8명의 판매사원이 판매한 에어컨수가 ①과 같고, 11명의 판매사원이 판매한 에어컨수가 ②와 같을 때 각각의 중위수를 구하시오.

① 8, 11, 5, 14, 8, 11, 16, 11

② 8, 11, 5, 14, 8, 11, 16, 10, 12, 9, 7

풀이

① 관찰된 자료를 크기 순서로 나열하면 5, 8, 8, 11, 11, 11, 14, 16이다. 자료의 개수 n이 짝수이므로 중위수는

$\text{Med}= X_{\left(\frac{n}{2}+\frac{1}{2}\right)} = X_{\left(\frac{8}{2}+\frac{1}{2}\right)} = X_{4.5} = \frac{11+11}{2} = 11$이다. 이 경우 네 번째와 다섯 번째의 값이 모두 11이므로 산술평균 역시 11로 중위수는 11이다.

② 관찰된 자료를 크기 순서로 나열하면 5, 7, 8, 9, 10, 11, 12, 14, 16이다. 자료의 개수

n이 홀수이므로 중위수는

Med$= X_{(\frac{n}{2}+\frac{1}{2})} = X_{(\frac{11}{2}+\frac{1}{2})} = X_6 = 10$이다. 즉, 여섯 번째의 값이 중위수가 된다.

■ ■ ■ ■

그리고 모집단 내에 비정상적으로 큰 수치의 자료나 작은 수치의 자료가 있어 산술평균으로 집단의 대표값으로 결정하기에 곤란한 경우 중위수가 대표값으로 많이 사용된다.

예 제 10

다음은 어느 회사의 직원들 임금이다. 이 회사의 임금에 대한 대표값을 구하시오(단위 : 만원).

50, 55, 120, 130, 135, 165, 180, 185, 190, 192, 300

풀이

임금이 너무 적은 사람과 많은 사람이 있어 산술평균보다 중위수가 대표값으로 합당하다. 자료의 개수 n이 홀수이므로 중위수는
Med$= X_6 = 165$(만원)이다.

■ ■ ■ ■

3.7. 정리된 자료의 중위수

관찰된 자료들이 도수분포표로 정리된 경우에는 중위수를 구하기가 어렵다. 왜냐하면 도수분포표에서는 자료의 중앙값을 바로 찾을 수가 없기 때문이다. 그러므로 정리된 자료에서 중위수를 구하기 위해서는 다음과 같은 몇 가지 과정을 거쳐야한다.

우선, 중위수를 포함하고 있는 계급이 먼저 결정되어야 하고, 각 계급의 누적도수도 산출되어야 한다. 그 다음 계급 내부에 있는 중위수의 위치를 보간법(interpolation)으로 계산해야 한다. 따라서 중위수를 포함하는 계급은 누적도수가 전체도수의 1/2을 초과하거나 같게 되는 계급이다. 계급의 간격이 일정하다면 중위수를 계산하는 식은 다음과 같다.

$$\text{Med} = B_L + \left(\frac{\frac{N}{2} - f_b}{f_c}\right)i$$

단, B_L : 중위수를 포함하는 계급의 하한경계

N : 관찰된 자료의 총도수

f_b : 중위수를 포함하는 계급의 이전 누적도수

f_c : 중위수를 포함하는 계급도수

i : 계급구간의 크기

예 제 11

다음 자료는 100명의 도시근로자의 급여를 정리한 도수분포표이다. 정리된 도수분포표로부터 중위수를 구하시오.

표 3.2 도시근로자의 급여 (단위 : 만원)

월정급여액	근로자수(f)	누적도수($c \cdot f$)
140~159	7	7
160~179	20	27
180~199	33	60
200~219	25	85
220~239	11	96
240~259	4	100
	합계 100	

풀이

중위수를 포함하는 계급은 50번째 값을 갖는 계급이다($\because 100/2 = 50$). 따라서 누적도수가 50번째와 같거나 초과하는 첫 번째 계급은 1,8000,000 ~ 1,990,000원의 계급이다. 그러므로 $B_L = 179.5,\ n/2 = 50,\ f_c = 33,\ f_b = 27$이므로 중위수는 다음과 같다.

$$\text{Med} = B_L + \left(\frac{\frac{N}{2} - f_b}{f_c}\right)i = 1,795,000 + \left(\frac{50-27}{33}\right)200,000 = 1,934,400(\text{원})$$

■ ■ ■ ■

3.8. 최빈수

정리되지 않은 자료의 최빈수(mode)는 나열된 자료 중 가장 빈도가 많은 자료가 된다. 최빈수는 두 개 이상 존재할 수도 있고 관찰된 자료의 수가 적어 반복되는 자료가 없을 경우 최빈수가 존재하지 않을 수도 있다. 두 개의 서로 다른 자료가 동일한 최대빈도를 갖는 경우 그 분포는 쌍봉형(bimodal)이 되고, 동일한 최대빈도의 자료가 많을 경우 다봉형(multimodal)이 된다.

예 제 12

다음과 같이 예제 9에서 설명한 에어컨의 판매실적을 이용하여 최빈수를 구해보자.

① 8, 11, 5, 14, 8, 11, 16, 11

② 8, 11, 5, 14, 8, 11, 16, 10, 12, 9, 7

풀이

최빈수는 가장 많은 관찰도수를 갖는 값이다. 그러므로 ①과 ② 모두 mode=11이다.

■ ■ ■ ■

예 제 13

다음은 어느 학급 학생 K, L, J의 인기도를 조사한 자료이다. 세 사람을 대상으로 20명이 조사에 참가하였다. 최빈수를 구하시오.

K, K, L, L, K, J, K, K, L, J, J, K, L, J, L, K, K, L, K, J

풀이

K가 9번, L이 6번, J가 5번 반복됐다. 그러므로 K가 최빈수이며, 인기가 가장 많은 학생으로 대표된다.

■ ■ ■ ■

3.9. 정리된 자료의 최빈수

정리된 자료에서 최빈수를 계산할 때, 우선 계급구간이 동일한지를 확인하여야 한다. 일반적으로 도수분포표로 정리된 자료는 동일한 계급구간을 가지는데, 이 경우 최빈수는 도수의 집중도, 즉 관찰된 자료의 도수가 가장 많이 나타나는 계급에 최빈수가 존재한다. 따라서 정리된 자료에서의 최빈수는 우선 최대도수를 갖는 최빈계급(modal class)을 구하여야 한다.

정리된 자료에서는 간단하게 최대도수를 갖는 최빈계급의 중앙값(midpoint)을 최빈수로 간주하나 대부분의 통계학자들은 다음 식을 근거로 하여 최대도수를 갖는 계급에서 보간법으로 최빈수를 결정한다.

$$\text{Mode} = B_L + \left(\frac{d_1}{d_1 + d_2}\right)i$$

단, B_L : 최대도수를 갖는 계급의 하한경계

d_1 : 최대도수를 갖는 계급의 도수와 이전 계급이 갖는 도수와의 차이

d_2 : 최대도수를 갖는 계급의 도수와 다음 계급이 갖는 도수와의 차이

i : 계급구간의 크기

예 제 14

〈표 3.3〉은 도시근로자의 시간당 천명에 대한 재해의 평균수이다. 최빈수를 구하시오.

표 3.3 시간당 천명에 대한 재해의 평균수

시간당 천명에 대한 재해의 평균수	회사수
1.5~1.7	3
1.8~2.0	12
2.1~2.3	14
2.4~2.6	9
2.7~2.9	7
3.0~3.2	5
	합계 50

풀이

최대도수를 갖는 최빈계급의 구간은 2.1~2.3명이다. 즉, $B_L = 2.05$, $d_1 = 14 - 12 = 2$, $d_2 = 14 - 9 = 5$, $i = 0.3$이다. 그러므로 최빈수는 다음과 같다.

$$\text{Mode} = 2.05 + \left(\frac{2}{2+5}\right)(0.3) \fallingdotseq 2.14$$

■ ■ ■ ■

예 제 15

표 3.2의 도시근로자 급여자료를 사용하여 최빈수를 구하시오

풀이

최대도수를 갖는 최빈 계급구간은 1,800,000원 ~ 1,990,000원이다. 즉, $B_L = 1,790,000$, $d_1 = 33 - 20 = 13$, $d_2 = 33 - 25 = 8$, $i = 200,000$이다. 그러므로 최빈수는 다음과 같다.

$$\text{Mode} = 1,790,000 + \left(\frac{13}{13+8}\right)(200,000) = 1,918,800(\text{원})$$

■ ■ ■ ■

3.10. 평균, 중위수, 최빈수의 비교

지금까지 관찰된 자료의 중심경향(central tendency) 또는 중심위치(central location)를 나타내는 세 가지 대표값, 즉 평균, 중위수, 최빈수에 관하여 설명하였다. 세 가지 대표값을 도수곡선(frequency curve)으로 표시할 경우 대표값에 따라 분포의 치우침이 서로 다름을 알 수 있다. 〈그림 3.1〉의 (a)와 같은 분포는 대칭분포(symmetrical distribution)로 평균, 중위수, 최빈수가 모두 분포의 정점(peak)아래 한 점에 존재한다. 그리고 그림 (b)와 같은 +왜곡(positively skewed)은 평균값이 가장 큰 값이고 중위수가 최빈수보다 큰 경우이다. 또 그림 (c)와 같은 −왜곡(negatively skewed)은 평균값이 가장 작고 다음 중위수, 최빈수 순서로 작다.

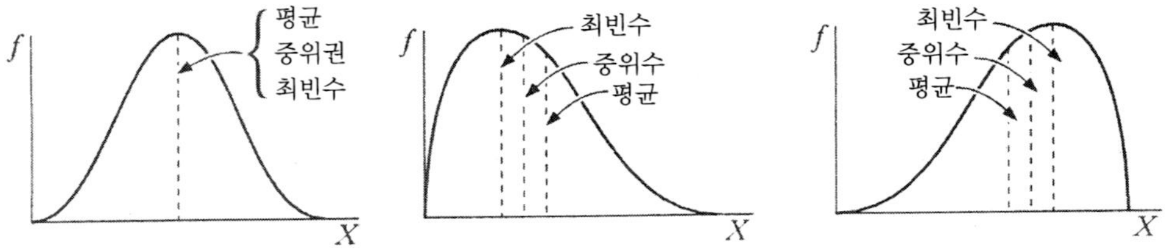

(a) 대칭분포 (b) +왜곡 (c) −왜곡

그림 3.1 **평균, 중위수, 최빈수의**

정리된 자료에서 평균과 중위수의 차이를 이용하는 왜곡도(skewness)측정은 피어슨의 왜곡도 계수(Pearson's confficient of skewness)가 가장 잘 알려졌으며 다음 장(4.11절)에서 다시 설명한다.

예 제 16

앞의 예제에서 얻어진 도시근로자 급여의 평균, 중위수, 최빈수 값을 이용하여 왜곡도 관계를 설명하시오.

풀이

도시근로자 급여의 예제에서 구한 대표값은 평균=1,945,000(원), 중위수=1,934,400(원), 최빈수=1,918,000(원)이다. 따라서 평균 〉 중위수 〉 최빈수의 관계로 이는 +왜곡으로 오른쪽으로 꼬리를 갖는 분포이다.

■ ■ ■ ■

3.11. 사분위수, 십분위수, 백분위수

사분위수(quartiles), 십분위수(deciles), 백분위수(percentiles)는 관찰된 자료의 위치를 나타내는 측도로서 중위수와 매우 비슷한 대표값으로 이들 역시 주어진 자료를 크기순으로 나열하고 관찰된 도수의 비율(proportion)에 따라 분리 하는 것이다. 즉, 중위수는 2등분하였을 때, **사분위수**는 4등분하였을 때, **십분위수**는 10등분하였을 때, **백분위수**는 100등분하였을 때 각각 해당되는 자료의 값이다.

미정리된 자료에서 사분위수, 십분위수, 백분위수는 다음 수식으로 계산된다.

$$Q_1(\text{제 1 사분위수}) = X_{(\frac{n}{4}+\frac{1}{2})}$$

$$D_3(\text{제 3 십분위수}) = X_{(\frac{3n}{10}+\frac{1}{2})}$$

$$P_{70}(\text{제 70 백분위수}) = X_{(\frac{70n}{100}+\frac{1}{2})}$$

예 제 17

예제 1에서 설명한 에어컨의 판매자료가 다음과 같을 때 제 3사분위수를 구하시오.

5, 8, 8, 11, 11, 11, 14, 16

풀이

$$Q_3(\text{제 3사분위수}) = X_{(\frac{3n}{4}+\frac{1}{2})} = X_{(\frac{24}{4}+\frac{1}{2})} = X_{6.5} = \frac{11+14}{2} = 12.5$$

즉, 순차적 자료값에서 여섯 번째와 일곱 번째의 중간 자료값이다.

그리고 정리된 자료의 사분위수, 십분위수, 백분위수를 계산하는 방법은 3.7절에서 학습한 중위수 계산식에서 비율계산 항목($N/2$)을 수정하면 된다. 즉, 다음과 같은 식으로 수정된다.

$$\text{Q1(제 1사분위수)} = B_L + \left(\frac{\frac{N}{4} - f_b}{f_c}\right)i$$

$$\text{D3(제 3십분위수)} = B_L + \left(\frac{\frac{3}{10}n - f_b}{f_c}\right)i$$

$$\text{P10(제 70백분위수)} = B_L + \left(\frac{\frac{70}{100}n - f_b}{f_c}\right)i$$

■ ■ ■ ■

예 제 18

표 3.2의 근로자 급여에 관한 자료에서 제 90백분위를 결정하시오.

풀이

우선 누적도수가 (90/100)n 혹은 90번째를 초과하는 계급은 2,200,000 ~ 2,390,000원이다. 즉, B_L=2,195,000, f_c=11, f_b= 85이므로 중위수는 다음과 같다.

$$P_{90} = B_L + (\frac{\frac{90}{100}n - f_b}{f_c})i = 2,195,000 + (\frac{90-85}{11}) \times 200,000 = 2,285,990(\text{원})\text{이다.}$$

■ ■ ■ ■

SPSS 분석

어느 회사에서 생산하는 동판의 장력(Kg/mm^2)이 〈표 3.4〉와 같다. ① 평균(산술평균) ② 최소값 ③ 최대값 ④ 첨도 및 왜도를 SPSS 패키지를 분석하시오.

▌절차▐ SPSS 패키지의 탑 메뉴에서 [분석] → [기술통계량] → [기술통계] →〈분석할 변수이동〉 → [옵션] →〈분석하고자 하는 통계량 체크〉 → [계속] → [확인] 순서를 따르게 되면 다음과 같은 결과분석 창이 활성화 된다.

▌표 3.4▐ 동판의 장력

43 44 41 41 44 44 44 43 42 45 43 43 44 45 46 42
45 41 44 44 43 44 46 41 43 45 45 42 44 44

▌표 3.5▐ 동판의 기술통계량

기술통계량

	N	최소값	최대값	평균	표준편차	분산	왜도		첨도	
	통계량	통계량	통계량	통계량	통계량	통계량	통계량	표준오차	통계량	표준오차
동판장력	30	41.00	46.00	43.5000	1.43238	2.052	-.302	.427	-.557	.833
유효 N(목록별)	30									

연 습 문 제

3.1 규모가 작은 백화점에서 15명의 고객을 표본으로 추출하여 구매총액을 조사한 결과 다음과 같을 때 ① 평균 ② 중위수 ③ 최빈수를 구하시오.

5,000원, 5,000원, 7,500원, 7,500원, 7,500원, 9,000원, 10,000원, 12,000원, 15,000원, 15,000원, 16,000원, 30,000원, 40,000원, 50,000원, 100,000원

3.2 문제 3.1의 분포를 기울림의 관점에서 설명하시오.

3.3 주별 급여가 다음과 같은 작은 제조회사의 생산직 근로자 20명을 표본으로 추출했을 때 ① 평균 ② 중위수 ③ 최빈수를 구하시오

140,000원, 140,000원, 140,000원, 140,000원, 140,000원, 140,000원, 140,000원, 140,000원, 155,000원, 155,000원, 165,000원, 165,000원, 180,000원, 180,000원, 190,000원, 200,000원, 205,000원, 225,000원, 230,000원, 240,000원

3.4 문제 3.3의 분포를 기울림의 관점에서 설명하시오.

3.5 관리직에 근무하는 특정사원이 10건의 결재서류를 작성하는 데 요구하는 시간이 다음과 같을 때 ① 평균시간 ② 중위수 ③ 최빈수를 구하시오.

15분, 15분, 15분, 20분, 20분, 25분, 30분, 30분, 35분, 40분

3.6 문제 3.5의 평균, 중위수, 최빈수를 비교하여 분포의 형태를 설명하시오.

3.7 다음에 주어진 도수분포표는 특정구역 내에 있는 전체 임대 아파트의 임대요금이다.

① 평균 ② 중위수 ③ 최빈수를 구하시오.

| 표 3.6 |　매월 아파트 임대요금에 대한 도수분포　(단위 : 천원)

임대요금	계급중앙값(x)	아파트수(f)	$f \cdot x$	누적도수
150~179	164,50	3	493,50	3
180~209	194,50	8	1,556,00	11
210~239	224,50	10	2,245,00	21
240~269	254,50	13	3,308,50	34
270~299	284,50	33	9,388,50	67
300~329	314,50	40	12,580,00	107
330~359	344,50	35	12,057,50	142
360~389	374,50	30	11,235,00	172
390~419	404,50	16	6,472,00	188
420~449	434,50	12	5,214,00	200
		합계 200	$\Sigma f \cdot x$ = 64,550,000	

3.8 문제 3.7의 아파트 임대가격에 대한 분포의 형태를 설명하시오.

3.9 연말 회계감사에서 회계 법인체가 80건의 잔액계정을 감사하는 데 요구하는 시간이 〈표3.7〉과 같다. 잔액계정을 감사하는 데 요구되는 시간의 ① 평균 ②중위수 ③ 최빈수를 계산하시오.

| 표 3.7 |　잔액계정의 감사에 요구되는 시간

감사시간	계급 중앙값(x)	계정수(f)	$f \cdot x$	누적도수
10~19	14.5	3	43.5	3
20~29	24.5	5	122.5	15
30~39	34.5	10	345.0	29
40~49	44.5	20	534.0	38
50~59	54.5	12	1090.0	45
		합계 50	$\Sigma f \cdot x$ = 2,135.0	50

3.10 문제 3.9에서 나타난 감사시간에 대한 분포의 형태를 설명하시오.

3.11 특정산업의 평균 재해자수가 다음과 같이 정리된다. 이들 50개 표본회사에 대한 산

업재해의 ① 평균 ② 중위수 ③ 최빈수를 계산하시오.

▌표 3.8▐ 특정산업의 평균 재해자수

평균재해자수	계급 중앙값(x)	회사수(f)	$f \cdot x$	누적도수
1.5~1.7	1.6	3	4.8	3
1.8~2.0	1.9	12	22.8	15
2.1~2.3	2.2	14	30.8	29
2.4~2.6	2.5	9	22.5	38
2.7~2.9	2.8	7	19.6	45
3.0~3.2	3.1	5	15.5	50
		합계 50	$\sum f \cdot x = 116.0$	

3.12 문제 3.11의 자료에 대한 분포의 형태를 설명하시오.

3.13 〈표 3.9〉를 참고하여 특정기간 동안 전체 조립품의 불량률(%)을 구하시오.

▌표 3.9▐ 조립품의 불량품

과 정	불량비율(x)	품 목 수(w)	$w \cdot x$
1	1.1	210	231.0
2	1.5	120	180.0
3	2.3	50	115.0
		$\sum w = 380$	$\sum w \cdot x = 526.0$

3.14 특정상품의 소비자가격이 〈표 3.10〉과 같이 변화될 때 표에 나타난 평균 지출액을 고려치 않고 소비자 가격의 평균 변화율(%)을 구하시오.

▌표 3.10▐ 특정상품의 소비자가격의 변화

품목	상승률(%)	매달 평균 지출액(증가전)
우 유	10	10.00
소고기	-6	15.00
의 류	-8	15.00
휘발유	20	25.00

3.15 〈표 3.10〉을 참고하여 물가상승 전의 특정품목에 소비한 매달 평균 지출액에 의해 소비자가격의 평균 변화율(%)을 구하시오.

3.16 문제 3.14와 문제 3.15에서 계산된 두 개의 평균 변화율 가운데 어느 것이 일반 소비자의 가격변화를 측정하는 데 정확한 값이 되겠는가? 그 이유를 설명 하시오.

3.17 문제 3.1의 자료를 이용하여 고객 구매액의 ① 제 2사분위수 ② 제 2십분위수 ③ 제 40백분위수를 구하시오.

3.18 문제 3.3의 자료를 이용하여 제조회사의 주별 급여에 대한 ① 제 3사분위수 ② 제 9십분위수 ③ 제 50백분위수 ④ 제 84분위수를 구하시오.

3.19 〈표 3.3〉의 도시근로자의 재해 평균수를 참고하여 ① 제 1사분위수 ② 제 3십분위수 ③ 제 80백분위수 ④ 제 17백분위수를 구하시오.

3.20 〈표 3.6〉의 임대아파트 임대요금을 참고하여 ① 제 1사분위수 ② 제 1십분위수 ③ 제 90백분위수를 구하시오.

3.21 〈표 3.4〉의 동판장력을 참고하여 ① 평균(산술평균) ② 중위수 ③ 최빈수 ④ 사분위수를 구하시오.

3.22 최근 10년간의 물가변동률이 다음과 같을 때 평균 물가변동률을 구하시오.

6%, 5%, 7%, 10%, 4%, 3%, 15%, 16%, 7%, 8%

CHAPTER

04 산포도

제 3장에서 설명한 대표값은 통계자료들이 어디를 중심으로 집중되어 있는가를 나타내는 통계량으로, 중심경향이나 중심위치를 나타내는 척도이다. 그러나 자료의 분포형태는 대표값만으로 충분히 나타낼 수 없다. 간단한 예로서 어느 대학의 특정학과 학생 10명을 5명씩 두 집단으로 나누어 통계학 시험을 치른 결과 〈표 4.1〉과 같은 성적을 얻었다고 하자. 이때 두 집단의 평균 · 중위수 · 최빈수를 계산하면 두 집단 모두 70점이 된다. 이 경우 이들 두 집단의 성적분포가 똑같다고 말할 수 있는가?

〈표 4.1〉에서 집단 A에 속한 학생들의 성적은 서로 비슷하고 평균점수 70점과 차이가 별로 없는 데 반해, 집단 B에 속한 학생들의 성적은 서로 차이가 많고, 평균점수 70점과도 차이가 많음을 알 수 있다.

| 표 4.1 | 두 학생집단의 시험성적

집단 A	집단 B
64	56
67	59
70	70
70	70
79	95

따라서 분포의 특성을 명확하게 정의하기 위해서는 대표값과 더불어 관찰된 자료들 사이의 흩어짐의 정도, 즉 변이성(variability)의 견지에서 자료값을 분석하는 산포도(measure of dispersion)가 도입되어야 한다.

산포도는 개개의 관찰값이 중심위치로부터 얼마만큼 넓게 또는 좁게 분포되어 있는가를 나타내는 측정 자료이다. 그러므로 통계자료의 양적 구조의 특성을 파악하기 위해서는 대표값과 함께 산포도의 측정이 필요하다.

산포도의 측정은 일반적으로 범위(range), 평균편차(average deviation), 분산(variance), 표준편차(standard deviation), 변이계수(coefficient of variation) 등을 많이 사용한다.

4.1. 범위

산포도를 측정하는 가장 간단한 통계방법이 범위(range)이다. 이는 정리되지 않은 관찰 자료의 최고값에서 최저값을 뺀 값으로서 R로 표시한다.

최고값을 Max로 표시하고 최저값을 Min으로 표시할 경우 미정리된 자료의 범위는 다음과 같다.

$$R = Max - Min$$

예 제 1

지난 여름 히터와 에어컨 제작회사에서 8명의 판매사원이 7월 한 달 동안 판매한 에어컨수가 다음과 같을 때 에어컨 판매수의 범위를 구하시오.

5, 8, 8, 11, 11, 11, 14, 6

풀이

최고값(Max)=16, 최저값(Min)=5 이므로 R=16−5=11(대)

그리고 도수분포에 의해 정리된 자료에서의 범위는 최고계급의 상한경계(upper boundary)와 최저계급의 하한경계(lower boundary)와의 차이로 계산된다.

■ ■ ■ ■

예 제 2

다음 자료는 도시근로자 100명에 대한 월정급여의 도수분포표이다. 범위를 구하시오.

| 표 4.2 | 월정급여 (단위 : 만원)

월정급여액	계급경계	근로자수(f)	누적도수
140~159	139.5~159.5	7	7
160~179	159.5~179.5	20	27
180~199	179.5~199.5	33	60
200~219	199.5~219.5	25	85
220~239	219.5~239.5	11	96
240~259	239.5~259.5	4	100
		합계 100	

풀이

최고계급의 상한경계 2,595,000원이고, 최저계급의 하한경계 1,395,000원이다.
그러므로 범위 R=2,595,000(원)−1,395,000(원)=1,200,000(원)이다.

■ ■ ■ ■

4.2. 평균편차

관찰된 자료의 흩어짐의 정도는 관찰된 자료들이 중심위치로부터 얼마만큼 떨어져 있는가에 따라 결정된다. 즉, 관찰된 자료들이 넓게 퍼져 있다면 흩어짐의 정도가 커지고, 반대로 중심위치에 가깝게 모여 있다면 흩어짐의 정도가 작아진다. 따라서 흩어짐의 정도를 나타내는 편차(deviation)는 중심위치를 나타내는 평균(mean)으로부터 관찰된 자료들이 얼마만큼 떨어져 있는 가를 나타내는 통계자료이다.

편차 계산에서 어떤 자료는 편차가 +의 값을 갖고 어떤 자료는 −의 값을 갖는다. 그러므로 편차의 합은 결국 0이 된다. 편차합이 0이 된다는 것은 통계학적으로 무의미하다. 따라서 개개의 편차에 절대값을 취하여 이들에 대한 산술평균을 구할 수 있는데 이것을 우리는 **평균편차**(average deviation; AD)라 부른다. 평균편차에 대한 식은 다음과 같다.

모집단(population)의 AD= $\frac{\Sigma|x-u|}{N}$

표본(sample)의 AD= $\frac{\Sigma|x-\bar{x}|}{n}$

예 제 3

예제 1에서 주어진 에어컨 판매자료를 모집단으로 가정하고 평균편차를 구하시오.

5, 8, 8, 11, 11, 11, 14, 6

풀이

평균편차를 구하기 위해서는 제일 먼저 평균값을 다음과 같이 구해야 한다.

평균$(\mu) = \frac{5+8+8+11+11+11+14+16}{8} = \frac{84}{8} = 10.5$ 이다. 미정리된 자료로서 평균(μ)를 적용하여 다음과 같은 표를 작성할 수 있다.

에어컨 판매자료(x_i)	$(x_i-\mu)$	$\|x_i-\mu\|$
5	-5.5	5.5
8	-2.5	2.5
8	-2.5	2.5
11	0.5	0.5
11	0.5	0.5
11	0.5	0.5
14	3.5	3.5
16	5.5	5.5
		합계: 21.0

그러므로 표에서 계산된 수치를 이용하여 평균편차 AD $= \frac{21.0}{8} = 2.625$(대)가 된다.

■ ■ ■ ■

4.3. 정리된 자료의 평균편차

도수분포표로 정리된 자료는 각 계급의 중앙값(midpoint)이 그 계급을 대표한다. 따라서 정리된 자료에서 산술평균을 계산하는 방법과 같이 평균편차는 다음 식으로 계산된다.

모집단(population)의 AD$=\dfrac{\sum f|x-u|}{N}$

표본(sample)의 AD$=\dfrac{\sum f|x-\bar{x}\,|}{n}$

예 제 4

〈표 4.2〉의 도시근로자의 급여에 대한 자료에서 평균편차를 구하시오.
단, 평균($\bar{x}$)=1,945,000원이다

풀이

평균편차를 계산하기 위해 아래 표를 작성할 수 있다.

(단위 : 만원)

월정급여액	계급중앙값	근로자수(f)	$\lvert x_i-\mu\rvert$	$f\cdot\lvert x_i-\mu\rvert$
140~159	149.50	7	45.00	315.00
160~179	169.50	20	25.00	500.00
180~199	189.50	33	5.00	165.00
200~219	209.50	25	15.00	375.00
220~239	229.50	11	35.00	385.00
240~259	249.50	4	55.00	220.00.00
		합계 100		합계 1,960

그러므로 도시근로자 100명에 대한 표본의 평균편차는 다음과 같이 계산된다.

AD$=\dfrac{\sum f|x-\bar{x}\,|}{n}=$ 1,960/100=19.6(원)이다. 즉, AD=196,000(원)이다.

■ ■ ■ ■

4.4. 분산과 표준편차

평균에 대한 편차의 합은 0이기 때문에 평균편차는 절대값을 취한 후 산술평균으로 구하였다. 이와 유사하게 편차 합이 0이 되는 것을 피하는 방법으로 편차를 제곱하여 사용할 수 있다. 즉, 관찰된 자료의 평균에 대한 편차를 제곱한 다음 산술평균하여 얻는 통계값으로 분산(variance)이라 한다.

모집단에서 분산은 σ^2으로 표현되며, 다음 식으로 계산된다.

$$\text{모집단 분산}(\sigma^2) = \frac{\sum (x-\mu)^2}{N}$$

그리고 표본에 대한 분산은 지금까지 설명한 표본 통계치와는 달리 모집단 분산과 동일하게 계산할 수 없다. 다시 말해 표본 분산을 계산하는 공식에는 분모에 수정요소(correction factor)가 포함되어 있기 때문이다. 왜냐하면 표본분산은 모집단분산의 불편추정치(unbiased estimator)가 되어야 하기 때문이다. 따라서 표본 분산을 S^2으로 표기하고 다음과 같이 정의된다.

$$\text{표본 분산}(S^2) = \frac{\sum (x-\bar{x})^2}{n-1}$$

위의 수식에서 볼 수 있듯이 분산값은 평균과의 차이를 제곱함으로써 원자료와의 차이를 두 배로 증가시킨다. 따라서 분산에 제곱근을 취하여 두 배 증가한 수치를 감소시킬 수 있다. 이러한 방법으로 계산된 값을 표준편차(SD: standard deviation)라 하여 통계학에서 널리 활용되고 있다.

모집단과 표본의 표준편차 계산은 다음과 같다.

$$\text{모집단의 SD}(\sigma) = \sqrt{\frac{\sum (x-\mu)^2}{N}} \qquad \text{표본의 SD}(S) = \sqrt{\frac{\sum (x-\bar{x})^2}{n-1}}$$

예 제 5

〈예제 1〉에서 주어진 에어컨 판매실적 자료를 이용하여 표준편차를 계산 하시오.(단, 판매대수는 모집단으로 가정하며, 평균 $\mu = 10.5$대이다).

풀이

미정리된 자료로부터 평균 μ를 적용하여 다음과 같은 표를 작성할 수 있다.

에어컨 판매자료(x_i)	$(x_i - \mu)$	$(x_i - \mu)^2$
5	-5.5	30.25
8	-2.5	6.25
8	-2.5	6.25
11	0.5	0.25
11	0.5	0.25
11	0.5	0.25
14	3.5	12.25
16	5.5	30.25
		합계 86.00

그러므로 표준편차 $\sigma = \sqrt{\dfrac{\Sigma(x-u)^2}{N}} = \sqrt{\dfrac{86}{8}} = \sqrt{10.75} \cong 3.3$(대)이다.

■ ■ ■ ■

4.5. 정리된 자료의 분산과 표준편차

도수분포표에 정리된 자료에서 분산과 표준편차를 계산하기 위해서는 우선 각 계급에 포함된 모든 자료들의 중앙값을 계산하여야 한다.

이는 4.3절에서 설명한 정리된 자료의 평균편차의 계산과 유사한 형태로, 편차의 절대값 대신 제곱의 합을 취한다. 따라서 정리된 자료에서 모집단과 표본의 분산은 다음 식으로 계산된다.

$$모집단\ 분산(\sigma^2) = \frac{\Sigma f(x-\mu)^2}{N} \qquad 표본\ 분산(S^2) = \frac{\Sigma f(x-\bar{x})^2}{n-1}$$

그리고 정리된 자료에 대한 모집단 및 표본의 표준편차는 다음 식으로 계산된다.

$$모집단의\ SD(\sigma) = \sqrt{\frac{\Sigma f(x-\mu)^2}{N}} \qquad 표본의\ SD(S) = \sqrt{\frac{\Sigma f(x-\bar{x})^2}{n-1}}$$

예 제 6

〈예제 2〉에서 설명한 도시근로자의 월정급여문제에서 표본의 표준편차를 구하시오. (단, 표본평균 $\bar{x} = 1,945,000$원이다).

풀이

정리된 자료에서 평균급여 $\bar{x}$를 적용하여 아래의 표를 작성할 수 있다.

월정급여액	계급중앙값	근로자수(f)	$x-\bar{x}$	$(x-\bar{x})^2$	$f(x-\bar{x})^2$
140~159	149.50	7	-45	2,025	14,175
160~179	169.50	20	-25	625	12,500
180~199	189.50	33	-5	25	825
200~219	209.50	25	15	225	5,625
220~239	229.50	11	35	1,225	13,475
240~259	249.50	4	55	3,025	12,100
		합계 100			합계 58,700

그러므로 위의 자료를 이용하여 표본의 표준편차를 계산하면 다음과 같다.

$$s = \sqrt{\frac{\Sigma f(x-\bar{x})^2}{n-1}} = \sqrt{\frac{58,700}{99}} = \sqrt{592.9293} \cong 24.35 = 243,500(원)$$

지금까지 설명한 표준편차의 공식들을 편차공식(deviation formulas)이라 하며, 이들 공식을 이용하기 위해서는 관찰된 자료값과 평균과의 차이인 편차를 모두 구하여야 한다. 그러나 편차를 일일이 계산한다는 것은 번잡스럽고 귀찮은 과정으로 이를 직접 계산할 수 있는 방법이 있다면 훨씬 편리하게 계산할 수 있을 것이다. 따라서 우리는 대체공식

(alternative formulas)으로 산정공식(computation formulas)을 유도할 수 있다. 즉, 미정리된 자료에 대한 산정공식은 다음과 같다.

모집단 분산 : $\sigma^2 = \dfrac{\sum x^2 - N \cdot \mu^2}{N}$　　모집단 표준편차 : $\sigma = \sqrt{\dfrac{\sum x^2 - N \cdot \mu^2}{N}}$

표본 분산 : $s^2 = \dfrac{\sum x^2 - n\bar{x}^2}{n-1}$　　표본 표준편차 : $s = \sqrt{\dfrac{\sum x^2 - n\,\bar{x}^2}{n-1}}$

■ ■ ■ ■

예 제 7

〈예제 1〉에서 주어진 에어컨 판매실적 자료를 이용하여 산정공식에 의한 모집단의 표준편차를 계산하시오.

풀이

산정공식을 이용하여 표준편차를 계산하기 위해 $\sum x^2$ 값을 계산하면 다음 표와 같다.

x	x^2
5	25
8	64
8	64
11	121
11	121
11	121
14	196
16	256
	합계 968

평균 $\mu = 10.5$이므로 산정공식에 의한 표준편차는 다음과 같다.

$$\sigma = \sqrt{\frac{\sum x^2 - N \cdot \mu^2}{N}} = \sqrt{\frac{968 - 8(10.5)^2}{8}} = \sqrt{\frac{86}{8}} \cong 3.3(\text{대})$$

또한 정리된 자료에 대한 산정공식은 다음과 같다.

모집단 분산 : $\sigma^2 = \dfrac{\sum fx^2 - N \cdot \mu^2}{N}$ 모집단 표준편차 : $\sigma = \sqrt{\dfrac{\sum fx^2 - N \cdot \mu^2}{N}}$

표본 분산 : $s^2 = \dfrac{\sum fx^2 - n\bar{x}^2}{n-1}$ 표본 표준편차 : $s = \sqrt{\dfrac{\sum fx^2 - n\bar{x}^2}{n-1}}$

■ ■ ■ ■

예 제 8

〈예제 2〉의 도시근로자의 급여자료를 이용하여 표본의 표준편차를 산정공식으로 구하시오(단, 표본평균 $\bar{x}$ =1,945,000원이다).

풀이

산정공식에 필요한 자료를 얻기 위해 아래 표를 작성할 수 있다.

월정급여액	계급중앙값(x)	근로자수(f)	x^2	$f \cdot x^2$
140~159	149.5	7	22,350.25	156,451.75
160~179	169.5	20	28,730.25	574,605.00
180~199	189.5	33	35,910.25	1,185,038.25
200~219	209.5	25	43,890.25	1,097,256.25
220~239	229.5	11	52,670.25	579,372.75
240~259	249.5	4	62,250.25	349,001.00
		합계 100		합계 3,841,725.00

따라서 산정공식에 의한 표본의 표준편차는 다음과 같다.

$$s = \sqrt{\frac{\sum fx^2 - n\bar{x}^2}{n-1}} = \sqrt{\frac{3,841,725 - 100(194.5)^2}{100-1}} = \sqrt{\frac{3,841,725 - 3,783,025}{99}}$$

$$= \sqrt{\frac{58,700}{99}} \cong 24.35 = 243,500(\text{원})$$

■ ■ ■ ■

4.6. 표준편차의 의의

표준편차는 앞서 설명한 바와 같이 통계자료가 평균으로부터 어느 정도 흩어져 있는가를 나타내는 척도로서 응용성과 활용성이 매우 큰 기술 통계자료이다. 표준편차를 활용하는 대표적인 예로서 도수분포가 대칭적(symmetrical)이고 보통 첨도(mesokurtic)를 갖는 정규분포이다. 정규분포에서 표준편차는 평균을 중심으로 특정 표준편차 내에 얼마의 도수가 포함하고 있는가를 계산하는데 매우 유용하게 사용된다.

즉, 〈표 4.3〉에서 볼 수 있듯이 통계자료의 산술평균에서 1표준편차(1σ) 내에 존재하는 도수, 즉 $(\bar{x} \pm 1\sigma)$에 존재하는 도수가 68.27%로, 이는 총 도수 중 1표준편차 내에 존재하는 도수가 68.27%라는 의미이다. 아울러 2표준편차$(\bar{x} \pm 2\sigma)$ 내에 존재하는 도수는 95.45%이고, 3표준편차$(\bar{x} \pm 3\sigma)$ 내에 존재하는 도수는 99.73%이다.

표 4.3 표준편차의 범위 및 구성비

범위	도수의 구성비	약비
$\bar{x} \pm 1\sigma$	68.27%	68%
$\bar{x} \pm 2\sigma$	99.45%	95%
$\bar{x} \pm 3\sigma$	99.73%	99%

〈표 4.3〉의 표준편차관계를 그림으로 나타내면 〈그림 4.1〉과 같다. 〈그림 4.1〉의 (a)는 평균 $\bar{x}$와 1표준편차, 즉 $\bar{x} \pm 1\sigma$ 내에 들어 있는 도수의 면적으로 총도수의 면적을 1로 볼 때 0.6827의 면적이 된다. 그리고 (b)는 $\bar{x} \pm 2\sigma$ 내에 포함되는 도수의 면적으로 0.9545이며, (c)는 $\bar{x} \pm 3\sigma$내에 드는 도수면적으로 0.9973이 된다.

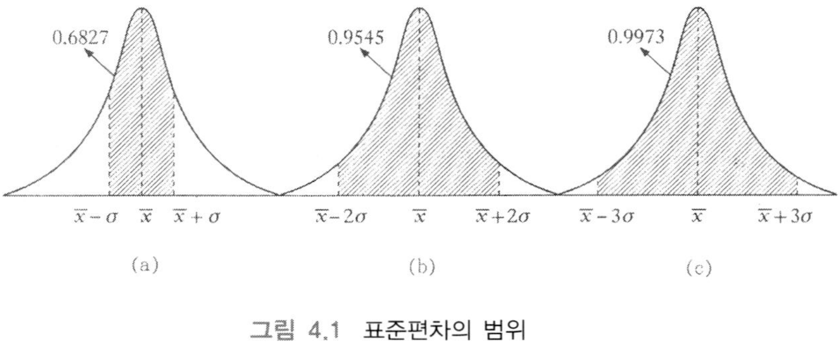

그림 4.1 표준편차의 범위

그러므로 관찰하고자 하는 도수분포가 정규분포이고, 그 집단의 평균과 표준편차를 안다면 해당 집단의 구조적인 특성을 구체적으로 파악할 수 있다.

이와 같이 표준편차는 통계집단의 구조적 특성을 분석하고 이해하는 데 중요한 지표가 된다.

4.7. 변이계수

앞에서 설명한 대표값과 산포도의 통계수치는 원자료로 부터 직접 계산한 절대적 통계수치이다. 절대적 통계수치는 특성이 다른 통계집단과 비교할 수 없는 단점을 가지고 있다. 예컨대 변량의 단위가 다른 분포(예컨대 신장과 체중)를 비교하는 경우와 동일한 측정단위이나 대표값의 차이가 많은 집단을 비교할 경우는 절대적 통계수치를 사용할 수 없다. 따라서 이러한 문제점을 해결하고자 상대적 통계수치를 계산하여 사용한다.

상대적 통계수치는 각 변량을 대표하는 대표값으로 산포도를 나눈 것으로 여러 종류의 통계수치가 있으나 표준편차를 산술평균으로 나눈 상대적 통계수치를 **변이계수**(coefficient of variation)라 하며 널리 이용되고 있다.

따라서 변이계수 V는 다음 식으로 계산되며, 아울러 100분비의 형식으로도 사용 할 수 있다.

모집단의 변이계수 : $V = \dfrac{\sigma}{\mu}$　　　표본의 변이계수 : $V = \dfrac{s}{x}$

예 제 9

어느 전자회사에서 두 가지 일반 주식을 발행하였는데, 주식 A는 매일 시세가 표준편차 5만원을 갖는 평균 150만원의 주식이 되었고, 주식 B는 매일 시세가 표준편차 3만원을 갖는 평균 50만원의 주식이 되었다. 가격변화는 어느 주식이 더 큰가?

풀이

단순한 판단으로는 표준편차가 큰 주식 A가 가격변화가 더 큰 것으로 보이나 각 주식이 갖는 평균가격과 관련하여 변이계수를 구하여 비교하면 다음과 같다.

$$V(A) = \frac{\sigma}{\mu} = \frac{5}{150} = 0.033 \qquad V(B) = \frac{\sigma}{\mu} = \frac{3}{50} = 0.060$$

즉, 평균가격과 비교할 때 주식 B가 주식 A의 가격변화에 거의 두 배임을 알 수 있다.

■ ■ ■ ■

예 제 10

어른 키의 평균과 표준편차를 구하면 $\bar{x} = 170, s = 10$이었고, 유아 키에 대한 평균과 표준편차는 $\bar{y} = 30, s = 5$이었을 때, 어느 집단이 키의 변화가 더 심한가?

풀이

어른 키에 대한 변이계수는 10/70이고, 유아 키에 대한 변이계수는 5/30이다. 그러므로 유아들 집단이 어른들 집단보다 평균을 중심으로 변이가 더 큼을 알 수 있다.

■ ■ ■ ■

4.8. 피어슨의 왜곡도 계수

지금까지 우리는 여러 종류의 흩어짐, 즉 편차에 대하여 공부하였다. 그러나 이러한 통계치로는 관찰하고자 하는 집단이 평균을 중심으로 대칭인가 또는 비대칭인가? 또는 비대칭이라면 어느 쪽으로 어느 정도가 비대칭인가를 알 수 없다. 따라서 도수분포가 평균을 중심으로 어느 쪽으로 기울어지고, 또한 기울어진 정도가 얼마인가를 나타내는 왜곡도(skewness)의 추정이 필요하다. 왜곡도는 피어슨(Pearson), 보우레(Bowley), 산술평균편차(mean deviation from arithmetic mean) 등 세 가지 방법으로 계산할 수 있으나, 이 중 대표적인 **피어슨의 왜곡도 계수**를 설명하고자 한다.

피어슨의 왜곡도 계수는 관찰된 자료의 분포가 대칭인가 비대칭인가를 판단 할 수 있을 뿐만 아니라 비대칭분포라면 어느 쪽으로 어느 정도 왜곡되었는가를 알 수 있다. 피어슨의 왜곡도 계수는 **산술평균과 중위수의 편차**를 그 집단의 표준편차로 나눔으로써 얻을 수 있다.

$$\text{모집단의 왜곡도 계수 : } s_k = \frac{3(\mu - Med)}{\sigma}$$

$$\text{표본의 왜곡도 계수 : } s_k = \frac{3(\bar{x} - Med)}{s}$$

피어슨의 왜곡도 계수(s_k)가 0이면 대칭분포, $+$이면 우측왜곡, $-$이면 좌측왜곡이다. 그리고 왜곡도의 크기는 ± 1 이내이고 만일 이계수가 ± 0.25 이하이면(만일 $+0.25$이면 우측왜곡이고 -0.25이면 좌측왜곡임) 왜곡은 아주 미미한 데 반하여 그것이 $\pm 0.25 \sim 0.5$이면 완만하고, ± 0.5 이상이면 아주 심한 왜곡이라 할 수 있다.

예 제 11

〈예제 2〉의 도시근로자 100명을 표본으로 추출한 월정급여에 대한 자료에서 평균급여, 중위수, 표준편차가 각각 1,945,500원, 1,934,400원, 243,500원이었다. 왜곡도 계수를 구하시오.

풀이

평균 $\bar{x} = 1,945,000$, 중위수 $Med = 1,934,400$, 표준편차 $s = 243,500$원이다.

$$s_k = \frac{3(x - Med)}{s} = \frac{3(1,945,000 - 1,934,400)}{243,500} = +0.13$$

따라서 월정급여에 대한 자료는 대칭분포 혹은 우측왜곡으로 그 왜곡도는 아주 미미하다고 할 수 있다.

■ ■ ■ ■

SPSS 분석

어느 섬유회사의 생산직 여사원 20명을 표본으로 선정하여 월정급여(단위: 만원)를 조사한 자료이다. SPSS 통계패키지를 사용하여 이들 표본의 ① 범위 ② 평균 ③ 분산 ④ 표준편차를 구하시오.

70, 70, 80, 80, 85, 90, 90, 90, 95, 100,

105, 110, 120, 125, 130, 130, 135, 140, 140, 150

| 절차 | SPSS 통계패키지 데이터 창에서 [분석] → [기술통계량] → [기술통계] → 〈분석할 변수이동〉 → [옵션] → 〈분석하고자 하는 통계량 체크〉 → [계속] → [확인]

순서를 따르게 되면 다음과 같은 결과분석 창이 활성화 된다.

기술통계량

	N	최소값	최대값	평균	표준편차	분산	왜도		첨도	
	통계량	통계량	통계량	통계량	통계량	통계량	통계량	표준오차	통계량	표준오차
월정급여	20	70.00	150.00	109.0000	26.13729	683.158	-.009	.512	-1.482	.992
유효 N(목록별)	20									

그림 4.2 월정급여 산포도

연 습 문 제

4.1 어느 백화점에서 15명의 고객을 표본으로 선정하여 구매금액(단위: 천원)을 조사하여 다음과 같이 큰 순서로 나열하였다.

5, 5, 7, 7, 7, 9, 10, 12, 20, 23, 24, 30, 35, 37, 55

① 범위 ② 평균편차 ③ 표준편차를 각각 구하고 비교하시오.

4.2 S섬유회사의 생산직 여사원 20명을 표본으로 선정하여 월정급여(단위: 만원)를 조사한 다음 큰 순서로 나열하였다.

70, 70, 80, 80, 85, 90, 90, 90, 95, 100, 105, 110, 120, 125, 130, 130, 135, 140, 140, 150

이들 표본에서 대하여 ① 범위 ② 평균 월정급여 ③ 분산 ④ 표준편차를 계산하시오.

4.3 다음 자료는 *N*은행의 신입 여행원 중 12명을 표본으로 뽑아 10,000원권 지폐 한 묶음(100장)을 세는 데 소요되는 시간(단위: 초)을 측정하여 나열하였다.

23, 28, 31, 30, 32, 29, 25, 37, 35, 32, 34

이들 표본에 대하여 ① 범위 ② 평균소요시간 ③ 중위수 ④ 최빈수 ⑤ 왜곡도를 계산하시오.

4.4 〈표 4.4〉는 특정지역의 전체 임대아파트에 대한 임대료를 조사한 자료들이다.

① 임대료의 범위 ② 평균 임대료 ③ 평균편차 ④ 표준편차를 각각 구하고 비교하시오.

| 표 4.4 | 임대아파트의 임대요금 분포 (단위 : 천원)

임대료/월	아파트 수
150~179	3
180~209	8
210~239	10
240~269	13
240~269	33
270~299	40
300~329	35
330~359	30
360~389	16
390~419	12
420~449	합계 200

4.5 연례감사(annual audit)에서 H회계법인의 감사시간에 대해 50개 계정을 표본으로 조사한 결과 〈표 4.5〉와 같다.

① 범위 ② 평균 소요시간 ③ 평균편차 ④ 분산 ⑤ 표준편차를 계산하시오.

| 표 4.5 | H회계법인의 감사시간 분포

감사시간(단위 :분)	계급경계	계정수(f)	누적도수(cf)
10~19	9.5~19.5	3	3
20~29	19.5~29.5	5	8
30~39	29.5~39.5	10	18
40~49	39.5~49.5	12	30
50~59	49.5~59.5	20	50
		합계 50	

4.6 〈표 4.6〉은 K전구회사의 전구수명 분포를 조사키 위해 200개의 전구를 표본으로 뽑아 수명을 조사 정리한 자료이다.

① 범위 ② 평균 ③ 평균편차 ④ 분산 ⑤ 표준편차를 계산하시오.

| 표 4.6 | 전구수명 분포

수명(단위 : 시간)	전구수
0~500	5
500~1,000	13
1,000~1,500	57
1,500~2,000	85
2,000~2,500	26
2,500~3,000	8
3,000~3,500	6
	합계 200

4.7 〈표 4.7〉은 특정산업에서 보고된 시간당 천 명에 대한 산업재해자의 평균수이다.

① 범위 ② 평균 ③ 평균편차 ④ 표본분산 ⑤ 표준편차를 계산하시오.

| 표 4.7 | 산업재해자의 평균수

평균재해자수	계급경계	회사수(f)	누적도수(cf)
1.5~1.7	1.45~1.75	3	3
1.8~2.0	1.75~2.05	12	15
2.1~2.3	2.05~2.35	14	29
2.4~2.6	2.35~2.65	9	38
2.7~2.9	2.65~2.95	7	45
3.0~3.2	2.95~3.25	5	50
		합계 50	

4.8 〈표 4.8〉은 어느 주유소를 표본으로 선정하여 특정한 날 전체고객 200명에 대한 휘발유의 판매량을 조사한 도수분포이다.

① 평균판매량 ② 평균편차 ③ 표준편차 ④ 분산을 계산하시오.

표 4.8 **휘발유 판매의 도수분포**

판매량(단위 : 갈론)	고객의 수
0.0~3.9	17
4.0~7.9	20
8.0~11.9	92
12.0~15.9	63
16.0~19.9	8
	합계 250

4.9 〈표 4.4〉는 임대아파트의 임대료 분포자료이다. 변이계수(coefficient of variation)를 구하시오.

4.10 〈표 4.7〉에서 분석된 50개 회사의 시간당 천 명에 대한 산업재해자의 표본평균은 2.32, 표준편차는 0.42였다. 또한 다른 50개 회사를 조사한 결과 표본평균은 3.0, 표준편차는 0.7이었다.

① 단순근거에 두 집단의 산업재해를 비교하시오.

② 변이계수에 의해 두 집단의 산업재해를 비교하시오.

4.11 K양은 15주 동안 두 상점을 대상으로 어떤 한 상품이 얼마에 팔리고 있는가를 조사하여 아래와 같은 자료를 얻었다. K양은 짧은 기간 동안 물건을 싸게 파는 시기를 놓치지 않고 물건을 잘 사는 습관이 있다면 어느 가게에서 사는 것이 좋은가?

(단위 :원)

	평균가격	표준편차
가게 A	3,275	837
가게 B	3,156	220

4.12 〈표 4.4〉의 임대아파트의 임대료 분포자료와 〈표 4.7〉의 연례감사에서 소요된 시간자료를 이용하여 왜곡도 계수를 구하시오.

CHAPTER

05 확률

지금까지 통계집단에 대한 도수분포표의 작성과 분석 그리고 집단에 대한 여러 가지 평균과 편차 등을 공부하였다. 이와 같이 어떠한 통계집단의 자료를 정리 · 요약 · 분석하여 그 집단의 특성을 파악하고 설명하는 통계적 방법론을 기술 통계학이라 한다. 기술 통계학은 비단 그것이 모집단에서 추출한 표본이거나 모집단 전체에 대한 조사 · 관찰에서도 모두 동일하게 적용된다.

이러한 기술 통계학에 비추어 추측 통계학은 모집단에서 추출한 표본에 대한 여러 가지 특성을 관찰하고 분석한 다음 그 통계치로 모집단의 특성을 추정하여 파악하는 통계적 방법론이다. 따라서 추측 통계학은 거의 확률이론에 기초를 두고 있다.

확률은 표본의 통계치로 모집단의 모수를 추정할 때 신뢰수준을 결정하는 방법으로 활용되며 표본이론의 기초가 된다. 그러므로 본 장에서는 확률에 대한 기본 개념과 확률의 적용, 그리고 자료처리에 있어서 확률이론이 지니고 있는 의미를 설명하고자 한다.

5.1. 확률의 정의

확률(Probability)은 어떤 사건이나 사상(현상 : Event)이 발생하리라고 기대할 수 있는 가능성의 정도로, 17세기 중엽부터 주사위, 카드, 동전던지기 등 도박의 가능성에서 이론이 형성되었다. 오늘날 이러한 확률이론은 비단 통계학에서 뿐만 아니라 정치 · 사회 · 경제 등 다양한 분야에서 광범위하게 활용되고 있다. 따라서 확률은 적용하는 상황이나 관점에 따라 여러 가지 의미를 지닐 수 있기 때문에 한 마디로 정의하기는 어렵다.

그러므로 확률에 대한 정의를 세 가지 이론 측면, 즉 고전이론(classical theory), 상대도수이론(relative frequency theory), 주관적 이론(subjective theory)에서 설명하면 다음과 같다.

1) 고전확률

확률의 고전이론은 어떤 사상의 확률을 우리가 경험을 통하여 얻은 것이 아니라 추리적으로, 다시 말하면 이론적으로 계산된 확률을 말한다.

예컨대 사상 A에 찬성하는 모든 출현횟수를 a라 하고, 사상 A에 반대하는 모든 출현횟수를 b라고 할 때, 사상 A가 일어날 확률은 모든 경우의 수에서 a의 비율로서 정의된다. 이때 모든 출현의 발생 가능성이 동일하고, 각각의 사상이 상호배반적(mutually exclusive)이라면 고전이론에 의한 A의 확률은 다음과 같이 정의된다.

$$A, B \text{ 두 사상에서 } A\text{가 발생확률}: P(A) = \frac{a}{a+b}$$

상호배반이란 어떤 사상이 출현할 때 다른 사상은 출현할 수 없다는 뜻이다. 고전이론에 의해 결정된 확률을 선험적 확률(priori probability) 또는 고전적 확률(classical probability)이라하며, 현실문제에 고전적 확률개념을 그대로 적용하기는 곤란하다. 왜냐하면, 현실문제가 동전, 주사위, 카드와 같이 완전무결하게 일어날 가능성이 거의 불가능하기 때문이다. 따라서 고전적 확률개념은 실험(experiment)이나 표본으로 부터 자료를 얻을 필요없이 논리적 사고로만 확률을 계산할 경우 많이 활용된다.

예 제 1

4장의 에이스 카드와 48장의 다른 카드들이 잘 섞어져 있을 때, 이들 카드로부터 한 장을 뽑아낸다면 에이스 카드가 뽑힐 확률은 얼마인가?

풀이

에이스 카드가 뽑힐 수 있는 전체 횟수는 $a=4$이다. 그리고 다른 카드가 뽑힐 수 있는 전체 횟수는 $b=48$이 된다. 그러므로 고전이론에 의한 확률 $P(A)$는 다음과 같다.

$$P(A) = \frac{4}{4+48} = \frac{4}{52} = \frac{1}{13}$$

■ ■ ■ ■

2) 상대도수확률

상대도수이론(relative frequency theory)에 의한 확률은 앞서 설명한 고전적 확률 개념과 같이 어떤 사상의 확률을 논리적이고 추리적으로 도출하는 것이 아니라 시행 또는 경험으로 확률을 도출한다. 즉, 오랜 기간에 걸쳐서 동일한 상황이나 조건하에서 어떤 사건이 일어나는 상대적인 비율로 확률을 도출한다. 따라서 상대도수이론은 경험적 확률(empirical probability), 상대도수 확률(relative frequency probability), 사후적 확률(posterior probability), 객관적 확률(objective probability) 등 여러 가지 개념으로 사용되고 있다.

일반적으로 상대도수이론에서는 N번 실험을 하여 어떤 사상이 x번 발생했다면 그 사상이 발생할 확률은 $\frac{x}{N}$로 추정하고, N이 무한대로 증가하면 $\frac{x}{N}$는 실제확률 p에 접근한다는 것이다. 즉, $\lim_{N \to \infty} \frac{x}{N} = p$로 표현된다.

예 제 2

H 보험회사는 성인의 건강보험증서에서 치과질병진료의 적용범위를 결정하고자 질병의 발생확률을 구하고자 한다. 따라서 특정 연령층의 성인 1,000명을 통계집단으로 선택하여 조사하였으며, 그 결과 100명이 과거에 특정 치과질병을 경험하였다고 했다. 이 경우 특정 치과질병의 발생확률을 구하시오.

풀이

특정질병의 발생확률을 $P(A)$라 하면 $P(A) = \frac{100}{1,000} = 0.1$이다. 즉, 10%이다.

■ ■ ■ ■

3) 주관적 확률

앞에서 설명한 고전이론과 상대도수이론에 의한 확률이 **객관적 확률**(objective probability)이라면 주관적 이론(subjective theory)에 의한 확률은 특정인이 갖고 있는 개인적 신념을 토대로 평가되는 확률로 **주관적 확률**(subjective probability) 또는 개인적 확률(personal probability)이라 한다.

따라서 주관적 이론에 의한 확률은 개인의 확신정도를 나타내기 때문에 관점에 따라 차이가 나게 된다. 그러나 주관적 이론에 의한 확률은 현 사회에서 광범위하게 적용되고 있으며 개인의 유용한 경험에 기반을 둔 개인적 신뢰도에 의존하게 된다.

통계학에서도 주관적 확률은 베이즈의 법칙 또는 의사결정론 등에서 많이 응용되고 있다.

예 제 3

어느 투자회사에서 자본금을 활용하기 위해 여러 가지 대체안을 고려하고 있다. 투자방안으로 토지구입이 4년 이내에 50%이상의 가치를 더 평가받을 확률이 90%이상이라면 투자 가치가 있다고 평가하였다. 토지투자에 대한 여러 가지 평가 방안으로 회사에서는 특정구역의 최근 가격변화, 현재의 가격수준, 미래의 토지개발에 따른 평가, 주변구역의 경제적 개발 등을 연구하였다. 이러한 관점에서 회사에서 요구되는 가치평가가 실질적으로 발생할 확률이 0.75였다면 투자를 어떻게 할 것인가?

풀이

투자회사의 주관적 확률이 90%이상이므로 투자를 포기하게 될 것이다.

5.2. 확률의 기본정리

확률의 기본정리를 설명하기 전에 확률에 사용되는 문자들을 살펴보자. 우선 **실험**(experiment)에서 발생되는 각 **사상**(event)은 사상 A, 사상 B와 같이 대문자로 표시하고, 사상의 확률은 문자 P로 표시한다. 그리고 각 사상이 발생할 확률은 $P(A)$, $P(B)$로서 표현한다. 그리고 실험(experiment)이라는 것은 어떤 자료를 측정하거나 관찰하는 과정을 의미하는 것으로, 예컨대 주사위를 던져 각 숫자가 나오는 것을 조사한다든가, 특정기계의 고장을 조사한다는 것 등이 모두 이에 해당한다. 확률의 기본정리는 다음과 같다.

▎확률의 기본정리▕

① 임의의 사상 A의 확률 : $0 \leqq P(A) \leqq 1$

② 일어날 확률과 일어나지 않을 확률의 합은 1 이다

$P(A)+P(A^C)=1$

③ 공사상(null or empty event)의 확률은 0이다.

④ Sample Point(SP : 표본점) : 시행에서 발생 가능한 개개 사상

$e_1, e_2, e_3, e_4, e_5, \ldots\ldots$ $\{e_1\}, \{e_2\}, \{e_3\}, \{e_4\}, \{e_5\}, \ldots$

⑤ Sample Space(SS : 표본공간) : 모든 표본점의 집합

$SS=\{e_1, e_2\}$, $SS=\{e_1 e_1, e_1 e_2, e_2 e_1, \}, \ldots\ldots$

예 제 4

동전을 한 번 던질 때와 두 번 던질 때의 표본점과 표본공간을 구하시오.

풀이

동전을 한 번 던질 때 : SP={앞}, {뒤} SS={앞,뒤}

동전을 두 번 던질 때 : SP={앞앞}, {앞뒤}, {뒤앞}, {뒤뒤} SS={앞앞, 앞뒤, 뒤앞, 뒤뒤}

■ ■ ■ ■

예 제 5

어느 회사는 국제 부서에 네 명(A, B, C, D)의 직원이 있다. 네 명중 두 명을 뽑아 국제 회의에 파견하고자 한다. 다음 문제에 답하시오.

(1) 표본공간 SS (2) A가 뽑힐 확률 P(A)

(3) A 또는 D가 뽑힐 확률 P(A∪D) (4) A와 D가 뽑힐 확률 P(A∩D)

풀이

(1) 표본공간 SS={AB, AC, AD, BC, BD, CD} (2) A가 뽑힐 확률 P(A)=3/6=1/2

(3) A 또는 D가 뽑힐 확률 P(A∪D)=5/6 (4) A와 D가 뽑힐 확률 P(A∩D)=1/6

■ ■ ■ ■

확률은 실험에서 발생되는 사상을 수학의 집합이론과 관련시켜 벤 다이어그램(Venn diagrams)으로 표시할 수 있다. 벤 다이어그램은 집합을 알기 쉽게 그림으로 설명한 것으

로 영국의 수학자 John Venn(1834~1923)의 이름에서 따온 것이다.

즉, 표본공간(sample space)을 폐쇄형(enclosed figure)으로 나타내고 폐쇄형 내의 일부분에 특정사상을 표현한 것이다. 예를 들어 사상 A가 발생할 확률 $P(A)$와 발생하지 않을 확률 $P(A^c)$의 합, 즉 $P(A)+P(A^c)=1$을 벤 다이어그램으로 나타내면 〈그림 5.1〉과 같다.

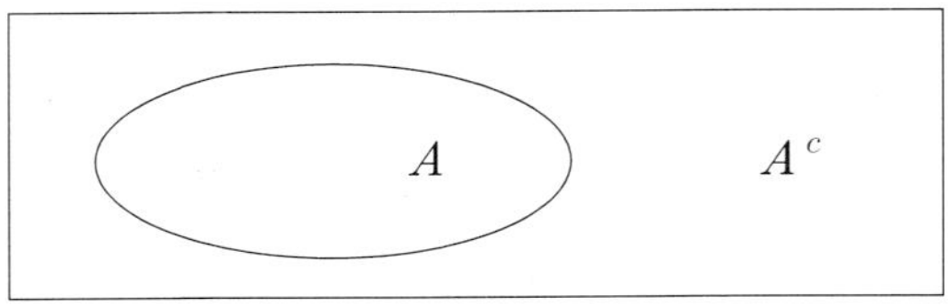

그림 5.1 $P(A)+p(A^c)=1$의 벤 다이어그램

5.3. 상호 배반적 사상과 비배반적 사상

1) 상호 배반적 사상

두 개 이상의 사상이 **상호배반적**(mutually exclusive) 또는 **비결합적**(disjoint) 사상이라는 것은 그들 사상이 동시에 출현할 수 없는 경우로 하나의 사상이 출현하면 다른 사상은 자동적으로 출현에서 제외된다는 것이다. 예컨대 트럼프 한 벌(52장)이 들어 있는 조그마한 상자에서 한 장의 카드를 뽑아낸다고 가정하고 '에이스'가 뽑힐 사상과 '킹'카드가 뽑힐 사상을 동시에 고려한다면 이 두 가지 사상이 동시에 일어날 확률은 없다. 즉 에이스이면서 킹인 카드는 없기 때문이다. 따라서 이들 사상을 상호배반적 사상(mutually exclusive event) 또는 비결합사상(disjoint event)이라 한다.

$$P(A\text{또는}B)=P(A\cup B)=P(A)+P(B)$$

예 제 6

화투는 1월부터 12월까지 월별 4장씩 총 48장으로 구성되어 있다. 48장에서 한 장의 화투를 뽑을 때 다음 확률을 구하시오

(1) 1월(솔)이 뽑힐 확률, P(솔)?

(2) 10월(장)이 뽑힐 확률, P(장)?

(3) 솔 또는 장이 뽑힐 확률, P(솔∪장)?

풀이

(1) P(솔)=4/48=1/12 (2) P(장)=4/48=1/12 (3) P(솔∪장)=4/48+4/48=1/6

■ ■ ■ ■

예 제 7

잘 섞인 카드 52장에서 한 장의 카드를 뽑을 때 에이스 카드가 뽑힐 사상을 $P(A)$, 킹 카드가 뽑힐 사상을 $P(K)$라 하면 에이스 또는 킹 카드가 뽑힐 확률은 얼마인가?

풀이

에이스 카드와 킹 카드가 뽑힐 확률은 상호배반적 사상이므로

$$P(A\text{또는}K) = P(A \cup K) = P(A) + P(K) = \frac{4}{52} + \frac{4}{52} = \frac{8}{52} = \frac{2}{13}$$

■ ■ ■ ■

2) 비배반적 사상

두 사상이 상호 배반적이 아닐 때, 다시 말해 비배반적 사상일 때는 두 사상이 동시에 출현할 수 있다. 이같이 동시에 출현될 사상을 결합사상(joint event)이라 하며 $P(A\text{및}B)$로 표시하고, 집합론에서는 A와 B의 공통집합(intersection)이라 하고 $P(A \cap B)$로 표시된다.

따라서 두 사상들이 비배반적 사상일 때 가산법칙은 다음과 같다.

$$P(A\text{또는}B) = P(A \cup B) = P(A) + P(B) - P(A \cap B)$$

예 제 8

고객행동에 대한 연구를 위해 어떤 연구자가 가게에 오는 고객을 성별(남 · 녀)과 연령(30세 이상, 30세 미만)에 따라 분류하였다. 다음을 배반적 사상과 비배반적 사상으로 설명하시오.

(1) 성별에 따른 분류 (2) 연령에 따른 분류 (3) 30세 이상의 여자

풀이

(1) 남자이면서 동시에 여자일 수 없기 때문에 상호 배반적 사상이다.
(2) 30세 이상이면서 동시에 30세 미만일 수 없긴 때문에 역시 상호 배반적 사상이다.
(3) 임의의 고객을 선택했을 때 성별과 연령의 특징을 모두 갖춘 경우가 있기 때문에 비배반적 사상이다.

■ ■ ■ ■

예 제 9

잘 섞인 카드 52장에서 에이스 카드(4장)가 뽑힐 사상을 $P(A)$, 스페이드 카드(13장)가 뽑힐 사상을 $P(S)$라 할 때 에이스 또는 스페이드 카드가 뽑힐 확률은 얼마인가?

풀이

스페이드 그림의 에이스 카드가 있어 $P(A)$, $P(S)$의 두 사상은 비배반적 사상이다.

$$P(A\text{또는}S) = P(A \cup S) = P(A) + P(S) - P(A \cap B) = \frac{4}{52} + \frac{13}{52} - \frac{1}{52} = \frac{4}{13}\text{이다.}$$

■ ■ ■ ■

예 제 10

주사위 한 개를 던질 때 짝수가 나타날 사상을 A라 하고, 2이하의 숫자가 나타날 사상을 B라 할 때 다음 문제의 확률을 계산하시오.

(1) 사상 A가 나타날 확률 P(A)은?
(2) 사상 B가 나타날 확률 P(B)은?
(3) 짝수이면서 2이하의 숫자가 나타날 확률 P(짝수∩2이하숫자)?
(4) 짝수 또는 2이하의 숫자가 나타날 확률 P(짝수∪2이하숫자)?

풀이

(1) P(A)는 짝수 눈금 2, 4, 6으로 3번의 기회가 있다. 따라서 P(A)=3/6=1/2
(2) P(B)는 2이하의 눈금은 1과 2의 2번의 기회가 있다. 따라서 P(A)=2/6=1/3
(3) P(A∩B)는 눈금 2밖에 없다. 따라서 P(A∩B)=1/6
(4) P(A∪B)는 눈금이 1, 2, 4, 6으로 4번의 기회가 있다. 따라서 P(A∪B)=4/6=2/3

■ ■ ■ ■

5.4. 독립 및 종속사상과 조건부 확률

어떤 사상의 출현과 비출현이 다른 사상의 출현과 비출현에 영향을 주지 않을 때 이들 사상을 서로 **독립사상**(independent event)이라 한다. 반대로 어느 사상의 출현과 비출현이 다른 사상의 출현과 비출현에 영향을 미칠 때 이들 사상을 **종속사상**(dependent event)이라 한다.

예 제 11

잘 섞인 카드 52장에서 두 장의 카드를 복원시키지 않고 차례로 한 장씩 뽑을 때 이들 두 사상은 독립사상이라고 말할 수 있는가?

풀이

이들 두 사상은 종속사상이다. 왜냐하면 첫 번째 뽑힌 카드에 따라 두 번째 뽑힐 카드의 확률에 영향을 미치기 때문이다. 예컨대 에이스 카드가 첫 번째 뽑혔다면 에이스가 뽑힐 확률은 4/52이고 복원시키지 않고 두 번째 에이스가 뽑힐 확률은 남아 있는 카드 전체와 뽑히지 않은 에이스 카드의 수에 비례한다. 즉, 3/51이 두 번째 에이스 카드가 뽑힐 확률이다.

사상 A가 출현했다는 조건아래 사상 B가 출현할 확률 ➜ $P(B|A)$
사상 B가 출현했다는 조건아래 사상 A가 출현할 확률 ➜ $P(A|B)$

그리고 조건부 확률(conditional probability)의 개념은 두 개의 사상이 **종속사상**일 때 관련된 두 사상의 출현확률을 나타낸 것으로 $P(B|A)$ 또는 $P(A|B)$로 표시된다. 즉, 사상 A가 출현함에 따라 사상 B가 출현할 확률, 또는 사상 B가 출현함에 따라 사상 A가 출현할 확률이다.

이와 같이 조건부 확률은 독립사상에서는 의미가 없다. 즉, 사상 A와 B가 독립사상이면 $P(B|A)$는 $P(B)$이고, $P(A|B)$는 $P(A)$이다. 따라서 두 사상 A와 B의 독립성을 조사하기 위한 방편으로 다음과 같은 수식을 사용할 수 있다.

두 사상 A와 B의 독립일 때 : $P(B) = P(B|A)$ $\qquad$ $P(A) = P(A|B)$

〈그림 5.2〉의 벤 다이어그램에서 조건부 확률값에 대한 대수학적 수식의 기본요인을 설명할 수 있다. 예컨대 사상 A의 출현을 주어진 조건으로 생각하고, 그 조건에서 사상 B의 출현 확률을 결정하고자 한다면 〈그림 5.2〉의 오른쪽 그림과 같이 더 작게 축소된다. 그리고 오른쪽 그림의 전체는 사상 A의 발생을 나타내고 그림의 일부가 사상 A 및 사상 B의 출현 $P(A \cap B)$을 나타낸다.

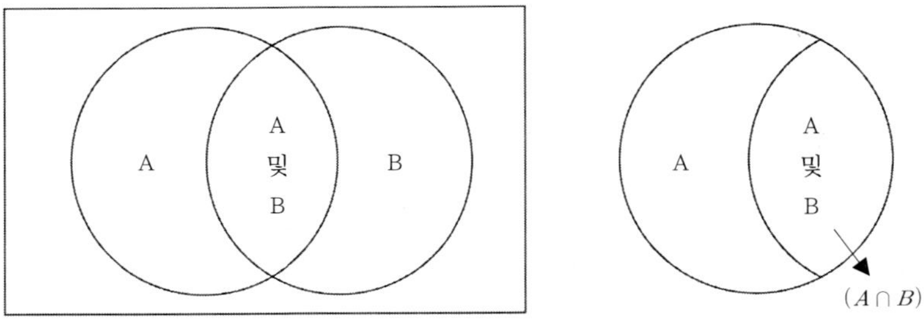

그림 5.2 조건부 확률에 대한 벤 다이어그램

따라서 조건부 확률의 대수학적 식은 다음과 같다.

조건부 확률 : $P(B|A) = \dfrac{P(A \cap B)}{P(A)}$ $\qquad$ $P(A|B) = \dfrac{P(A \cap B)}{P(B)}$

예 제 12

주사위를 한 번 던질 경우 다음의 확률을 구하시오.

(1) 3미만의 숫자가 나타날 확률 $P(A)$? (2) 짝수가 나타날 확률 $P(B)$?

(3) 짝수가 나타날 조건아래 3미만이 나타날 확률 $P(A/B)$?

풀이

(1) 3미만의 숫자 : 1, 2 이다. 따라서 $P(A) = 2/6 = 1/3$

(2) 짝수 : 2, 4, 6 이다. 따라서 $P(B) = 3/6 = 1/2$

(3) $P(A|B) = \dfrac{P(A \cap B)}{P(B)}$에서 $P(A \cap B)$의 사상은 숫자 2로 확률은 1/6이다. 따라서

$$P(A|B) = \frac{\frac{1}{6}}{\frac{1}{2}} = \frac{1}{3} \text{ 이다.}$$

■ ■ ■ ■

예 제 13

$P(A) = 0.5 \quad P(B) = 0.7 \quad P(A|B) = 0.4$일 때 다음 확률을 계산하시오.

(1) $P(A \cap B)$ (2) $P(A \cup B)$

풀이

(1) $P(A|B) = \dfrac{P(A \cap B)}{P(B)}$ 에서 $P(A \cap B) = P(B) \cdot P(A|B) = (0.7)(0.4) = 0.28$

(2) $P(A \cup B) = P(A) + P(B) - P(A \cap B) = 0.5 + 0.7 - 0.28 = 0.92$

■ ■ ■ ■

예 제 14

자루속에 크기가 같은 나사가 50개 들어있고, 이속엔 불량품이 10개 포함되어 있다. 이 자루에서 나사를 한 개씩 두 개를 꺼낼 때 나사 두 개가 모두 불량품일 확률은?

풀이

조건부확률에서 $P(A \cap B) = P(A) \cdot P(B|A)$이다. $P(A)$는 첫 번째 뽑은 나사가 불량품일 확률로 $P(A) = \dfrac{10}{50}$이고, 두 번째 뽑은 나사가 또 불량품일 확률, 즉 $P(B|A) = \dfrac{9}{49}$이다. 따라서 $P(A \cap B) = \dfrac{10}{50} \cdot \dfrac{9}{49} = \dfrac{9}{245} \fallingdotseq 0.0367$로 약 3.67%이다.

■ ■ ■ ■

5.5. 승산법칙

승산법칙(multiplication rule)은 사상 A와 사상 B의 결합확률(joint probability)과 관련된 것으로 사상 A와 B의 공통집합(intersection)의 확률로 표시된다. 승산법칙은

$P(A\text{ 및 }B)$, 또는 $P(A \cap B)$로 표시하며 두 사상이 종속 혹은 독립인지에 따라 승산법칙은 두 가지 형태로 나누어진다. 우선, 독립사상에 대한 승산법칙은 다음과 같다.

> A와 B 두 사상이 독립사상 : $P(A\text{ 및 }B) = P(A \cap B) = P(A) \cdot P(B)$

예 제 15

균일한 동전을 두 번 던질 때 두 번 모두 앞면이 출현될 확률 $P(H)$는 얼마인가?

풀이

균일한 동전을 한 번 던질 경우, 앞면이 나타날 확률 $P(H_1) = 1/2$이다. 그리고 두 번째 던질 경우, 앞면이 나타날 확률 역시 $P(H_2) = 1/2$이다. 따라서 이들 두 사상은 독립사상이므로 다음과 같이 계산된다.

$$P(H) = P(H_1) \cdot P(H_2) = \left(\frac{1}{2}\right) \cdot \left(\frac{1}{2}\right) = \frac{1}{4}$$

■ ■ ■ ■

〈그림 5.3〉의 가지도형(tree diagram)은 연속적인 관측이나 실험 등과 관련된 사상들을 일목요연하게 나타내고자 할 때 아주 편리한 방법이다. 〈그림 5.3〉은 동전을 두 번 던질 때 출현되는 사상에 대한 가지도형으로 연속적인 실험에서의 확률과 가능한 출현치를 직접 확인할 수 있다.

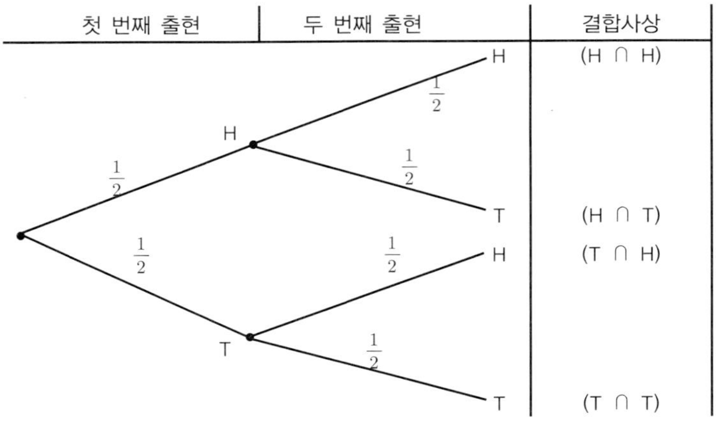

그림 5.3 조건부 확률에 대한 벤 다이어그램

예제 16

〈그림 5.3〉을 참조하여 4가지 형태의 출현, $P(H\cap H)$, $P(H\cap T)$, $P(T\cap T)$에 대한 각각의 확률을 구하고 이들 확률의 합을 구하시오.

풀이

$$P(H\cap H)=P(H)\cdot P(H)=\frac{1}{2}\cdot\frac{1}{2}=\frac{1}{4}$$

$$P(H\cap T)=P(H)\cdot P(T)=\frac{1}{2}\cdot\frac{1}{2}=\frac{1}{4}$$

$$P(T\cap H)=P(T)\cdot P(H)=\frac{1}{2}\cdot\frac{1}{2}=\frac{1}{4}$$

$$P(T\cap T)=P(T)\cdot P(T)=\frac{1}{2}\cdot\frac{1}{2}=\frac{1}{4}$$

그러므로 전체 확률의 합은 1이다.

두 사상이 독립사상이면 승산법칙은 조건부 확률값 $P(A|B)$는 $P(B)$로, $P(A|B)$는 $P(A)$로 표현되므로 독립사상에 확률계산은 다음 식과 같다.

$$P(A \text{ 및 } B)=P(A\cap B)=P(A)\cdot P(B|A)$$
$$P(B \text{ 및 } A)=P(B\cap A)=P(B)\cdot P(A|B)$$

■ ■ ■ ■

예제 17

한 상자에 공이 10개 들어 있다고 생각하자. 이 가운데 여덟 개는 흰색(G), 두 개는 검은색(D)이라면, 비복원추출로 공을 두 번 뽑았을 때 가능한 모든 출현에 대한 확률을 가지도형으로 나타내고 두 공 모두가 흰 공이 될 확률을 승산법칙에 의해 계산하고 가지도형과 비교하시오.

풀이

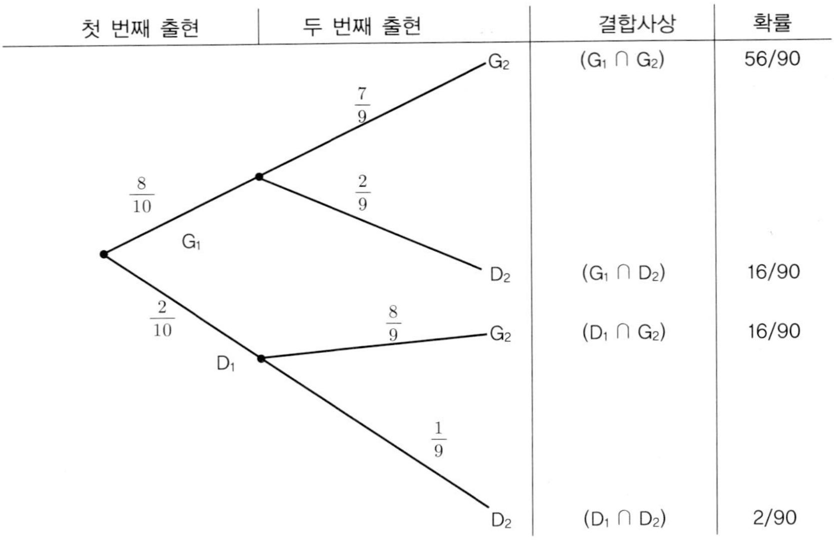

그림 5.4 가지도형에 의한 계산

가지도형에 의한 계산 : 〈그림 5.4〉에서 보는 바와 같이 $P(G_1 \text{ 및 } G_2) = \frac{56}{90}$ 이다.

승산법칙에 의한 계산 : $P(G_1 \text{ 및 } G_2) = P(G_1)P(G_2|G_1) = \left(\frac{8}{10}\right) \cdot \left(\frac{7}{9}\right) = \frac{56}{90}$

동일한 확률값을 얻을 수 있다.

그리고 두 사상이 결합사상의 확률이라면 승산법칙을 사용하지 않고 다음 식을 이용하여 두 사상의 독립성도 비교할 수 있다.

$$P(A \text{ 및 } B) = P(A) \cdot P(B)$$

■ ■ ■ ■

예 제 18

잘 섞인 카드 52장에서 에이스이고 스페이드인 것은 단 한 장뿐이다. 따라서 에이스(4장)이면서 스페이드(13장)인 사상이 독립사상인 것을 증명하시오.

풀이

에이스이고 스페이드인 것은 한 장이므로: $P(A \text{ 및 } B) = P(A \cap B) = \frac{1}{52}$

에이스가 뽑힐 확률: $P(A) = \frac{4}{52}$ 　　　　　　스페이드가 뽑힐 확률: $P(S) = \frac{13}{52}$

그러므로 $P(A \cap B) = P(A) \cdot P(B)$에서 $\frac{1}{52} = \frac{4}{52} \cdot \frac{13}{52} = \frac{1}{52}$로서 같다.

따라서 두 사상은 독립사상이다.

■ ■ ■ ■

5.6. 결합확률표

결합확률표(joint probability table)는 두 개의 실험에서 나타나는 모든 사상을 행과 열로 구분하여 작성한 표이다. 즉 하나의 실험에 대한 모든 가능한 사상들을 제일 위의 행(row)에 기록하고, 또 다른 실험에 대한 모든 가능한 사상들은 제일 왼쪽 열(column)에 기록한다. 그리고 이들 두 실험에 따른 각각의 확률을 각 칸(cell)에 기록함으로써 작성한다.

예를 들어 슈퍼마켓에 들어오는 200명의 고객을 성별과 나이로 분리하여 결합확률표를 작성하면 〈표 5.1〉과 같다. 〈표 5.1〉의 (a)는 분할표(coutingency)로 결합확률표를 작성하는 기초 자료 이고, (b)는 결합확률표로 분할표의 각 칸에 기록된 도수를 전체 관측횟수(200)로 나누어서 작성한다.

결합확률표에서 각 칸의 확률합을 **주변확률**(marginal probability)이라 하며, 각 칸의 확률값은 결합확률이라 한다. 그리고 주변확률들은 특정사상의 **비조건부 확률**(unconditional probability)이 된다.

| 표 5.1 | 분할표와 결합확률표

나이	성	별	합계
	남성	여성	
30미만	60	50	110
30이상	80	10	90
합계	140	60	200

(a) 분할표

나이	성	별	합계
	남성(M)	여성(F)	
30미만(U)	0.30	0.25	0.55
30이상(O)	0.40	0.05	0.45
주변확률	0.70	0.30	1.00

(b) 결합확률표

〈표 5.1〉의 (b)에서 1행 1열의 확률이 0.30은 200명의 고객 중에서 임의로 선택했을 때 30세 미만이고 남성일 확률이 0.3이라는 것이고, 1열의 주변확률 0.7은 200명의 고객 중에서 임의로 선택했을 때 남성이 될 확률이 0.7이라는 것이다.

예 제 19

〈표 5.1〉의 (b)에서 전체고객(200명) 가운데 임의로 한 사람을 선택했을 때 그가 남성(M)인데 30세 미만(U)이 될 확률을 구하시오.

풀이

$$P(U|M)=\frac{P(M\text{및 }U)}{P(M)}=\frac{0.3}{0.7}=\frac{3}{7}\cong 0.43$$

■ ■ ■ ■

5.7. 순열과 조합

확률의 정의에서 설명한 고전이론의 확률값은 가능한 모든 출현치를 계산하여야 한다. 따라서 문제가 간단할 때는 모든 출현치를 바로 계산할 수 있으나 복잡한 문제에서는 가능한 모든 출현치를 계산하기가 어렵다. 이와 같이 복잡한 출현치들을 계산하기 위해 순열(permutation)과 조합(combination)의 개념이 필요하다.

1) 중복순열(Multiple Choice)

중복순열은 복원추출로 순서를 인정하면서 n개에서 r개를 뽑아 배열할 수 있는 경우의 수이다.

중복순열의 총 경우 수 : ${}_{n}M_{r}=n^{r}$

예 제 20

A, B, C, D 4매의 카드에서 복원추출로 한 장씩 두 번 뽑아 나열할 수 있는 방법은 몇 가지인가?

풀이

$_4M_2 = 4^2 = 16$

AA	AB	AC	AD
BA	BB	BC	BD
CA	CB	CC	CD
DA	DB	DC	DD

■ ■ ■ ■

예 제 21

화투는 1월(솔)부터 12월(비)까지 4장씩 48장이 있다. 간단한 게임이면서 베팅이 강한 두 장 게임은 1월부터 10월(장)까지 각 월별 쭉정이 두 장을 빼고 20장으로 두 장씩 나누어 가지면서 게임을 한다. 이 경우 복원추출로 2장씩 나열하면 총 몇 가지 경우가 발생하는가?

풀이

$_{20}M_2 = 20^2 = 400$ 이다. 즉, 400가지의 경우가 발생한다.

■ ■ ■ ■

2) 순열(Permutation)

순열은 비복원추출로 순서를 인정하면서 n개에서 r개를 뽑아 배열할 수 있는 총 경우의 수이다. 순열의 기호는 '!'로 표현하고 '펙토리아(factorial)'라 읽는다. 순열과 조합에서 n은 항상 양수이고 0!는 수학적으로 1로 계산된다.

순열의 총 경우 수 : $_nP_r = \dfrac{n!}{(n-r)!}$

예 제 22

A, B, C, D 4매의 카드에서 비복원추출로 1장씩 2번(또는 2장) 뽑아 나열할 수 있는 방법은 몇 가지인가?

풀이

$$_4P_2 = \frac{4!}{(4-2)!} = \frac{(4)(3)(2!)}{2!} = (4)(3) = 12(\text{가지})\text{이다.}$$

12가지를 그림으로 나타내면 다음과 같다. 즉, 비복원추출이므로 동일한 카드는 출현되지 않는다.

~~AA~~	AB	AC	AD
BA	~~BB~~	BC	BD
CA	CB	~~CC~~	CD
DA	DB	DC	~~DD~~ 제외됨

■ ■ ■ ■

예 제 23

〈예제 21〉의 화투 20장을 비복원추출로 두 장씩 나열하는 방법의 수는 몇 가지인가?

풀이

$$_{20}P_2 = \frac{20!}{(20-2)!} = \frac{(20)(19)(18!)}{18!} = (20)(19) = 360(\text{가지})\text{이다.}$$

■ ■ ■ ■

예 제 24

어느 회사는 국제회의에 참석키 위해 사내에서 간부를 3명 선출하여 직책을 위원장, 부위원장, 위원으로 부여하여 국제회의에 파견키로 하였다. 이들 3명에 대한 직책부여 방법은 몇 가지인가?

풀이

$$_3P_3 = \frac{3!}{0!} = \frac{(3)(2)}{1} = \frac{6}{1} = 6(\text{가지})\text{이다.}$$

■ ■ ■ ■

3) 조합(combination)

조합은 집단요소들의 순서와 관계없이 서로 다른 집단이 발생하는 경우를 계산한다. 즉, 비복원추출로 순서를 불인정하고 n개에서 r개를 뽑아 배열할 수 있는 총가지 수이다. 따라서 조합방식으로 n개에서 r개를 뽑았을 때는 집단들이 서로 다른 집단이 된다. 이에 관한 식은 다음과 같으며 일반적으로 조합을 $\binom{n}{r}$로서 표시하고 있다.

$$\text{조합의 총 경우 수} : {}_nC_r = \frac{n!}{r!\,(n-r)!}$$

■ ■ ■ ■

예 제 25

순열에서와 같이 A, B, C, D 4매의 카드를 비복원추출로 1장씩 2번 뽑아 순서를 인정하지 않고 나열할 수 있는 방법은 몇 가지인가?

풀이

$${}_4C_2 = \frac{4!}{2!\,2!} = \frac{(4)(3)(2!)}{(2!)(2!)} = 6(\text{가지})$$

AA	AB	AC	AD	
BA	BB	BC	BD	
CA	CB	CC	CD	
DA	DB	DC	DD	제외됨

■ ■ ■ ■

예 제 26

순열에서와 같이 화투 20장을 비복원추출로 순서를 불인정하고 두 장씩 나열하는 방법의 수는 몇 가지인가?

풀이

${}_{20}C_2 = \frac{20!}{2!18!} = \frac{(20)(19)(18!)}{(2)(18!)} = 190(\text{가지})$이다. 따라서 장땡이나 일땡 등 특정 사상의 화투를 잡을 수 있는 확률은 $\frac{1}{190}$이다.

■ ■ ■ ■

예 제 27

어느 회사는 국제회의에 참석키 위해 회사에서 10명의 간부 중 3명 선출하여 국제회의에 파견키로 하였다. 서로 다른 사람으로 팀을 구성하여 파견할 수 있는 방법은 몇 가지인가?

풀이

$$_{10}C_3 = \frac{10!}{3!7!} = \frac{(10)(9)(8)}{(3)(2)(1)} = \frac{720}{6} = 120(\text{가지})$$

순열과 조합은 복잡한 상황에서 가능한 모든 출현치를 계산하는 데 편리한 방법이다. 특히 조합은 고전이론에 근거를 둔 사상의 확률을 계산하는 데 자주 사용된다.

■ ■ ■ ■

예 제 28

〈예제 27〉에서 사내 간부 10명 중 남자 간부가 4명이고, 여자 간부가 6명이다. 여기서 3명을 국제회의에 파견키 위해 임의로 선출하였을 때 남자 1명, 여자 2명으로 구성될 확률은 얼마인가?

풀이

4명의 남자 중 한 명이 선출되고, 여섯 명의 여자 중 두 명이 선출될 조합의 수와 가능한 전체조합의 수를 구하면 된다. 따라서

2명의 여자와 1명의 남자 조합수 : $_6C_2 \cdot {_4C_1} = \frac{6!}{2!4!} \times \frac{4!}{1!3!} = 15 \times 4 = 60$

전체 조합수 : $_{10}C_3 = \frac{10!}{3!7!} = \frac{(10)(9)(8)}{(3)(2)(1)} = \frac{720}{6} = 120$

그러므로 $P(W_2 \text{ 및 } M_1) = \frac{_6C_2 \cdot {_4C_1}}{_{10}C_3} = \frac{60}{120} = 0.5$ 이다.

■ ■ ■ ■

5.8. 베이즈 공식

두 개의 사상 A와 B가 있을 때 A를 $(A = AB \cup AB^c)$이라 하면 〈그림 5.5〉와 같이 표현할 수 있다. 즉, 배반사건들의 합으로 표시할 수 있고 이들 관계를 수식으로 표현하면 다음과 같다.

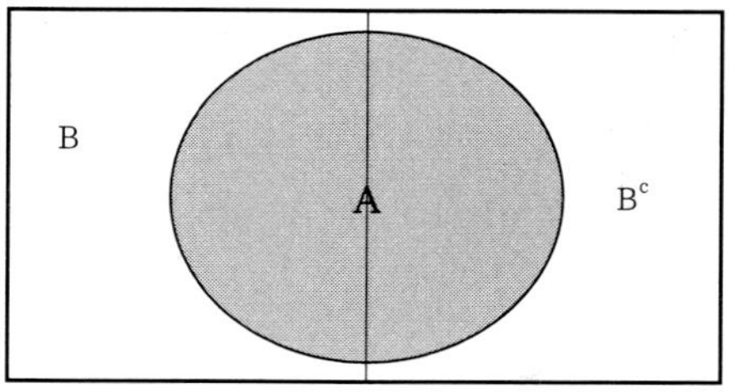

그림 5.5 $A = AB \cup AB^c$의 관계

그러므로 $P(A) = P(AB) + P(AB^c) = P(A \cap B) + P(A \cap B^c)$

$= P(A|B)P(B) + P(A|B^c)P(B^c)$이다.

이를 일반화하기 위해 표본공간 Ω를 배반사건들 $B_1, B_2, \cdots, B_n$의 합, 즉 <그림 5.6>과 같이 표현할 수 있다.

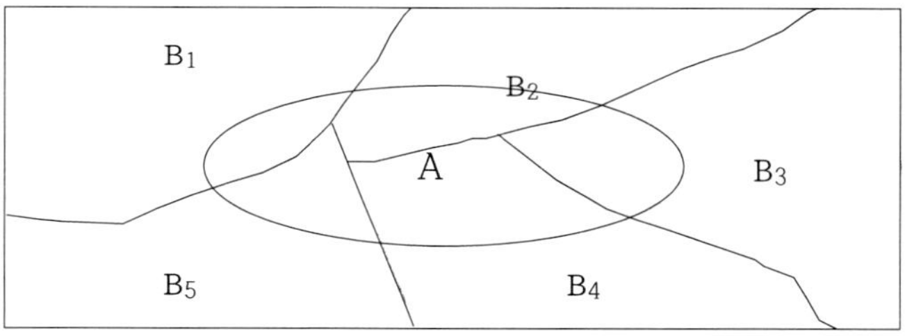

그림 5.6 배반사건들의 표본공간

$\Omega = \cup_{i=1}^{n} B_i$가 된다. 이때 임의의 사건 A는 $(\cup_{i=1}^{n} AB_i)$로 표현되며, AB_i들이 배반사건이므로 $P(A) = \sum_{i=1}^{n} P(AB_i) = \sum_{i=1}^{n} P(A|B_i)P(B_i)$이다. 따라서 베이즈 공식은 다음과 같다

$$\text{베이즈 공식 :} P(B_j|A) = \frac{P(AB_j)}{P(A)} = \frac{P(A|B_j)P(B_j)}{\sum_{i=1}^{n} P(A|B_i)P(B_i)}$$

예 제 29

S 대학교는 1학년이 전체의 30%, 2학년이 전체의 30%, 3학년이 전체의 20%, 4학년이 전체의 20%라 한다. 대학에 대한 만족도를 조사해 보니 1학년은 50%, 2학년은 60%, 3

학년은 70%, 4학년은 90%가 만족스러워하고 있다.

① 임의의 한 학생이 만족하고 있을 확률은?

② 임의의 한 만족하는 학생이 1학년 학생일 확률은?

풀이

만족하는 사건을 S라 하고, $i(i=1,2,3,4)$학년일 사건을 E_i라 하자.

① $$\begin{aligned} P(S) &= P(S\cap E_1)+P(S\cap E_2)+P(S\cap E_3)+P(S\cap E_4) \\ &= P(S|E_1)P(E_1)+P(S|E_2)P(E_2)+P(S|E_3)P(E_3)+P(S|E_4)P(E_4) \\ &= 0.5\times 0.3+0.6\times 0.3+0.7\times 0.2+0.9\times 0.2 = 0.65 \end{aligned}$$

② $$P(E_1|S)=\frac{P(E_1\cap S)}{P(S)}=\frac{P(E_1|S)P(E_1)}{P(S)}=\frac{0.5\times 0.3}{0.65}=\frac{3}{13}$$

■ ■ ■ ■

연 습 문 제

5.1 다음 각 경우에 요구되는 확률치를 구하는 데 고전이론, 상대도수이론, 주관적이론 중 가장 적절한 방법은 어느 것인가?

① 내년에 경제가 침체될 확률은?

② 주사위를 한 번 던질 때 1 또는 6이 나타날 확률은?

③ 선적된 화물 20개 가운데 하나의 화물에 결함이 있다. 임의로 하나의 화물을 선택할 때 이것이 결함이 있는 화물일 확률은?

④ 대단히 많이 선적된 화물에서 임의로 하나의 화물을 선택할 때 선택된 화물에 결함이 있는 확률은?

⑤ 시내 큰 백화점에서 임의로 한 사람을 선택했을 때 그 사람이 물건을 구입했을 확률은?

⑥ 특정 회사의 주식이 앞으로 6개월 동안 주가가 오를 확률은?

5.2 다음 각 문제에서 확률값을 구하시오.

① 특정분야에 종사하는 산업근로자의 산업재해에 대한 연간 확률을 구하기 위해 10개의 회사를 표본으로 선택하였다. 10개 회사의 총 근로자수는 8,000명이었고, 최근 12개월 동안 400명의 근로자가 산업재해를 입었을 때의 확률은?

② 거래계정 중 5%가 체납된 계정일 때 임의로 하나의 계정을 선택했을 때 선택된 것이 체납계정일 확률은?

③ 두 개의 주사위를 던졌을 때 나타난 숫자의 합이 7이 될 확률은?

5.3 다음 각 문제에서 확률값을 구하시오.

① 잘 섞인 52장 카드에서 한 장의 카드를 뽑을 때 에이스 카드, 킹 카드, 세븐 카드 중 한 장이 뽑힐 확률은 얼마인가?

② 다섯 명이 파티에 참석하여 서로 악수를 하였다. 서로 악수한 총 회수는 몇 번인가?

③ 감옥에서 한 명씩 탈출하는 출입구가 한 곳이 있다. 5명이 동시에 도착하여 출입구로 탈출하려고 한다. 다섯 명이 순서대로 탈출할 수 있는 총 방법은 몇 번인가?

④ 문제 ③에서 A란 사람이 1등으로 탈출하는 경우는 총 몇 번인가?

⑤ Object란 6가지 알파벳으로 문자를 배열하는 방법은 몇 가지인가?

5.4 어떤 모임에 6쌍의 부부가 초대되었다. 이 중 네 명을 뽑을 때 총 몇 가지 형태로 뽑을 수 있나?

① 문제에서 뽑은 네 명 중 네 명이 남자이고 한 명이 여자인 경우는 몇 가지인가?

② 어떤 모임에 6쌍의 부부가 초대되었다. 이 중 네 명을 뽑을 때 세 명이 남자이고 한 명이 여자인 경우가 될 확률은?

③ 한 상자에 여덟 개의 달걀이 들어 있는데, 이 중에 세 개가 썩어 있다. 임의로 세 개의 달걀을 뽑았을 때 다음 사상의 확률을 구하시오

ⓐ 정확히 두 개가 썩었다

ⓑ 세 개 모두 썩었다.

ⓒ 세 개 모두 썩지 않았다.

ⓓ 적어도 한 개 이상 썩었다.

5.5 〈표 5.2〉를 참고하여 다음과 같은 수입 가정의 확률을 결정하시오.

① 수입이 800~2,000인 가정

② 수입이 3,000 미만인 가정

③ 수입이 800 이하와 3,000 이상의 가정

표 5.2 500가정의 년간 수입액 (단위 : 만원)

분류	수입수준	가정수
1	800 이하	60
2	800~2,000	100
3	2,000~3,000	160
4	3,000~4,000	140
5	4,000 이상	40
		합계 500

5.6 상경계 학생 300명 중 현재 100명은 회계학 과목을 수강신청하고, 80명은 통계학 과목을 수강 신청하였다. 이들 수강신청 학생 중 30명은 두 과목 모두 수강신청을

하였다. 여기서 어느 학생을 임의로 선택하였을 경우 회계학 또는 통계학 중 어느 한 과목을 신청한 학생이 선택될 확률을 구하시오.

5.7 과거 5년 동안 어느 큰 회사의 전산실에 지원한 사원 100명을 조사한 결과 40명은 과거 관련부서에서 근무한 경험이 있었고, 30명은 전문자격증을 갖고 있었다. 이 가운데 20명의 지원자는 경험과 자격증을 동시에 갖고 있을 때

① 이들 사상을 벤 다이어그램으로 그리시오.

② 지원자 중에서 임의로 1명을 선택했을 때 경험과 자격증을 소지한 사람일 확률

③ 지원자 중에서 임의로 1명을 선택했을 때 경험 또는 자격증을 하나만 소지한 사람일 확률

5.8 문제 5.7 참조하여

① 임의로 1명을 선택했을 때 경험이 있다는 조건 아래 자격증을 소지한 사람일 확률

② 경험과 자격증의 두 사상이 독립인지를 검정하시오.

5.9 선박용 부품(M)과 사무용 장비(O)를 생산하는 두 종류의 생산부서를 갖고 있는 큰 회사가 있다. 선박용 부품을 생산하는 부서에서는 금년 회계연도에 적어도 10%의 순이익이 발생할 것이라는 확률이 0.3이고, 사무용 장비를 생산하는 부서에서는 금년 회계연도에 적어도 10%의 순이익이 발생할 것이라는 확률이 0.2이다. 또한 두 부서 모두 적어도 10%의 순이익이 있을 확률은 0.06일 때

① 선박용 부품 생산부서의 10%의 순이익이 발생되었다는 조건 아래 사무용 장비 생산부서가 10%의 순이익을 유발시킬 확률을 구하시오.

② 두 부서에서 이익목표의 달성이 통계학적으로 독립인지를 검정하시오.

5.10 통계학 과목을 이수한 어느 낙천적인 학생이 자신의 최종성적을 A학점이라는 확률 0.6으로 간주하고 또 B학점이라는 확률을 0.4로 생각하고 있다. 물론 이들 학점은 상호배반적 사상이므로 두 가지 성적 모두를 받을 수는 없다.

① 적절한 계산공식을 사용하여 최종학점이 A를 받았다는 조건 아래 B를 받을 수 있는 조건부 확률을 구하시오.

② 이와 같은 상호배반적 사상은 종속사상이라는 사실을 검정하시오.

5.11 일반적으로 판매사원이 소비자와 상담하여 제품을 판매할 확률은 0.4로 생각 할 때, 만약 판매사원이 고객 서류철로부터 임의로 세 명의 고객을 선택하여 이들과 상담했을 때, 세 명의 고객 모두가 상품을 구매할 확률은 얼마인가?

5.12 회계서류에 12개의 계정이 있다고 생각할 때 이 가운데 네 개 계정에 절차상의 잘못이 포함되어 있다.

① 만약 회계감사에서 비복원으로 두 개의 계정을 추출할 때 이들 계정 모두 절차상의 잘못을 포함치 않을 확률은 얼마이며, 표본추출과정을 가지도형으로 설명하시오.

② 만약 회계감사에서 비복원으로 세 가지 계정을 추출할 대 이들 계정 모두 절차상의 잘못을 포함치 않을 확률은 얼마인가?

5.13 유한 모집단(finite population)으로부터 표본을 추출할 대 이들 사상과 관련된 확률은 이미 발생된 사상과는 종속적이고, 복원으로 표본을 추출하였다면 사상들은 항상 독립적이다.

① 52장의 카드에 비복원으로 세 장의 카드를 임의로 순차적 선택을 할 때 3장의 카드가 모두 에이스일 확률을 구하시오.

② 52장의 카드에 복원으로 세 장의 카드를 임의로 순차적 선택을 할 때 3장의 카드가 모두 에이스일 확률을 구하시오.

5.14 승산법칙을 사용하여 다음 문제의 독립성을 검정하시오.

① 문제 5.7에서 설명한 두 사상

② 문제 5.9에서 설명한 두 사상

5.15 문제 5.7에서 지원자 중 임의로 선택된 사람이 경험과 자격증이 모두 없는 사람이 뽑힐 확률을 구하고 이들 사상(경험이 없는 사람, 자격증이 없는 사람)의 독립성을 검정하시오.

5.16 문제 5.11을 참고하여

① 판매(S)와 미판매(S')를 사용하여 세 명의 고객에 대한 순차적 상담결과를 가지도형으로 표시하시오.

② 판매사원이 적어도 두 번 이상 판매에 성공할 확률을 구하시오.

③ 판매사원이 적어도 한 번 이상 판매에 성공할 확률을 구하시오.

5.17 문제 5.12을 참고하여

① 감사에서 하나의 계정을 임의로 추출했을 때 잘못된 계정이 포함되어질 확률을 구하시오.

② 감사에서 두 개의 계정을 임의로 추출했을 때 적어도 하나 이상 잘못된 계정이 포함되어질 확률을 구하시오.

③ 감사에서 세 개의 계정을 임의로 추출했을 때 적어도 하나 이상 잘못된 계정이 포함되어질 확률을 구하시오.

5.18 〈표 5.3〉은 각 정당에서 새로운 재산세 계획에 따른 의원들의 반응을 나타낸 분할표이다.

① 이들 자료에 대한 결합확률표를 작성하시오.

② 주변확률을 구하고 이들은 무엇을 나타내는가?

표 5.3 재산세에 대한 분할표

소속	반응			합계
	찬성(F)	기권(N)	반대(O)	
민주당(D)	120	20	20	160
공화당(R)	50	30	60	140
무소속(I)	50	10	40	100
합계	220	60	120	400

5.19 문제 5.18의 결과를 이용하여 다음 확률을 구하시오.

① $P(O)$ ② $P(R$ 및 $O)$ ③ $P(I)$ ④ $P(I$ 또는 $F)$
⑤ $P(O|R)$ ⑥ $P(R|O)$ ⑦ $P(R$ 또는 $D)$ ⑧ $P(D$ 또는 $F)$

5.20 조그만 가내공장을 운영하는 최고경영자 다섯 명이 연회석 테이블에 함께 앉아 있을 때,

① 다섯 명이 순서적으로 다르게 앉을 수 있는 방법은 몇 가지인가?
② 연회석에서 세 명이 모임에 대한 발표가 있다고 가정할 때 순서적으로 발표할 방법은 몇 가지인가?

5.21 문제 5.20의 ②에서 순서에 관계없이 발표할 방법은 몇 가지인가?

5.22 판매사원은 한 번 출장으로 여섯 개 구역을 방문한다.

① 만약 특정지역에 열 개의 구역이 있다고 가정할 때 판매사원이 방문할 수 있는 서로 다른 여섯 개 구역의 집단은 몇 종류나 되는가?
② 만약 판매사원이 방문하는 특정지역에 열 개 구역이 있다고 생각할 때 이중 6개 구역을 선택하여 방문순서에 따라 방문코자 하면 방문하는 경로는 몇 가지가 되겠는가?
③ 만약 특정지역에는 여섯 개의 구역만 존재한다고 가정할 때 여섯 개 구역의 방문순서를 고려치 않고 계획된 여섯 개 구역의 방문방법은 몇 가지인가?

5.23 한 상자에 흰 공 네 개, 붉은 공 다섯 개가 들어 있다. 세 개의 공을 상자에서 임의로 추출할 때 다음의 확률을 구하시오.

① 하나만 흰 공일 확률
② 흰 공이 없을 확률
③ 적어도 하나는 흰 공일 확률
④ 많아야 하나가 흰 공일 확률

5.24 문제 5.20에서 설명한 연회석에서 다섯 명의 최고 경영자로부터 세 명을 뽑아 하나의 집단을 형성시킬 때 다음의 확률을 구하시오.

① 특정인 한 사람이 포함될 확률

② 특정인 두 사람이 포함될 확률

③ 적어도 두 사람이 모두 포함될 확률

5.25 네 명 모두 자신의 모자를 위로 던져 임의로 모자를 잡는다. 적어도 한 명이 자신의 모자를 잡을 확률은?

CHAPTER

06 이산확률분포

앞 장에서 확률의 여러 가지 개념들을 공부하였다. 이들 개념들은 제 6장의 이산확률분포(discrete probability distributions)와 다음 장의 연속확률분포(continuous probability distributions)를 공부하는 데 도움이 되는 중요한 내용들이다. 그리고 앞으로 공부할 표본으로부터 모집단의 모수를 추측하는 추측 통계학의 기본 개념이 되기도 한다.

본 장에서는 확률분포가 무엇인지를 정의하고, 확률분포가 이산적 수치로 표현되는 이산확률분포를 설명하고자 한다.

6.1. 확률분포와 확률변수

앞서 배운 도수분포표는 관찰하고자 하는 통계집단의 개요를 일목요연하게 파악하기 위한 통계분석표이다. 확률에 있어서도 도수분포표와 유사한 기능을 갖는 확률분포 또는 확률분포표가 있다. 확률분포는 주로 표본공간에 있어서 우연적인 특정사상의 출현에 대한 분포를 기술한다는 것으로 확률변수가 갖는 확률값을 일목요연하게 정리한 표이다. 따라서 특정 표본공간에서 출현할 수 있는 모든 사상을 **확률변수**(random variable)로 표현하고, 이들 개개변수가 갖는 상대도수가 확률이 된다.

확률변수는 영문자 X로 표현하고, 확률변수 X의 분포를 **확률분포**라 한다. 확률변수는 우연적인 실험의 결과에 확률값을 할당한 것으로 모든 가능한 확률값의 합은 1이 된다.

확률분포표는 〈표 6.1〉과 같이 개별적 사상의 확률값은 $P(X=x_i)$로 나타내며 간단히 $P(x_i)$로 표시하기도 한다. 가령 어떤 표본공간에 있어서 전체 사상을 X, 그리고 X에 해당하는 개별 사상을 $x_1, x_2, \cdots, x_n$라 한다면, 이들 개개의 사상 x_i에 대응하는 확률은 $P(x_1), P(x_2), \cdots, P(x_n)$가 된다.

▌표 6.1▐ 확률분포

X의 사상	x_1	x_2	x_3	$\cdots$	x_n
각 사상의 확률	$P(x_1)$	$P(x_2)$	$P(x_3)$	$\cdots$	$P(x_n)$

예를 들어 한 개의 주사위를 한 번 던지는 실험을 한다고 가정할 때 나타날 수 있는 모든 사상을 X라 하자. 이때 X가 갖는 실수를 x_i, 그리고 이들 x_i에 해당되는 확률을 $P(x_i)$라고 하면, 이 시행에 있어서 확률변수는 〈표 6.2〉와 같이 6개가 된다. 그런데 여기에서 한 가지 유의하여야 할 점은 실수 x_i의 값이 $1, 2, \cdots, 6$이라고 하는 것은 숫자가 아니라 주사위의 눈금을 나타내는 속성의 숫자이다.

▌표 6.2▐ 주사위 눈금의 확률분포

실수(x_i)	1	2	3	4	5	6
확률(x_i)	1/6	1/6	1/6	1/6	1/6	1/6

그리고 위의 실험에서 사상 X가 홀수인 확률변수에 대하여 관심이 있다면 $P(X=\text{홀수}) = P(X=1,3,5) = \frac{1}{6}+\frac{1}{6}+\frac{1}{6}=\frac{3}{6}=\frac{1}{2}$이 되고, 아울러 $X \geq 3$일 경우에는 $P(X \geq 3) = P(X=3)+P(X=4)+P(X=5)+P(X=6) = 1/6+1/6+1/6+1/6 = 4/6 = 2/3$가 된다.

예를 들어 동전 세 개를 던지는 실험에서 H를 앞면, T를 뒷면, 그리고 Y를 앞면 출현 회수라 하면, Y는 0, 1, 2, 3의 값을 갖는 확률변수이다. 확률변수가 갖는 $P(Y=0)$, $P(Y=1)$, $P(Y=2)$, $P(Y=3)$의 확률은 다음과 같다.

$$P(Y=0) = P\{(T,T,T)\} = \frac{1}{8},\ P(Y=1) = P\{(T,T,H),(T,H,T),(H,T,T)\} = \frac{3}{8},$$

$$P(Y=2) = P\{(T,H,H),(H,T,H),(H,H,T)\} = \frac{3}{8},\ P(Y=3) = P\{(H,H,H)\} = \frac{1}{8}$$

이때 Y의 가능한 확률값들에 대한 합은 1이다.

즉, $P(\cup_{i=0}^{3}\{Y=i\}) = \sum_{i=0}^{3} P(Y=i) = 1$

이러한 확률변수는 **연속확률변수**(continuous random variable)와 **이산확률변수**(discrete random variable)로 구분된다.

연속확률변수는 무게, 길이, 속도, 제품의 수명 등과 같이 연속적인 값을 취하는 확률변수이고, 이산확률변수는 동전이나 주사위를 던지는 실험과 대학 졸업생의 급여 등과 같이 이웃한 두 값 사이에 분명한 구분이 있는 확률변수이다.

그러나 현실적으로 무게나 길이를 측정한다고 하더라도 유효숫자가 소수점 이하 몇 자리에서 한정되기 때문에 연속확률변수도 어떤 특정한 실수값을 취하게 된다. 확률값이 이산적 수치표현이 되더라도 연속적인 수치개념을 도입하면 어떤 현상을 분석하기에는 편리하다. 즉, 현실문제가 이산확률변수라 하더라도 연속확률변수로 간주하면 이산확률변수의 값을 쉽게 계산할 수 있다.

예 제 1

차량대여 전문점에서 50일 동안 고객으로부터 주문 받은 승용차 수가 〈표 6.3〉과 같다. 이 기간 동안 7대의 승용차를 주문 받을 확률과 6대 이상의 승용차를 주문 받을 확률을 각각 구하시오.

표 6.3 승용차 대여주문의 확률분포

주문차량수(x)	날짜(D)	확률 $P(X=x)$
3	3	0.06
4	7	0.14
5	12	0.24
6	14	0.28
7	10	0.20
8	4	0.08
	$\sum D=50$	$\sum P(X)=1.00$

풀이

〈표 6.3〉에서 7대를 주문받을 확률은 $P(X=7)=0.20$이다. 그리고 6대 이상 대여주문 받을 확률은 $P(X \geq 6)=P(X=6)+P(X=7)+P(X=8)$

$$=0.28+0.20+0.08=0.56(56\%)$$이다.

■ ■ ■ ■

6.2. 이산확률변수의 기대치와 분산

통계집단에서 평균치는 그 집단의 중심적 경향치를 나타낸다. 똑같은 개념으로 확률에서도 수학적 기대치(mathematical expectation) 또는 단순히 기대치(expected value)라 함은 가중산술평균을 확률용어로 표현한 것이다. 따라서 통계학에서 가중산술평균과 기대치는 같은 개념으로 다만 표현만을 다르게 한다. 확률분포에서 기대치는 확률변수 X의 개별 실수값 x_i에 확률 $P(x_i)$를 곱한 다음 합산한 것이다. 따라서 확률변수 X에 대한 수학적 기대치 $E(X)$는 다음과 같이 정의된다.

$$
\begin{aligned}
E(X) &= x_1 P(X = x_1) + x_2 P(X = x_2) + \cdots + x_n P(X = x_n) \\
&= \sum_{i=1}^{n} x_i P(X = x_i)
\end{aligned}
$$

예 제 2

〈예제 1〉의 차량대여 전문점 자료를 사용하여 확률분포에 대한 기대치를 계산하시오.

풀이

기대치는 아래 표에서 계산할 수 있다. 즉, 주문받을 기대치는 5.66대이다.

주문차량수(x)	확률 $P(X=x)$	$xP(X=x)$
3	0.06	0.18
4	0.14	0.56
5	0.24	1.20
6	0.28	1.68
7	0.20	1.40
8	0.08	0.64
	$\sum P(X) = 1.00$	$E(X) = 5.66$

같은 이치로 확률변수 X에 대한 분산(variance)은 Var(X)로 표기하며, 이산확률분포의 분산에 대한 편차공식(deviation formula)은 다음 식과 같다.

$$Var(X) = E[(X - EX)^2] = \sum (x - EX)^2 P(X = x)$$

그리고 평균으로부터 편차를 구하지 않아도 되는 식은 다음과 같다.

$$Var(X) = \sum x^2 P(X = x) - [\sum x P(X = x)]^2 = E(X^2) - [E(X)]^2$$

■ ■ ■ ■

예 제 3

〈예제 4〉의 차량대여 전문점 자료를 사용하여 확률분포의 분산을 구하시오.

풀이

분산을 계산하기 위해 아래 표를 작성할 수 있다.

주문차량수(x)	확률$P(X=x)$	$xP(X=x)$	χ^2	$\chi^2 P(X=x)$
3	0.06	0.18	9	0.54
4	0.14	0.56	16	2.24
5	0.24	1.20	25	6.00
6	0.28	1.68	36	10.08
7	0.20	1.40	49	9.80
8	0.08	0.64	64	5.12
		$E(X) = 5.66$		$E(X^2) = 33.78$

따라서 위의 표를 이용하여 산정공식으로 분산을 구하면 다음과 같다.

$Var(X) = E(X^2) - [E(X)]^2 = 33.78 - (5.66)^2 = 33.78 - 32.04 = 1.74$

■ ■ ■ ■

6.3. 이항분포

이산확률분포에서 가장 대표적이고 제**베르누이**일 많이 사용되는 확률분포가 이항분포(binominal distribution)이다. 이항분포는 (Jacob Bernoulli, 1654~1705)에 의하여 발견된 분포이기 때문에 베르누이 분포라고도 한다. 이항분포는 오로지 두 가지 사상만이 출현되고, 이들 두 사상은 서로 독립적이고 상호배반적 사상이다. 이러한 두 사상이 반복적으로 시행할 때 나타나는 확률분포가 이항분포이다.

▌표본 추출의 베르누이 조건▐

① 매 시행(trial)에서 두 사상은 상호 배반적이다.
② 매 시행은 상호 두 가지 사상만 출현한다.
④ 두 사상의 확률은 매 시행마다 동일하고 시행과정에는 변화가 없다.

예컨대 이항분포는 성공과 실패, 긍정과 부정, 좋으냐 나쁘냐, 남자와 여자, 우량품과 불량품, 앞면과 뒷면 등 단지 두 가지 사상만을 갖는 분포이다. 이렇게 두 가지 사상의 출현을 반복적으로 시행하는 것을 베르누이 시행이라고 부르며, 이러한 시행으로 전개되는 확률분포를 이항분포라 한다.

이와 같이 이항분포는 베르누이 시행에서 특정사상(또는 성공의 횟수)의 확률을 결정하기 위해 사용되는 것으로 다음과 같이 세 가지 변수값에 의해 계산된다. 즉, 시행횟수 n과 특정사상의 출현횟수 X, 그리고 매 시행에 있어 성공의 확률 p를 사용하여 계산한다. 따라서 이항분포에서 특정사상의 출현횟수 X에 대한 확률계산은 다음과 같다.

$$P(X=x)={}_nC_x p^x(1-p)^{n-x}=\frac{n!}{x!(n-x)!}p^x(1-p)^{n-x}$$

예 제 4

어느 회사 영업사원이 임의로 선택된 지역에서 물건을 판매할 확률은 0.2이다. 만약 판매원이 여섯 개 지역을 방문할 때 실질적으로 네 개 지역에서 물건을 판매할 확률을 구하시오.

풀이

판매에 성공할 확률 $p=0.2$, 성공횟수 $X=4$, 시행횟수 $n=6$이다. 그러므로 네 개 지역에서 물건을 판매할 확률은 다음과 같다.

$$P(X=4) = {}_6C_4(0.2)^4(1-0.2)^{(6-4)} = {}_6C_4(0.2)^4(0.8)^2 = \frac{6!}{4!\,2!}(0.2)^4(0.8)^2$$
$$= \frac{(6)(5)(4!)}{(4!)(2)(1)}(0.2)^4(0.8)^2 = 15(0.0016)(0.64) = 0.01536 \cong 0.015$$

즉, 여섯 개 지역을 방문하여 네 개 지역에서 물건을 판매할 확률은 약 1.5%이다.

일반적으로 n회 시행에서 x번 이상의 성공 혹은 x번 이하의 성공이라는 누적확률이 많이 사용한다. 이러한 누적확률은 특정 간격 내에 포함된 확률을 모두 합하면 된다.

■ ■ ■ ■

예 제 5

〈예제 4〉에서 판매원이 네 개 지역 이상에서 물건을 판매할 확률을 구하시오.

풀이

구하고자 하는 확률은 $P(X \geq 4) = P(X=4) + P(X=5) + P(X=6)$이다.

$P(X=4) = 0.01536$ (예제 6에서 계산됨)

$P(X=5) = {}_6C_5(0.20)^5(0.80)^1 = \frac{6!}{5!1!}(0.20)^5(0.80) = 6(0.00032)(0.80) = 0.001536$

$P(X=6) = {}_6C_6(0.20)^6(0.08)^0 = \frac{6!}{6!0!}(0.000064)(1) = (1)(0.000064) = 0.000064$이므로

$P(X \geq 4) = 0.01536 + 0.001536 + 0.000064 = 0.016960 \cong 0.017$ 이다.

■ ■ ■ ■

이항분포공식은 표본추출이 비교적 클 때와 특정 범위 내에서 출현하는 사상의 확률을 얻고자 할 때에는 계산이 대단히 복잡하다. 이 경우는 [부록 I]의 이항분포표를 사용하게 된다.

이항분포표는 매 시행에서 성공의 횟수에 따른 확률들을 나열한 것이다.

예 제 6

임의로 선택된 판매지역에 판매원이 상품을 판매할 확률 0.20이다. 여기서 판매원이 15개 지역을 방문하여 3개 지역 미만에서 상품을 판매할 확률을 구하시오.

풀이

구하고자 하는 확률은 $P(X<3) = P(X \leq 2) = P(X=0) + P(X+1) + P(X=2)$이다.

[부록 I]의 이항분포표에서, $P(X=0)=0.0352$, $P(X=1)=0.1319$, $P(X=2)=0.2309$를 얻을 수 있다. 따라서 $P(X<3)=0.0352+0.1319+0.2309=0.3980 \cong 0.40$이다.

■ ■ ■ ■

예 제 7

자격시험문제는 총 10문제이고 이중 6개 문제를 맞추어야 합격한다. 각 문제는 정답을 포함하여 4개의 가능한 답이(4지선다형) 주어진다. 어떤 학생이 공부를 못하여 짐작으로 답을 골랐을 경우 시험에 합격할 확률은 얼마인가?

풀이

$P(X \geq 6)=P(X=6)+P(X=7)+P(X=8)+P(X=9)+P(X=10)$이고 $p=0.25$이다. 따라서 $P(X \geq 6)=0.162+0.0031+0.0004+0.0000+0.0000=0.0197$로 합격할 확률은 1.97(%)이다.

■ ■ ■ ■

[부록 I]의 이항분포표는 p의 값이 0.5를 초과하는 경우는 확률값이 나오지 않는다. 만약 p의 값이 0.5를 초과하는 문제를 풀고자 하면 성공의 횟수대신 실패의 확률을 계산한 다음, 계산한 확률값을 1에서 빼어줌으로써 성공에 대한 확률을 계산할 수 있다.

그리고 이항분포에서 기대치(평균)와 분산은 다음 식으로 계산한다.

이항분포의 기대치 : $E(X)=np$ 이항분포의 분산 : $Var(X)=np(1-p)$

예 제 8

〈예제 7〉에서 15개 지역을 방문하여 상품을 판매할 때, 판매의 분산과 기대치를 구하시오.

풀이

판매할 확률 $p=0.2$이고, $n=15$이므로 기대치 $E(X)=np=15(0.2)=3.0$이고 분산

$Var(X)=np(1-p)=15(0.2)(0.8)=2.4$이다.

그러므로 평균적으로 3개 지역에서 판매가 이루어지고 분산은 2.4가 된다.

■ ■ ■ ■

6.4. 비율의 이항분포

성공의 횟수 X에 대한 이항분포의 확률계산은 앞 절에서 공부하였다. 그러나 확률계산을 성공의 횟수대신 **표본비율**(sample proportion)인 $\hat{p}$으로 계산할 수 있다. 예를 들어 특정 선거구의 여론조사에서 임의로 선택한 50명의 유권자 중 적어도 70%가 특정후보를 지지할 확률문제가 있을 수 있다. 즉, $\hat{p}$이 임의로 선택한 유권자가 특정후보를 지지할 확률을 나타낸다고 하면, 50명 중에서 특정후보를 지지하는 유권자의 수 X는 이항분포를 갖는다는 것을 알 수 있다. 따라서 지지하는 유권자의 비율은 선택된 유권자 중 특정후보를 지지하는 유권자수의 비율로 다음과 같이 표시할 수 있다.

$$\hat{p} = \frac{X}{n}$$

따라서 앞서 설명한 이항분포의 확률계산공식에서 성공의 확률 P값을 비율값 $\hat{p}$으로 수정할 수 있다. 즉, n번 베르누이 시행에서 성공의 비율을 P라 하면 확률계산공식은 다음과 같다.

$$P\left(\hat{p} = \frac{x}{n}\right) = {}_nC_x p^x (1-p)^{n-x}$$

예 제 9

특정회사에서 임의로 생산직 근로자를 선정하여 회사후원의 주식투자계획에 참가할 확률을 조사한 결과 0.4였다. 만약 5명의 근로자를 임의로 선정하였을 때 실질적으로 주식투자계획에 참가할 비율이 0.6이 될 확률을 구하시오.

풀이

$\hat{p} = \frac{x}{n} = 0.6 = \frac{3}{5}$ 이므로 $n = 5, X = 3, p = 0.4$ 이다.

그러므로 $P(\hat{p} = \frac{3}{5}) = {}_5C_3 (0.4)^3 (0.6)^2 = \frac{5!}{3!2!}(0.064)(0.36) = 0.2304 \cong 0.23$ 이다.

■ ■ ■ ■

이항분포의 비율에 관한 문제에서 [부록 I]의 이항분포표를 사용하기 위해서는 비율 $\hat{p}$를 성공횟수 X와 시행횟수 n으로 변화시켜야 한다.

예 제 10

〈예제 9〉에서 임의로 선택된 근로자가 주식투자계획에 참가하는 확률이 0.4였다. 만약 10명의 근로자를 임의로 선정할 때 주식투자계획에 참가할 비율이 적어도 0.7이 될 확률을 구하시오.

풀이

$\hat{p} \geq \frac{7}{10}$이므로 $n=10, p=0.4$이다.

따라서 $P(\hat{p} \geq 0.7) = P(X \geq 7) = P(X=7)+P(X=8)+P(X=9)+P(X=10)$ 이므로, [부록 I]의 이항분포에서 각 항의 값을 구하면 된다. 즉,

$P(X=7)=0.0425, P(X=8)=0.0106, P(X=9)=0.0016, P(X=10)=0.001$ 이므로 $P(\hat{p} \geq 0.7) = 0.0425+0.0106+0.0016+0.001 = 0.0548$이다.

■ ■ ■ ■

그리고 비율에 대한 이항분포의 기대치 $E(\hat{p})$와 분산 $Var(\hat{p})$는 다음 식으로 계산한다.

$$E(\hat{p}) = E\left(\frac{X}{n}\right) = \frac{1}{n}np = p$$

$$Var(\hat{p}) = Var\left(\frac{X}{n}\right) = \frac{1}{n^2}np(1-p) = \frac{p(1-p)}{n}$$

6.5. 초기하분포

어떤 용기 안에 N개의 바둑돌이 들어 있고, N개의 바둑돌에는 흰색 바둑돌이 M개 있다. 이때 임의로 n개의 바둑돌을 꺼낼 때 흰색 바둑돌이 나올 확률에 관심이 있다면, 다음과 같이 두 가지 경우를 생각해 볼 수 있다.

(1) 복원추출의 경우

복원추출로 n번의 시행하여 X번 흰색 바둑돌을 꺼낼 수 있다면, 흰색 바둑돌을 꺼낼 성공확률은 $p=\dfrac{M}{N}$이다. 따라서 특정 확률은 다음 식으로 계산한다.

$$P(X=x)=\binom{n}{x}\left(\frac{M}{N}\right)^{x}\left(1-\frac{M}{N}\right)^{n-x}$$

그리고 평균과 분산은 다음 식으로 계산한다.

$$\text{평균 : } E(X)=n\frac{M}{N} \qquad \text{분산: } Var(X)=n\frac{M}{N}\left(1-\frac{M}{N}\right)$$

(2) 비복원추출의 경우

비복원추출로 n번의 시행하여 X번 흰색 바둑돌을 꺼낼 수 있다면, 흰색 바둑돌을 꺼낼 확률은 다음 식으로 계산한다.

$$P(X=x)=\frac{\binom{M}{x}\binom{N-M}{n-x}}{\binom{N}{x}},\quad x=0,1,2,\cdots,n$$

이러한 확률분포를 초기하분포(hypergeometric distribution)라 하며, 평균과 분산은 다음 식으로 계산한다.

$$\text{평균: } E(X)=n\frac{M}{N} \qquad \text{분산: } Var(X)=n\frac{M}{N}\left(1-\frac{M}{N}\right)\left(\frac{N-n}{N-1}\right)$$

예 제 11

어느 회사에서 생산된 제품 열 개가 상자속에 포장되어 있고, 이중 세 개가 불량품이라 한다. 임의로 두 개를 꺼낼 때, 모두 불량품이 아닌 경우와 하나의 제품이 불량품인 경우,

두 개 모두 불량품인 경우를 복원추출인 경우와 비복원추출인 경우로 나누어 구하시오.

풀이

(1) 복원추출하는 경우

$$P(X=x)=\binom{2}{x}\left(\frac{3}{10}\right)^{x}\left(\frac{7}{10}\right)^{2-x}, \quad x=0,\ 1,\ 2\text{이므로}$$

$P(X=0)=0.49,\ P(X=1)=0.42,\ P(X=2)=0.09$ 이다.

(2) 비복원추출하는 경우

$$P(X=x)=\frac{\binom{3}{x}\binom{7}{2-x}}{\binom{10}{2}}, \quad x=0,\ 1\ ,2\ \text{ 이므로}$$

$P(X=0)=P(X=1)\fallingdotseq 0.47,\ P(X=2)\fallingdotseq 0.07$이다.

■ ■ ■ ■

6.6. 포아송분포

포아송분포(Poisson distribution)는 프랑스 수학자 포아송(Simeon Denis Poison, 1781~1840)에 의해 발견된 이산확률분포로 앞에서 설명한 이항분포의 특수한 형태로 사회 및 자연현상 등에서 널리 응용되고 있다.

이항분포에서 베르누이 시행횟수 n이 무한히 크고 p가 대단히 적을 때 이들 두 값의 승수 $np=\lambda$를 평균횟수라 하면 이항분포의 밀도함수는 다음과 같은 수식으로 근사값을 얻을 수 있다.

$$\underset{\substack{n\to\infty \\ p\to 0}}{\mathrm{Lim}}\binom{n}{x}p^{x}(1-p)^{n-x}=\underset{\substack{n\to\infty \\ p\to 0}}{\mathrm{Lim}}\binom{n}{x}\left(\frac{\lambda}{n}\right)^{n-x}=\frac{\lambda^{x}}{x!}e^{-\lambda}$$

따라서 포아송분포는 일정한 시간이나 공간 내에 발생하는 평균사상의 수 λ에 의해서 정의된다. 즉, 포아송분포는 평균 사상의 수 λ가 주어지면 일정구간 내에 x개가 발생할 확률분포로 다음 식으로 계산된다.

$$P(X=x|\lambda)=\frac{\lambda^x e^{-\lambda}}{x!} \quad (x=0,\ 1,\ 2,\ 3\cdots\cdots)$$

위의 식에서 e는 자연대수로서 2.7183이며, $e^{-\lambda}$의 값은 [부록 Ⅱ]에서 얻을 수 있다. 포아송분포를 따르는 현상으로는 교환대에 걸려오는 전화 통화수, 사고발생 수, 창구에 몰려드는 사람의 수, 특정제품의 단위당 결점의 수 등이다.

예 제 12

어느 회사의 기계 수선부에서는 시간당 평균 다섯 건의 수리 의뢰 전화를 받는다. 만약 임의로 선택된 시간에서 실질적으로 세 건의 수리 의뢰 전화를 받을 확률은 얼마인가?

풀이

문제에서 $\lambda=5, X=3$이다.

따라서 $P(X=3|\lambda=5)=\frac{5^3 \cdot e^{-5}}{3!}=\frac{125\times 0.00674}{6}=0.1404$이다. 그러므로 임의의 시간에 3건의 수리 의뢰 전화를 받을 확률은 0.1404이다.

■ ■ ■ ■

위의 예제에서 [부록 Ⅱ]의 $e^{-\lambda}$값을 이용하여 확률을 계산할 수 있으나 일반적으로 [부록 Ⅲ]의 포아송분포표를 사용하여 계산한다.

예 제 13

〈예제 12〉의 문제를 [부록 Ⅲ]의 포아송분포표를 사용하여 확률을 구하고 〈예제 12〉의 결과와 비교하시오.

풀이

〈예제 12〉에서 $\lambda=5, X=3$이다. 따라서 $P(X=3|\lambda=5)$를 [부록 Ⅲ]의 포아송분포표에서 찾으면 0.1404로 동일한 확률값임을 알 수 있다.

■ ■ ■ ■

예 제 14

〈예제 12〉의 문제에서 세 건 미만의 수리 의뢰 전화를 받게 될 확률을 구하시오.

풀이

문제에서 $\lambda = 5, X < 3$이므로 [부록 Ⅲ]에서 각각의 확률을 얻을 수 있다. 즉,
$P(X < 3|\lambda = 5) = P(X \leq 2) = P(X = 0) + P(X = 1) + P(X = 2)$
$= 0.0067 + 0.0337 + 0.0842 = 0.1246$이다. 따라서 세 건 미만의 수리의뢰 전화를 받을 확률은 12.46%이다.

■ ■ ■ ■

그리고 포아송분포는 일정한 시간구간 또는 공간영역을 가정하기 때문에 조건에 따른 평균은 연속적인 시간과 공간의 길이에 비례한다. 따라서 평균이 일정간격에서 유용하다면 임의의 특정간격에서의 평균도 구할 수 있다. 즉, 사용된 λ의 값이 간격비율로서 적용된다.

예 제 15

시립 아동연구소의 한 상담자가 평균적으로 한 시간에 12명의 주부로부터 아동교육에 대한 질문에 응한다. 이때 10분 동안 세 명 이상의 주부가 아동교육의 의문점을 풀기 위해 상담할 확률을 구하시오.

풀이

시간당 평균 상담자는 12명이므로 10분간 평균 상담자는 $12/6 = 2$명이다. 그러므로 $X \geq 3, \lambda = 2$이다. 따라서,

$P(X \geq 3|\lambda = 2.0) = P(X = 3|\lambda = 2) + P(X = 4|\lambda = 2) + P(X = 5|\lambda = 2)$
$+ \cdots + P(X = 9|\lambda = 2)$를 계산하면 된다.
[부록 Ⅲ]으로부터 각각의 확률을 얻을 수 있다. 즉,
$P(X \geq 3|\lambda = 2.0) = 0.1804 + 0.0902 + 0.0361 + 0.0120 + 0.0034 + 0.0009$
$+ 0.0002 = 0.3232$이다.

그러므로 10분 동안 세 명 이상의 주부가 상담할 확률은 32.82%이다.

■ ■ ■ ■

그리고 포아송분포의 기대치와 분산은 분포의 평균 λ와 동일하다.

평균 : $E(X) = \lambda = n \cdot p$ 　　　 분산 : $Var(X) = n \cdot p \cdot q$

6.7. 이항분포의 근사치

베르누이 조건에서 시행횟수 n이 크면 이항분포의 확률계산이 아주 복잡해 진다. 또한 p값이 0과 1에서 가까우면 확률값을 정확하게 계산하기 어렵다. 다행히 포아송분포는 n이 상당히 크고 p또는 $(1-p)$가 아주 작을 때 이항분포의 근사치로서 적절하게 사용된다. 따라서 포아송분포의 확률평균$(\lambda = np)$은 이항분포의 근사적 확률평균으로 사용된다.

예 제 16

상품 제조업자로부터 선적된 많은 화물 가운데 1%의 화물이 수송도중 결함이 생긴다고 한다. 만약 화물이 주문자에게 도착한 후 임의로 화물 30개를 조사할 경우 두 개 이상의 화물에 결함이 발견될 확률을 [부록 I]의 이항분포를 이용하여 구하고 또한 포아송분포로 확률을 계산한 다음 두 값을 비교하시오.

풀이

① 이항분포에 의한 계산 : $X \geq 2, n = 30, p = 0.01$이므로

$P(X \geq 2|n = 30, p = 0.01) = P(X = 2) + (X = 3) + P(X = 4) + \cdots\cdots$

$= (0.0328) + (0.0031) + (0.0002) = 0.0361$이다.

② 포아송분포에 의한 계산 : $X \geq 2, \lambda = np = 30 \cdot 0.01 = 0.3$이므로

$P(X \geq 2|\lambda = 0.3) = P(X = 2) + P(X = 3) + (x = 4) + \cdots\cdots$

$= (0.0333) + (0.0033) + (0.0002) = 0.0368$이다.

그러므로 ①과 ②의 차이는 0.0007로 거의 무시할 수 있는 수치이다.

■ ■ ■ ■

또한 n은 상당히 크나 np 또는 $n(1-p)$가 5.0보다 적지 않을 때는 정규분포(normal distribution)를 사용하여 이항분포의 근사치를 계산할 수 있다. 이는 다음 장의 정규분포에서 설명하고자 한다.

연습문제

6.1 고속도로에서 트럭 운전기사가 휴식을 취하기 위해 시간당 주차장에 들어오는 트럭의 대수를 조사한 결과 〈표 6.4〉의 확률분포를 하였다.

① 시간당 주차장에 들어오는 트럭의 기댓값을 구하시오.

② 확률분포에서 분산을 구하시오.

| 표 6.4 | 트럭의 확률분포

트럭의 수(x)	0	1	2	3	4	5	6
확률 $P(X=x)$	0.05	0.10	0.15	0.25	0.30	0.10	0.05

6.2 새로운 컴퓨터시스템이 도입되어 초기 설치단계에서 하루에 시스템이 중단(down)되는 횟수를 조사한 결과 〈표 6.5〉의 확률분포로 나타났다.

① 시스템이 하루에 중단되는 기대횟수를 계산하시오.

② 확률분포에서 분산을 구하시오.

| 표 6.5 | 새로운 컴퓨터시스템의 확률분포

중단횟수(x)	4	5	6	7	8	9
확률 $P(X=x)$	0.01	0.08	0.29	0.42	0.14	0.06

6.3 주사위 두 개를 굴린다고 가정할 때 나타날 수 있는 가능한 모든 사상의 출현 수치의 확률이 〈표 6.6〉과 같다. 예컨대 3은 (1과 2), (2와 1)의 조합으로 나타난 수의 합이다. 또한 1과 2의 출현확률은 각각 $\frac{1}{6}$이고 1과 2의 조합확률은 $\left(\frac{1}{6}\right)\cdot\left(\frac{1}{6}\right)=\frac{1}{36}$이 된다. 따라서 3은 두 가지의 조합으로 구성되므로 $\left(\frac{1}{36}\right)+\left(\frac{1}{36}\right)=\frac{2}{36}$의 확률을 갖는다.

① 나타난 수에 대한 기대치를 계산하시오.

② 표준편차를 구하시오.

| 표 6.6 | 두 개의 주사위에 대한 확률분포

두 주사위의 합의 수(x)	2	3	4	5	6	7	8	9	10	11	12
확률 $P(X=x)$	$\frac{1}{36}$	$\frac{2}{36}$	$\frac{3}{36}$	$\frac{4}{36}$	$\frac{5}{36}$	$\frac{6}{36}$	$\frac{5}{36}$	$\frac{4}{36}$	$\frac{3}{36}$	$\frac{2}{36}$	$\frac{1}{36}$

6.4 심한 불경기로 인하여 어느 회사는 수취계정 중 30%가 다른 회사로부터 미수금된 계정을 갖고 있다. 만약 회계사가 다섯 개의 계정을 임의로 선택했을 때 다음 사상들의 확률을 이항확률공식으로 구하시오.

① 미수금계정이 없을 확률
② 미수금계정이 두 계정 있을 확률
③ 미수금계정이 세 계정 이상일 확률
④ 20%의 계정이 미수금 계정일 확률

6.5 어느 가전제품 판매장은 고객들로부터 10%의 응답비율을 이끌어내는 안내문을 갖고 있다고 한다. 20장의 안내문을 새로운 지역의 판매조사를 위해 우편 발송시켰을 때 10%의 응답비율을 적용시켜 다음 문제를 [부록 Ⅰ]의 이항분포표를 사용하여 확률을 계산하시오.

① 아무 응답이 없을 확률
② 두 사람이 응답할 확률
③ 11사람 이상이 응답할 확률
④ 20%보다 적은 사람이 응답할 확률

6.6 어느 항공회사는 자기 회사 여객기의 90%가 정시에 도착한다고 한다. 이 회사 여객기 중 20대가 내일 김포공항에 도착할 예정이라 할 때,

① 20대 모두 정시에 도착할 확률은?
② 두 대 이하가 정시에 도착하지 못할 확률은?
③ 내일 몇 대가 정시에 도착하리라 기대되는가?

6.7 표적을 맞출 확률이 90%인 궁수가 표적을 향해 10번을 쏘았을 때, 다음에 답하시오.

① 표적을 한 번도 못 맞출 확률은?

② 적어도 한 번은 맞출 확률은?

③ 많아야 여덟 번 맞출 확률은?

④ 열 번 중에 몇 번 맞추리라 기대되는가?

6.8 10%의 불량품을 생산하는 공장에서 세 개의 제품을 임의로 선택하고자 한다. 선택된 생산품이 불량품일 경우 D로, 우량품일 경우 D'의 기호를 사용하여 세 개 제품이 선택되는 세 단계의 가지도형을 그림으로 나타내고 세 가지 사상의 순차적 출현에 따른 확률을 계산하여 표시하시오.

6.9 문제 6.8에서 세 종류의 생산품으로 구성된 표본에서 하나의 제품이 불량품일 확률을 구하시오.

6.10 문제 6.8에서 이항분포에 따른 확률공식을 사용하여 하나의 불량품이 포함될 확률을 구하고 가지도형에서 구한 값과 비교하시오.

6.11 1993년도의 뉴욕 증권거래소의 시세표에 의하면 보통주식의 70%는 판매가격이 증가한 상태로, 30%는 판매가격이 하락한 상태로 교환이 이루어진다. 만약 증권중개인이 10개의 주식을 특별히 추천했을 때 다음의 확률을 구하시오.

① 열 개 주식 모두 판매가격이 증가할 확률

② 적어도 여덟 개 주식의 판매가격이 증가할 확률

③ 네 개보다 적은 주식의 판매가격이 증가할 확률

6.12 [부록 Ⅰ]의 이항분포표를 사용하여 다음을 구하시오.

① $P(X=5 \mid n=9, p=0.5)$　　② $P(X=7 \mid n=15, p=0.6)$

③ $P(X<3 \mid n=20, p=0.05)$　　④ $P(X \geq 18 \mid n=20, p=0.9)$

6.13 어느 프로 야구팀의 선수는 게임당 출전비로 $600을 받고, 또 홈런을 칠 때마다 $300을 보너스로 받고 있다. 어느 선수의 게임당 칠 수 있는 홈런 수에 대한 확률분포가 다음과 같다고 할 때 다음을 계산하시오.

홈런 수	확률
0	0.60
1	0.20
2	0.15
3	0.03
4	0.01
5	0.01

① 이 선수의 게임당 칠 수 있는 평균 홈런 수는 얼마인가?

② 이 선수가 게임당 받을 평균 수입은 얼마인가?

③ 이 선수가 게임당 받을 가능성이 가장 높은 수입은 얼마인가?

6.14 유전공학 연구에 이용되는 어떤 연못 안에는 A형의 유전자를 가진 생체가 60%, B형의 유전자를 가진 생체가 40%이다. 임의로 14개의 개체를 뽑았을 때 다음의 확률을 구하시오.

① A형의 유전자를 가진 개체가 다섯 개일 확률

② A형의 유전자를 가진 개체의 예상 수

③ A형의 유전자를 가진 개체의 분산

6.15 어느 경영주가 사원급여에 대한 자료를 얻기 위해 특정부서의 직원 열 명으로부터 세 명을 임의로 선정하였다. 이들 직원 중 네 명은 이미 급여문제로 고민을 하였다. 각 개인별선택에서 고민을 한 직원을 E로, 고민이 없었던 직원을 E'로 표시하여 가지도형을 나타내고, 도형에 세 가지 사상의 순서적 발생에 대한 근사적 확률치를 기입하시오.

6.16 문제 6.15에서 선정된 세 명의 직원 중 두 사람이 급여문제로 고민할 확률을 구하시오.

6.17 문제 6.16을 초기하분포의 공식을 사용하여 확률을 구하고, 문제 6.16의 결과와 비교하시오.

6.18 어느 마을 50세대 중 20세대가 컴퓨터를 소유하고 있다고 한다. 이 마을에서 10세대를 조사하였을 때, 세 세대가 컴퓨터를 소유하고 있을 확률은?

6.19 타이어 100개를 자동차에 실어 운반하고 있다. 이 타이어 중 20개는 흠집이 있는 타이어이다. 운반 도중에 50개의 타이어를 쏟았을 때, 이 중 흠집이 있는 타이어가 10개일 확률은?

6.20 H은행이 특별서비스 상담실에서는 시간당 평균 다섯 명의 고객을 상담하고 있다. 이러한 상담자가 독립적 분포일 때, 특정 시간 동안 특별서비스 상담실에 열 명 이상의 상담자가 상담할 확률을 구하시오.

6.21 평균적으로 이틀에 한 대의 배가 수리를 위해 포항 조선소로 들어온다면 임의로 선정된 날에 두 대 이상의 배가 들어올 확률을 구하시오.

6.22 500m 길이의 종이말이 뭉치에는 평균 두 개의 결점이 내포되어 있다. 이들 결점은 자국이 심한 것으로 완제품을 만드는 데 영향을 주고 있다면 만약 100m 길이의 종이말이 뭉치에 결점이 없을 확률을 구하시오.

6.23 어느 보험회사에서 의학적으로 비교적 드문 중요한 질병까지 보험영역으로 추가하기로 하였다. 따라서 이에 대한 보험료 환산을 위한 자료를 얻기 위해 보험에 가입된 3,000명의 집단으로부터 표본을 조사한 결과 그 질병에 걸릴 수 있을 고객의 확률이 0.001이었다.

① 집단에서 질병에 걸릴 기대치는 얼마인가?

② 3,000명의 집단에서 질병에 한 명도 걸리지 않을 확률은 얼마인가?

6.24 교통량이 많은 어느 교차로에서 교통사고가 일어날 확률은 $P = 0.0001$이고, 오후 4시에서 6시 사이에 1,000대의 차가 이 교차로를 지나간다고 하면, 이때 두 건 이상의 교통사고가 일어날 확률을 구하시오.

6.25 성공률 p인 베르누이 시행에서 성공할 때까지의 총 시행회수를 X라고 하자.

① $P(X = x) = ?$ ② $E[X] = ?$ ③ $Var[X] = ?$

6.26 어떤 실험을 한번 하는데 드는 비용은 10만원이다. 이 실험이 성공할 확률은 0.2이고 성공할 때까지 이 실험을 반복한다고 할 때, 실험에 드는 총비용을 얼마로 예상하면 될까?(단, 각 실험은 독립적으로 시행한다.)

6.27 어느 집단은 1%의 비율로 왼손잡이가 섞여 있다. 200명 중 왼손잡이가 네 명 이상 있을 확률을 다음의 분포를 사용하여 구하시오.

① 이항분포 ② 포아송분포

6.28 미국 서부지방은 일주일에 평균적으로 3회의 지진이 발생한다고 한다.

① 지금부터 일주일간 지진이 두 번 이상 발생할 확률은?

② 4주 동안 이 지역을 여행하려고 한다. 그 동안 지진이 발생하지 않을 확률은?

6.29 경험에 의하면 어느 회사에서는 한 시간에 10건의 전화가 걸려온다고 한다.

① 어떤 한 시간에 한 건의 전화도 걸려오지 않을 확률은?

② 세 시간 동안 자리를 비우려 한다. 그 동안 한 건의 전화도 걸려오지 않을 확률은?

CHAPTER

07 연속확률분포

연속확률분포(continuous probability distributions)는 이산확률분포와 달리 무게, 부피, 길이, 속도, 제품의 수명 등 연속적인 수치를 갖는 확률분포로 일반적으로 소수점을 갖는 실수로 표현되는 확률변수의 분포이다. 그러므로 연속확률변수는 불연속적인 점으로 표시되지 않고 어떤 구간(interval)을 갖는 연속적인 점으로 표시된다. 그러나 연속적인 점에 해당하는 모든 가능한 사상들의 확률을 연속확률변수로 전부 계산한다는 것은 불가능하다. 따라서 가장 편리한 방법은 수학적 기법에 따른 확률밀도함수(probability density function)와 확률곡선(probability curve)을 이용하여 확률값을 계산하는 것이다.

본 장에서는 여러 가지 연속확률분포 중 가장 대표적이고 널리 응용되고 있는 정규확률분포(normal probability distribution)와 정규근사법((normal approximation)), 지수확률분포(exponential probability distribution) 등을 설명한다.

7.1. 연속확률변수

연속확률변수는 특정구간의 연속적인 점으로 표시되고, 특정한 점에서의 확률값은 0이나 어떤 구간에 대응하는 확률값은 0이 아닌 실수값을 갖는다. 즉, 확률을 나타내는 확률곡선 아래의 전체면적과 임의로 선택된 두 점 사이의 면적비율로서 확률값이 계산된다. 예를 들어 〈그림 7.1〉의 곡선은 선박에 선적되는 화물의 무게 분포이다. 곡선에서 검게 칠한 부분의 면적은 임의의 날에 조사한 선박의 화물무게가 6,000kg 이상 8,000kg 이하일 확률을 나타낸 것이다.

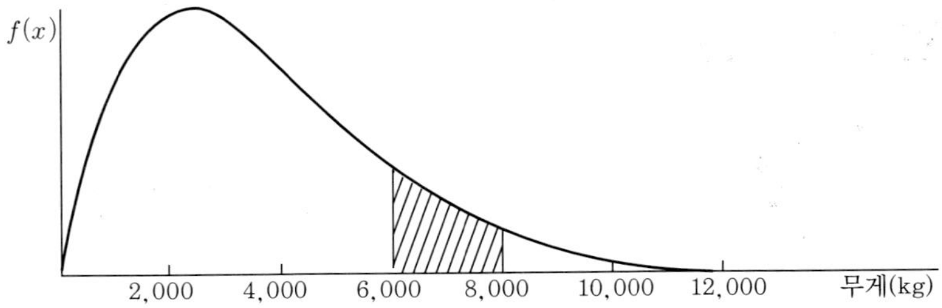

그림 7.1 확률밀도함수

즉, 곡선아래의 전체면적과 검은 부분의 면적은 적분으로 계산할 수 있으며, 곡선아래의 전체면적을 1이라하고, 검은 부분의 면적을 계산하여 이들 두 값의 비율로 확률을 계산한다. 따라서 확률변수(x)가 두 점(a, b) 사이에 놓일 확률은 다음과 같이 표현된다.

$$P(a < x < b) = P(a \leq x \leq b)$$

7.2. 정규확률분포

정규확률분포(normal probability distribution)는 연속확률분포 중 가장 대표적인 분포로 통계학에서 제일 중요하고 가장 많이 사용되는 분포이다. 특히 통계적 추론(statistical inference)에서 중추적인 역할을 하며, 평균과 표준편차만으로도 모양과 특성을 완전히 파악할 수 있어 그 용도가 다양하다. 정규확률분포를 나타내는 곡선은 종모양(bell shape)의 부드러운 곡선으로 〈그림 7.2〉와 같다.

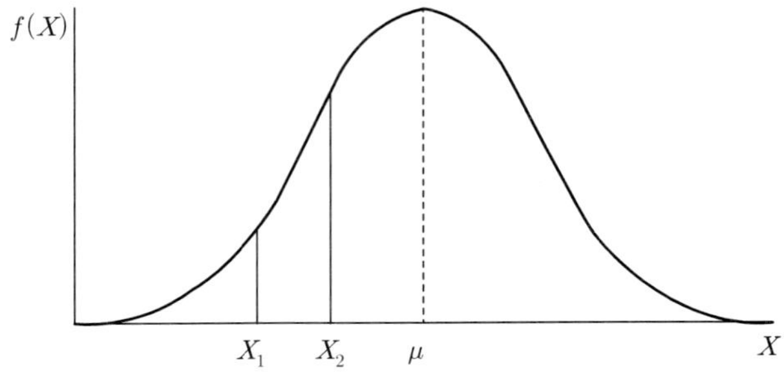

그림 7.2 정규확률분포곡선

정규확률분포는 프랑스의 드 모이브르(A, De Moivre, 1671~1754)가 확률현상을 설명하기 위하여 처음 시도하였고, 그 후 라플라스(P.S. Laplace, 1749~1827)에 의하여 정규확률분포에 대한 함수식이 정립되었다. 그리고 독일의 수학자 가우스(C.F. Gause, 1777~1855)가 우연오차의 분포를 정식화함으로써 유용성을 확립하게 되었다. 따라서 정규확률분포를 가우스 분포(Gaussian distribution)라고도 부른다.

정규확률분포는 다음과 같은 통계학적 측면에서 세 가지 뚜렷한 특징이 있다.

① 임의로 추출한 대부분의 측정치들은 정규확률이 분포를 형성한다.

② 정규확률분포는 이항분포와 포아송분포와 같은 다른 확률분포의 근사적 확률 계산에 사용된다.

③ 표본평균과 표본비율과 같은 분포는 모집단의 분포와 상관없이 정규확률분포를 형성한다.

정규분포의 확률함수를 수학적으로 정의하면 다음과 같다.

$$f(x) = \frac{1}{\sqrt{2\pi\sigma^2}} e^{-(x-\mu)^2/2\sigma^2}$$

단, 여기에서 $\pi = 3.1416$, $e = 2.7183$이며, μ는 분포의 평균이고, σ는 분포의 표준편차이다. 이때 연속확률변수의 극치는 $\pm\infty$이다.

따라서 정규분포의 확률함수는 평균 μ와 분산 σ^2에 따라 확률분포의 모양이 여러 가지 형태로 변화된다. 그리고 정규확률분포곡선 아래의 면적은 기하학적으로 간단히 구할 수 없으므로 정적분으로 구하여야 한다. 그러나 정적분에 의한 확률계산은 매우 복잡하므로 확률변수 X를 표준화변수 Z로 표준화(standardized)하여 표준 정규분포(standard normal distribution)로 확률을 계산한다. 표준 정규분포는 여러 가지 형태의 정규분포를 대표하므로 평균 $\mu = 0$, 표준편차 $\sigma = 1$인 정규분포이다. 표준 정규분포의 확률변수를 표준 정규변수(standard normal variable)라 하며 Z로 표시하고 다음 식으로 계산된다.

$$\text{표준화 변수 : } Z = \frac{X-\mu}{\sigma}$$

따라서 모든 정규분포를 표준 정규분포로 변경시키기 위해서는 우선 확률변수 X에서 평균 μ를 뺀 후 표준편차 σ로 나누어 주어야 한다.

〈그림 7.3〉은 일반 정규분포와 표준 정규분포와의 관계를 나타낸 것으로 각 확률 변수 X를 평균 μ로부터 어느 정도 떨어졌는가를 표준편차의 배수관계로 표시하였다.

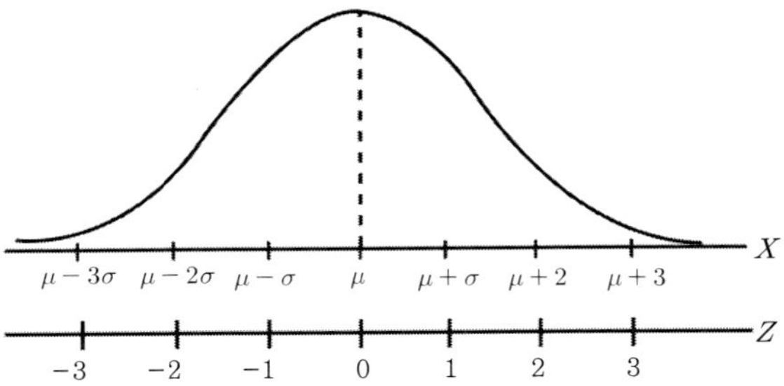

그림 7.3 표준 정규분포와 일반 정규분포와의 관계

그리고 확률계산은, 가령 확률분포가 평균 μ, 분산 σ^2인 정규분포이고, 확률변수 X가 일정구간 x_1과 x_2 사이에 있다면 다음 식으로 계산할 수 있다.

$$P(x_1 < X < x_2) = P\left(\frac{x_1 - \mu}{\sigma} < \frac{X - \mu}{\sigma} < \frac{x_2 - \mu}{\sigma}\right) = P\left(\frac{x_1 - \mu}{\sigma} < Z < \frac{x_2 - \mu}{\sigma}\right)$$

예를 들면 $\mu = 50$, $\sigma = 10$인 정규분포에서 확률변수 $X_1 = 55$, $X_2 = 65$일 때, X_1과 X_2 사이의 확률은 다음과 같이 계산된다.

즉, $P(55 < X < 65) = P\left(\frac{55 - 50}{10} < Z < \frac{65 - 50}{10}\right)$이며, $z_1 = \frac{55 - 50}{10} = 0.5$,

$z_2 = \frac{65 - 50}{10} = 1.5$이다.

여기서 표준화 확률변수 $z_1 = 0.5$, $z_2 = 1.5$로 이에 따른 확률값은 [부록 IV]에 나타나 있다.

[부록 IV]는 표준 정규확률변수 z에 대한 확률값들로 $z = 0$(평균)으로 부터의 간격들에 대한 면적비율(확률)을 나타낸 것이다.

그러므로 $z_1 = 0.5$의 면적비율(확률)은 [부록 IV]에서 0.1915임을 알 수 있고, 또한

$z_2 = 1.5$의 확률은 0.4332임을 알 수 있다. 따라서 z_1과 z_2 사이에 놓일 확률은 $0.4332 - 0.1915 = 0.2417$이며, 그래프로 나타내면 〈그림 7.4〉와 같다.

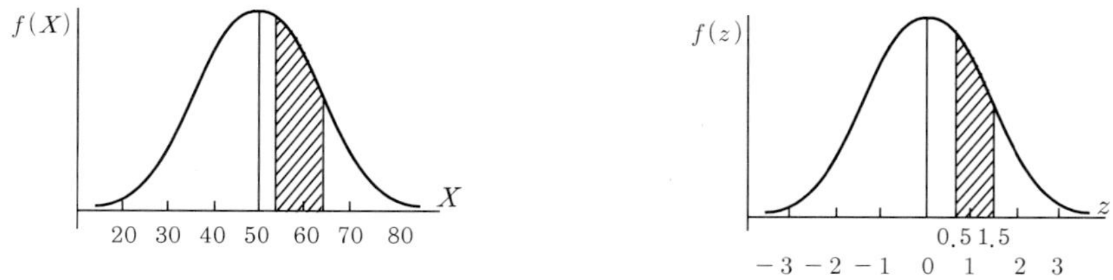

그림 7.4 정규분포의 면적

〈그림 7.4〉의 (a)는 확률변수 X에 대한 정규분포의 면적을 나타낸 것이고, (b)는 확률변수 X가 $\mu = 0$, $\sigma^2 = 1$인 표준화된 확률변수 Z에 대한 면적을 나타낸 것이다.

예 제 1

어느 전자제품 생산업체의 특정제품에 대한 수명을 조사한 결과 평균수명 $\mu = 2{,}000$시간, 표준편차 $\sigma = 200$시간인 정규분포를 하였다. 특정제품을 임의로 선택했을 때 수명이 2,000시간과 2,400시간 사이에 존재할 확률을 구하시오.

풀이

이 문제에 대한 확률곡선(밀도함수)은 다음과 같다.

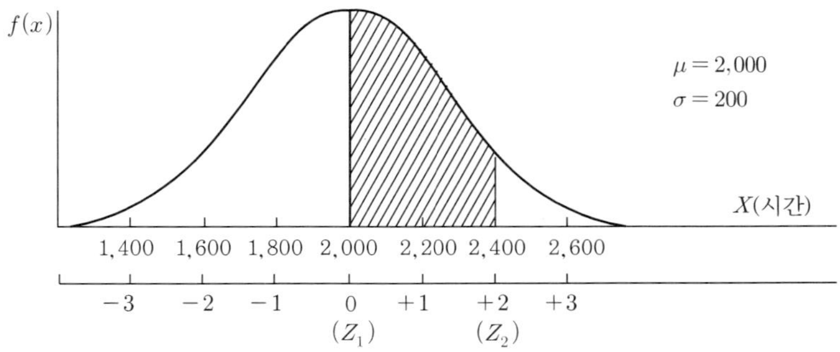

종축은 시간확률변수 X와 표준화변수 Z와의 관계를 표시한 것이며, 곡선 아래 빗금친 부분은 수명이 2,000시간과 2,400시간 사이의 면적을 표시한 곳이다.
간격의 하한경계는 분포의 평균이며, 이에 따른 표준화변수 z_1은 0이 된다. 그리고 z_2는 다음과 같다.

$$z_2 = \frac{x_2 - \mu}{\sigma} = \frac{2400 - 2000}{200} = \frac{400}{200} = 2.0$$

그러므로 [부록 Ⅳ]를 참고하여 다음을 계산할 수 있다.

$P(2{,}000 \leq X \leq 2{,}400) = P(0 \leq Z \leq 2.0) = 0.4772$

따라서 임의로 추출한 제품의 수명이 2,000시간에서 2,400시간 사이에 존재할 확률은 0.4772이다.

■ ■ ■ ■

예 제 2

〈예제 1〉에서 설명한 전자제품의 문제에서 임의로 선택한 제품의 수명이 적어도 2,200시간 이상이 될 확률을 구하시오.

풀이

확률곡선은 다음과 같다.

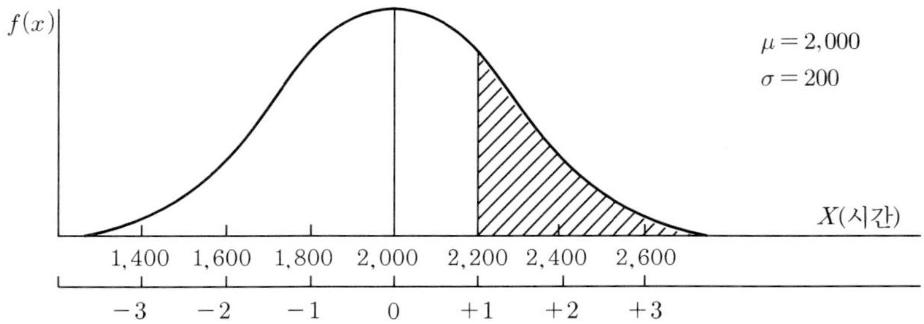

확률곡선에서 평균 2,000시간의 오른쪽 영역의 전체비율은 0.5이다.
따라서 평균과 2,200시간 사이의 비율을 구한 다음 0.5로부터 빼주면 구하고자 하는 확률을 얻을 수 있다. 즉,

$z = \dfrac{2{,}200 - 2{,}000}{200} = 1.0$이고 $P(0 \leq Z \leq 1.0) = 0.3413$ 이므로,

$P(X > 2{,}200) = P(Z > 1.0) = 0.5 - 0.3413 = 0.1587$ 이다.

그러므로 임의의 제품수명이 2,200시간 이상이 될 확률은 0.1587이다.

■ ■ ■ ■

예제 3

확률변수 X가 평균 μ, 분산 σ^2일 때 다음의 확률을 계산하시오.

(1) $P(\mu-\sigma < X < \mu+\sigma)$ (2) $P(\mu-2\sigma < X < \mu+2\sigma)$ (3) $P(\mu-3\sigma < X < \mu+3\sigma)$

풀이

(1) $P(\mu-\sigma < X < \mu+\sigma)$에서 $z_1 = \dfrac{(\mu-\sigma)-\mu}{\sigma} = -1$ $z_2 = \dfrac{(\mu+\sigma)-\mu}{\sigma} = 1$

따라서 $P(Z_1 < Z < Z_2) = P(-1 < Z < 1) = 2(0.3413) = 0.6826$ 이다.

(2) $P(\mu-2\sigma < X < \mu+2\sigma)$도 (1)번과 같이 계산하면 다음과 같다.
즉, $P(Z_1 < Z < Z_2) = P(-2 < Z < 2) = 2(0.4772) = 0.9544$ 이다.

(3) $P(\mu-3\sigma < X < \mu+3\sigma)$도 동일한 방법으로 계산하면 다음과 같다.
즉, $P(Z_1 < Z < Z_2) = P(-3 < Z < 3) = 2(0.4986) = 0.9972$ 이다.

■ ■ ■ ■

예제 4

표준화 정규변수 Z의 확률과 표준화 변수 Z_0의 값을 구하시오.

① $P(-2.42 < Z < 0.8)$ ② $P(Z < 1.64)$

③ $P(Z \geq Z_0) = 0.05$ ④ $P(1.96 < Z < 2.78)$

풀이

① $P(-2.42 < Z < 0.8) = 0.4922 + 0.2881 = 0.7803$

② $P(Z < 1.64) = 0.5 + 0.4495 = 0.9495$

③ $P(Z \geq Z_0) = 0.05$는 $0.5 - 0.05 = 0.45$의 확률값을 갖는 $Z_0 = 1.645$이다.

④ $P(1.96 < Z < 2.78)$에서 $Z_1 = 1.96$의 확률은 0.4750고 $Z_2 = 2.78$의 확률은 0.4973이다. 따라서 $P(1.96 < Z < 2.78) = 0.4973 - 0.4750 = 0.0223$

■ ■ ■ ■

예제 5

어느 도시의 년간 평균강우량은 50인치이고 표준편차는 4인치인 정규분포를 이룬다고 한다. 강우량이 57인치가 초과되면 이 도시는 하천이 범람하여 홍수가 난다고 한다. 어느 한 해에 홍수가 날 확률은 얼마인가?

풀이

강우량 57인치의 표준화변수 $z_1 = \frac{57-50}{4} = 1.75$ 이다.

따라서 $P(z > 1.75) = 0.5 - 0.4599 = 0.0401$ 이다. 즉, 홍수가 날 확률은 약 4%이다.

■ ■ ■ ■

예 제 6

어느 방산업체에서 생산하는 권총실탄은 평균지름 0.502인치이고, 표준편차는 0.005인치이다. 이 실탄은 지름이 0.496인치에서 0.508인치사이의 제품만 합격품이고 이외의 제품 불합격품이다. 이 실탄의 지름이 정규분포라 가정할 때 불합격품은 몇 %인가?

풀이

실탄지름 0.496인치의 표준화변수 $z_1 = \frac{0.496-0.502}{0.005} = -1.2$ 이다. 그리고 실탄지름 0.508인치의 표준화변수 $z_2 = \frac{0.508-0.502}{0.005} = 1.2$ 이다.

따라서 $P(-1.2 < z < 1.2) = 2 * 0.3849 = 0.7698$ 은 생산된 실탄이 합격될 확률이므로 불합격품일 확률은 $1 - 0.7698 = 0.2302$ 이다. 즉, 불합격될 확률은 약 23%이다.

■ ■ ■ ■

예 제 7

건전지를 생산하는 R회사의 건전지 수명은 45시간 이하일 확률이 33%, 65시간 이상일 확률은 10%라 할 때 건전지 수명의 평균과 표준편차를 구하시오.

풀이

$P(X \le 45) = 0.33, \quad P(X \ge 65) = 0.1$ 이다.

수명이 45시간 이하인 표준화변수는 $0.5 - 0.33 = 0.17$ 이다. 즉, $z_1 = \frac{45-\mu}{\sigma} = 0.44$ 이다.

수명이 65시간 이상인 표준화변수는 $0.5 - 0.1 = 0.4$ 이다. 즉, $z_1 = \frac{65-\mu}{\sigma} = 1.28$ 이다.

따라서 $(45-\mu) = 0.44\sigma$ 와 $(65-\mu) = 1.28\sigma$ 의 방정식을 풀면 $\mu = 34.52$, $\sigma = 23.81$ 이다.

■ ■ ■ ■

7.3. 이항분포의 정규근사법

이항분포의 확률계산에서 실험의 횟수 n이 크면 계산이 매우 복잡하고 시간이 많이 걸리는 단점이 있다. 이러한 문제를 해결하기 위해 n이 크면 이항분포의 근사 확률값으로 정규근사법(normal approximation)을 이용하게 된다. 즉, n번의 실험에서 성공의 확률을 P라 할 때, $n \geq 30$, $np \geq 5$, $n(1-p) \geq 5$이면, 정규분포를 이용한 정규근사법으로 이항분포의 확률치를 구하면 된다. 또한 이항분포에서 실험의 횟수 n이 크고, 성공의 확률 P가 작을 경우에는 앞 장(6.7절)에서 설명한 포아송분포로 근사 확률치를 구하면 된다.

정규분포가 이산확률분포의 근사값으로 사용되어질 때 평균과 표준편차는 앞 장(6.3절)에서 설명한 것처럼 이항분포의 성공횟수에 따른 기대치와 분산으로 계산된다.

평균 성공횟수 : $\mu = np$

성공횟수의 표준편차 : $\sigma = \sqrt{np(1-p)}$

예 제 8

구매고객집단에 대해 전형적인 판매방법인 개별적 접촉방법은 20%가 판매를 성공시킨다고 한다. 만약 전형적인 판매방법에서 30명의 고객과 접촉할 때 10명 이상이 구매하게 될 확률을 [부록 Ⅰ]의 이항분포표를 사용하여 구하고 또한 정규근사법으로 확률을 계산한 후 이들 두 값을 비교하시오.

풀이

① 이항분포에 의한 계산 : $n=30$, $p=0.2$이므로

$$P(X \geq 10) = P(X=10) + P(X=11) + P(X=12) + \cdot \cdot \cdot$$
$$= 0.0355 + 0.0161 + 0.0064 + 0.0022 + 0.0007 + 0.0002$$
$$= 0.0611 \text{이다.}$$

② 정규근사법에 의한 평균 및 표준편차를 계산한다.

즉, $\mu = np = (30)(0.2) = 6$이고 $\sigma = \sqrt{np(1-p)} = \sqrt{(30)(0.2)(0.8)}$

$= \sqrt{4.8} \cong 2.19$ 이다.

③ 확률변수의 연속성에 대한 수정치를 적용하면 확률은 다음과 같다.

$P(X \geq 10) \cong P(X > 9.5)$이고,

표준화변수 $z = \dfrac{x-\mu}{\sigma} = \dfrac{9.5-6.0}{2.19} \cong 1.6$이다.

따라서 확률은 $P(X \geq 9.5) = P(Z > 1.6) = 0.5 - P(0 \leq Z \leq 1.6)$

$= 0.5 - 0.4452 = 0.0548$ 이다.

■ ■ ■ ■

〈예제 8〉에서 10명 이상의 사상구간을 정규근사법에서는 9.5명으로 적용하였다. 왜냐하면 9명의 구매와 10명의 구매 사이에 가능한 사상이 존재하기 때문에 이에 대한 수정치로 적용한 것이다.

일반적으로 연속성에 대한 수정치를 사용할 때 요구되는 확률값에 따라 다음과 같이 0.5를 더하거나 빼면 된다.

① $P(X \geq x)$이 요구 될 때 x로부터 0.5를 뺀다.

② $P(X > x)$이 요구 될 때 x로부터 0.5를 더한다.

③ $P(X \leq x)$이 요구 될 때 x로부터 0.5를 더한다.

④ $P(X < x)$이 요구 될 때 x로부터 0.5를 뺀다.

연속성에 대한 수정치는 확률분포에 포함된 임의의 변수 X값이 상당히 클 때는 거의 효과가 없으므로 생략될 때도 있다. 그러나 생략에 대한 일반 원칙은 없으나 Z값에서 소수점 둘째자리에 영향을 주지 않으면 가능하다.

7.4. 포아송분포의 정규근사법

포아송분포에서 성공의 평균횟수 λ가 대단히 클 때 정규분포가 포아송분포의 근사치로 사용된다. 즉, $\lambda \geq 10$일 때 일반적으로 사용된다.

정규근사법을 적용키 위한 평균과 표준편차는 앞 장(6.6절)에서 설명한 포아송분포의 분산과 기대치로 구할 수 있다.

포아송분포의 기대치 : $\mu = \lambda$ 　　　포아송분포의 분산 : $\sigma = \sqrt{\lambda}$

예 제 9

어느 회사의 기계 수리부서에서 받는 수리요청의 평균 전화 통화 수는 하루 10건이다. 임의로 선택한 하루 중에 수리요청 전화가 16건 이상이 될 확률을 포아송분포와 정규근사법으로 계산하고 비교하시오.

풀이

포아송분포에 의한 계산 : $\lambda = 10$, $X \geq 16$

$$P(X \geq 16 | \lambda = 10) = P(X = 16) + P(X = 17) + P(X = 18) \cdot \cdot \cdot$$
$$= 0.0217 + 0.0128 + 0.0071 + 0.0037 + 0.0019 + 0.0009 + 0.0004 + 0.0002 + 0.0001 = 0.0488$$

정규근사법에 의한 계산 : $\mu = \lambda = 10$, $\sigma = \sqrt{10} \cong 3.16$이고, 연속성에 대한 수정치가 $P(X \geq 16) \cong P(X \geq 15.5)$이므로 표준화 변수로 확률을 계산하면 다음과 같다.

$$z = \frac{x - \mu}{\sigma} = \frac{15.5 - 10}{3.16} = \frac{5.5}{3.16} \cong 1.74$$

그러므로 $P(Z \geq 1.74) = 0.5 - P(0 \leq Z \leq 1.74) = 0.5 - 0.4591 = 0.0409$이다.

7.5. 지수확률분포

지수확률분포(exponential probability distribution)는 포아송분포의 확률분포와 비슷하다. 즉, 포아송분포는 일정한 시간이나 공간 내에 발생하는 사상의 수에 대한 분포인 반면 지수분포는 연속하여 발생하는 사상의 시간 또는 공간의 간격에 대한 분포이다. 예를 들어 어떤 학생들에게 통계학 문제를 주었을 때 일정한 시간 동안 풀 수 있는 문제의 수는 포아송분포를 따르지만 연속적인 문제풀이에서 한 문제당 풀이의 간격은 지수분포를 따른다. 또 다른 예로서 가전제품의 부속품이 고장날 때까지의 기간, 병원 진료를 위해 병원을 찾는 환자의 도착간격 등에 대한 확률분포가 지수분포를 따른다. 지수분포에서 특정간격의 단위시간에 발생하는 사상의 평균횟수를 λ라 하면 지정된 시간과 공간에서 첫 번째 사상이 출현할 지수확률은 다음 식으로 계산된다.

$$P(T \leq t) = 1 - e^{-\mu t}$$

또한 지정된 시간과 공간에서 첫 번째 사상이 출현하지 않을 지수확률은 다음과 같다.

$$P(T > t) = e^{-\mu t}$$

위의 식에서 $e^{-\mu t}$값을 [부록 Ⅱ]에서 구할 수 있다.

예 제 10

〈예제 9〉의 기계 수리부에서 평균적으로 한 시간에 5건의 수리요청 전화를 받는다면 임의로 선택된 시간에서 30분 내에 첫 번째 수리요청 전화가 걸려올 확률은 얼마인가?

풀이

시간당 평균 수리요청 횟수(λ)=5, 지정된 시간(t)= $\frac{1}{2}$시간이다.

따라서 지정된 시간의 평균 수리요청 통화수는 $\lambda \cdot t = 5 \cdot \frac{1}{2} = 2.5$이다.

그러므로, $P(T \leq 0.5) = 1 - e^{-\lambda t} = 1 - e^{-2.5} = 1 - 0.08208$[부록 Ⅱ 에서]$=0.1792$이다.

■ ■ ■ ■

지수확률분포에서 기대치와 분산은 시간 T가 변수로서 다음과 같다.

지수확률분포의 기대치 : $E(T) = \frac{1}{\lambda}$ 　　 지수확률분포의 기대치 : $Var(T) = \frac{1}{\lambda^2}$

따라서 지수함수의 모양은 λ에 의해서 결정되며 단위시간에 λ개의 사상이 평균적으로 발생한다면 발생간격은 $1/\lambda$이 된다.

예 제 11

주요소에서 휘발유를 넣는 시간은 평균 5분인 지수분포를 한다고 하면 휘발유를 넣는 시간이 1분 이하일 확률은 얼마인가? 또 4분과 8분 사이에 넣을 확률은 얼마인가?

풀이

1분 이하의 확률 : $E(T) = \frac{1}{\lambda} = 5$ 이므로 $\lambda = \frac{1}{5}$, 따라서 $\lambda \cdot t = \frac{1}{5} \cdot 1 = 0.2$ 이다.

그러므로 $P(T \leq 1) = 1 - e^{-\lambda t} = 1 - e^{-0.2} = 1 - 0.81878 = 0.1813$ 이다.

4분과 8분사이의 확률 : $t = 4$ 일 때 $\lambda \cdot t = \frac{1}{5} \cdot 4 = 0.8$ $t = 8$ 일 때

$\lambda \cdot t = \frac{1}{5} \cdot 8 = 1.6$

그러므로 $P(T > 4) = e^{-0.8} = 0.4463$, $P(T \geq 8) = e^{-1.6} = 0.2019$ 이다[부록 Ⅱ].

따라서 $P(T \geq 4) - P(T \geq 8) = 0.4493 - 0.2019 = 0.2474$ 이다.

■ ■ ■ ■

연 습 문 제

7.1 Z를 표준 정규확률변수라 하고 정규분포를 이용하여 다음의 확률을 구하시오.

① $P(-2.42 < Z < 0.8)$ ② $P(1.8 < Z < 2.8)$

③ $P(Z < 1.64)$ ④ $P(1.96 < Z < 2.78)$

⑤ $P(-1.96 < Z < 1.96)$ ⑥ $P(-1.64 < Z < -1)$

7.2 평균 $\mu = 30$, 표준편차 $\sigma = 4$인 정규분포에서 다음에 주어진 구간을 정규곡선 아래의 영역으로 표시하고 확률을 구하시오.

① $P(30 < X < 35)$ ② $P(X > 40)$

③ $P(X < 37)$ ④ $P(20 < X < 37)$

7.3 Z를 표준 정규확률변수라 하고 다음의 각 경우에 있어 c값을 구하시오.

① $P(Z < c) = 0.1151$ ② $P(Z < c) = 0.8238$

③ $P(1 < Z < c) = 0.1525$ ④ $P(-c < Z < c) = 0.8164$

7.4 $X \sim N(\mu, \sigma^2)$일 때, $\dfrac{X-\mu}{\sigma} \sim N(0,1)$임을 보여라.

7.5 대학 특차전형에 대하여 입시생의 60%가 찬성한다고 한다. 200명의 학생을 임의 추출하여 찬반을 물을 때, 50명 이하가 찬성하지 않을 확률은?

① 이항분포를 사용하여 구하시오.

② 정규분포를 사용하여 구하시오.

7.6 어떤 시험성적의 분포가 근사적으로 $N(15,\ 2^2)$이고, 13점 이하는 과락이라 할 때 다시 이수해야 할 확률을 구하시오.

7.7 대학 특차전형에 대하여 입시생 60%가 찬성한다면 150명 정도를 임의 추출하여 찬반을 물을 때 표본에서 78명 이하가 찬상하지 않을 확률은?

7.8 성인 20%가 습관적으로 담배를 피우는 비율로 적용될 때 100명 중 습관적으로 흡연하는 사람이

① 28명 이상일 확률을 구하시오.

② 31명 이하일 확률을 구하시오.

7.9 *K*사의 커피 자동판매기는 1컵에다 넣어주는 커피량은 정규분포로서 평균 80cc, 표준편차 2cc이다. 다음 문제를 계산하고 정규곡선 아래의 영역으로 나타내시오

① 임의로 선택한 시간에 뽑은 커피가 80cc에서 83cc일 확률을 계산하시오.

② 임의로 선택한 시간에 뽑은 커피가 78.5cc에서 80cc일 확률을 계산하시오.

③ 임의로 선택한 시간에 뽑은 커피가 78.5cc에서 83cc일 확률을 계산하시오.

④ 임의로 선택한 시간에 뽑은 커피가 78.5cc이하일 확률을 계산하시오.

7.10 어느 도시락 판매회사에서 완전히 포장한 도시락의 무게를 평균 30g으로 조정하였다. 원재료의 혼합과정 때문에 정확하게 모든 도시락의 무게가 30g이 되는 것은 아니다. 따라서 실질적인 도시락 무게에 표준편차 σ=0.5g이고, 도시락 무게의 분포는 정규확률분포를 형성한다고 한다. 이 경우 포장된 도시락을 임의로 선택할 때 다음 조건에 있을 확률을 계산하고 정규곡선 아래의 영역으로 나타내시오.

① 도시락의 무게가 30g에서 35g 사이에 존재할 확률을 계산하시오.

② 도시락의 무게가 35g을 초과할 확률을 계산하시오.

③ 도시락의 무게가 28g에서 31g 사이에 존재할 확률을 계산하시오.

④ 도시락의 무게가 33g에서 36g 사이에 존재할 확률을 계산하시오.

7.11 어느 자동차 정비공장에는 변속장치에 이상이 있을 경우 정비하는 데 요구되는 총시간은 평균 45분이며, 표준편차는 8분을 갖는 정규분포를 형성한다. 어느 고객이 변속장치에 이상이 있어 정비고장에 들어온 후 10분 후에 작업자는 작업을 시작하

였고, 그 작업자는 고객에게 한 시간 후에 찾아가라고 말하였다면, 이 작업자가 잘못 말했을 확률을 구하고 정규곡선 아래의 영역으로 표시하시오.

7.12 문제 7.11에서

① 할당된 작업시간에서 90%가 완전히 수리될 시간을 구하시오.

② 할당된 작업시간에서 30%가 완전히 수리될 시간을 구하시오.

7.13 한 정육점에서 한 주일 동안에 판매되는 쇠고기는 대략 평균 5,000파운드이고 표준편차는 300파운드의 정규분포를 이룬다.

① 그 정육점에 5,300파운드의 쇠고기가 있다면 그것이 너무 많이 비축되어 있을 확률은 얼마인가?

② 쇠고기가 떨어져 있을 때가 10% 미만이 되게 하려면 그 정육점은 얼마만큼의 쇠고기를 비축해야 하는가?

7.14 규모가 대단히 큰 백화점에 들어오는 고객 중 70%는 적어도 하나 이상의 물건을 구입한다는 것을 알았다. 다음 문제를 정규 근사법으로 확률을 계산하시오.

① 임의로 50명을 표본으로 선정했을 때 적어도 40명의 고객이 하나 이상의 물건을 구입할 확률을 계산하시오.

② 임의로 50명을 표본으로 선정했을 때 적어도 30명의 고객이 하나 이상의 물건을 구입할 확률을 계산하시오.

7.15 어느 여행사는 임의로 걸려오는 여행문의 전화를 한 시간에 평균 다섯 통화를 고정적으로 처리한다고 할 때 다음 문제를 정규근사법으로 확률을 계산하시오.

① 8시간 동안 문의전화를 50통화 이상을 처리할 확률을 계산하시오.

② 8시간 동안 문의전화를 35통화 이하를 처리할 확률을 계산하시오.

7.16 연구소에서 새로운 백신을 개발하여 그 효과를 시험하기 위하여 흰쥐 100마리에 백신을 투여하였다. 연구소는 이 백신을 맞은 임의의 흰쥐는 확률 0.8로 면역성을 갖게 된다고 주장한다. 다음의 확률을 구하시오.

① 74마리 이하가 면역성을 갖게 될 확률을 계산하시오.

② 74마리 이상 85마리 이하가 면역성을 갖게 될 확률을 계산하시오.

7.17 일반적으로 근해에서 조업하는 어선들은 이틀에 한 번씩 수리공장에서 경비를 한다고 할 때 어선 한 척이 수리공장을 떠난 후 다음 배가 도착하기 전 4일이 지날 확률은 얼마인가?

7.18 길이 500피드 종이 강철에는 평균적을 두 곳에 결점이 있다고 한다. 종이 강철에서 처음부터 50피드 사이에 첫 번째 결점이 있을 확률을 구하시오.

7.19 항공기 수리창고에 수리하기 위해 입고되는 항공기 숫자는 하루 8시간에 평균 4대의 항공기가 입고된다고 가정할 때

① 작업을 시작한 후 한 시간 내에 항공기가 입고되지 않을 확률을 구하시오.

② 작업을 시작한 후 한 시간 내에 항공기가 입고될 확률을 구하시오.

③ 작업을 시작한 후 한 시간 내에 한 대 이상의 항공기가 입고될 확률을 포아송 분포로 구하시오.

7.20 어느 백화점에 오는 고객의 1인당 소비금액은 평균 1,200원의 지수분포를 따른다고 한다. 3,000원 이상의 물건을 구입하는 고객은 몇 %가 되겠는가?

7.21 엔진 조립공장에서 엔진을 수출하기 위해 10개의 엔진 중 일곱 개를 임의로 선택하여 조사할 경우 일곱 개 중 불량엔진이 없을 확률을 구하시오.

7.22 문제 7.21에서 엔진 조립공장의 조립과정이 대단히 복잡하여 어떤 결점을 갖게 될 엔진은 전체의 0.1일 때 임의로 선택한 엔진이 아무 결점이 없을 확률을 구하시오.

7.23 문제 7.22에서 200개 엔진을 임의로 선택하여 수출하고자 선적했을 때 다음의 확률을 구하시오.

① 30개 엔진이 결점을 내포할 확률을 계산하시오.

② 3개 이하의 엔진이 결점을 내포할 확률을 계산하시오.

7.24 호텔 카운터에서 접견하는 고객의 수가 평균 5분당 3명일 때 영업을 시작한 후 첫 고객이 도착하기 전 적어도 3분 이상을 기다리게 될 확률을 구하시오.

7.25 문제 7.24에 다음 확률을 계산하시오.

① 특정한 시간 5분 내에 5명 이상의 고객을 접견할 확률을 계산하시오.

② 특정한 시간 30분 내에 21명 이상의 고객을 접견할 확률을 계산하시오.

CHAPTER

08 표본분포와 신뢰구간

지금까지 확률변수와 확률분포의 개념을 공부하였다. 본 장과 다음 장에서는 이러한 개념을 기초로 하여, 표본으로부터 모집단의 특성을 추측하는 추정과 검정에 관하여 설명하고자 한다.

모집단의 특성을 나타내는 모수(parameter)들, 특히 평균(μ)과 분산(σ^2) 등은 연구자들의 최종 연구과제이다. 따라서 이러한 모수들의 완전한 정보를 얻기 위해서는 모집단 전체를 조사하는 전수조사가 요구된다. 그러나 현실에서는 모집단이 무한히 커거나 유한하다 하더라도 조사비용과 시간적 제약으로 모집단으로부터 임의의 표본을 선택하여 그 표본을 조사하여(즉, 표본조사) 모집단을 연구한다.

그런데 모집단의 모수들은 일정하지만 모집단에서 추출하는 표본들은 표본에 따라 통계량이 각각 달라진다. 이와 같이 표본에 따라 통계량이 각각 달라짐으로써 이들이 갖는 표본 통계량의 분포가 존재하는데, 이를 표본분포(sampling distribution)라 한다. 본 장에서는 표본분포의 평균과 표준오차 등을 활용한 구간추정에 관하여 설명하고자 한다.

8.1. 점추정과 구간추정

모집단의 특성을 알기 위해서는 모집단을 전수조사하거나 표본을 추출하여 표본 통계량(sample statistics)을 이용하여 모집단의 특성을 추정하여야 한다. 모집단 분포의 수량적 특성을 모수(parameter)라 하며, 추출된 표본분포의 수량적 특성을 표본 통계량(sample statistics) 또는 통계량(statstic)이라 한다.

이러한 모수와 통계량은 그리스 문자와 로마문자로 구분되어 표기된다. 즉, 〈표 8.1〉과 같이 모집단 평균은 μ, 표본평균은 $\bar{x}$, 모집단 표준편차는 σ, 표본의 표준편차는 s 등으로 표기한다.

| 표 8.1 | 모집단과 표본의 표기기호

	모집단 모수	추정량
평균	μ	$\overline{X}$
두 모집단 평균의 차이	$\mu_1 - \mu_2$	$\overline{X} - \overline{X}$
비율	p	$\hat{p}$
두 모집단 비율의 차이	$p_1 - p_2$	$\hat{p}_1 - \hat{p}_2$
표준편차	σ	S

모수를 추정하기 위해 표본분포에서 계산되어진 통계량은 모수에 대한 추정량(estimator)이 된다. 또한 특정 표본으로부터 구한 추정량은 모수의 추정치(estimate)가 된다. 따라서 추정량은 확률변수이고, 추정치는 하나의 표본으로부터 추정량으로 계산된 값이다. 예를 들면 $\overline{X}$는 μ의 추정량이며, 이때 특정 표본으로부터 계산된 표본 평균값 $\bar{x}$는 μ의 추정치이다.

모수 추정에는 다음과 같이 두 가지 방법이 있다.

- 첫째는 모수를 구체적인 어떤 특정한 값으로 추정하는 점추정(point estimation)이고
- 둘째는 모수를 특정간격으로 추정하는 구간추정(interval estimation)이다.

구간추정은 점추정치가 어느 정도의 오차를 내포하고 있는가를 서술해 주는 방법으로 신뢰구간추정이라 한다. 신뢰구간추정은 구간에 대한 신뢰의 정도를 나타내는 계수가 존재하는데, 이를 신뢰계수(confidence coefficient)라 한다.

표본으로부터 모집단의 모수를 가능한 정확히 추정키 위해 추정량에 대한 많은 기준(criteria)들이 있으나, 이들 기준 가운데 추정량이 불편 추정량(unbiased estimator)이 되도록 추정하는 것이 가장 중요하다. 그리고 표본 통계량이 모수의 특성을 추정키 위해 사용된다면 표본 통계량은 최종 모집단에서 추출된 확률표본(random sample)에 근거하여야 한다. 그리고 확률표본은 모집단의 모든 원소들이 표본으로 선택되어질 가능성이 같도록 보장 되어야 한다.

8.2. 평균의 표본분포

모집단 분포는 모집단의 요소(item)들이 어떻게 분포하고 있는지를 나타내고, 표본분포는 모집단에서 추출된 모든 표본들이 어떻게 분포하고 있는지를 나타낸다.

모집단의 모수는 개별적 수치들이지만 표본 통계량(sample statistic)은 가능한 모든 표본으로부터 계산된 각기 다른 통계량(sample statistic)이며, 이러한 통계량은 확률분포(probability distribution)를 이룬다. 예컨대 평균의 표본분포($\overline{X}$)는 특정한 표본크기(size of sample)에서 가능한 모든 표본의 평균들이 형성하는 확률분포이다. 즉, 평균 μ인 모집단에서 표본크기 n으로 표본을 추출할 때 표본평균 $\overline{X}$의 값은 표본에 따라 모두 다르다. 가령 재학생 전체가 30,000명인 어느 대학에서 입학 수능성적을 조사키 위해 25명의 표본크기로 가능한 모든 표본을 추출하여 평균치 $\overline{X}$을 구하면 〈그림 8.1〉과 같이 표본평균의 분포를 기대할 수 있다.

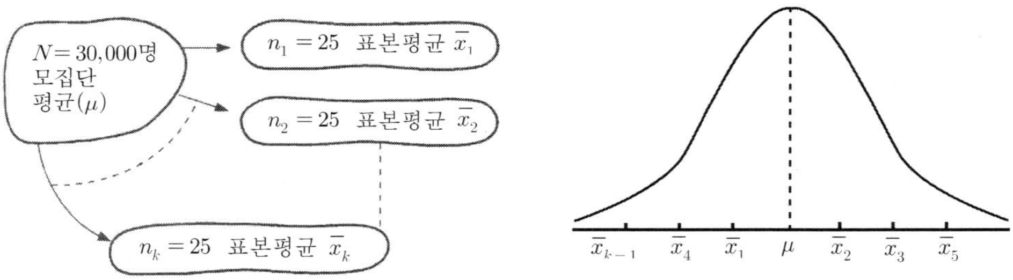

그림 8.1 표본평균의 분포

표본에서 평균분포는 분포에 대한 기대치 $E(\overline{X})$와 표준편차 $\sigma_{\overline{X}}$ 를 계산함으로써 설명할 수 있다. 표준편차는 표준오차(standard error)라고도 하며 표본평균의 정확성을 나타낸다.

일반적으로 표본평균에 대한 기대치와 표준오차는 다음과 같이 정의된다.

표본평균의 기대치 : $E(\overline{X})$　　　표본평균의 표준오차 : $\sigma_{\overline{X}}=\dfrac{\sigma}{\sqrt{n}}$

예 제 1

매우 큰 모집단에서 평균 $\mu = 50$이고, 표준편차 $\sigma = 12$로 측정되었다. 표본의 크기 $n = 36$에 대한 표본평균의 기대치와 표준오차를 구하시오.

풀이

문제에서 $\mu = 50$, $\sigma = 12$, $n = 36$이고, 기대치 $E(\overline{X}) = \mu$이므로 $E(\overline{X}) = 50$ 이다.

또한 표준오차 $\sigma_{\overline{X}} = \dfrac{\sigma}{\sqrt{n}}$이므로 $\sigma_{\overline{X}} = \dfrac{12}{\sqrt{36}} = \dfrac{12}{6} = 2$ 이다.

■ ■ ■ ■

〈예제 1〉과 다르게 모집단의 표준편차 σ가 알려지지 않았다면 표본평균에 대한 표준오차 $\sigma_{\overline{X}}$는 표본의 표준편차 s를 사용하여 추정할 수 있다. 표준편차 σ가 알려지지 않은 경우는 $S_{\overline{X}}$(혹은 $\hat{\sigma}_{\overline{X}}$)의 기호를 사용한다. 따라서 추정된 표본평균의 표준오차 식은 다음과 같다.

σ가 알려지지 않은 경우 표본평균 표준오차 : $s_{\overline{X}} = \dfrac{s}{\sqrt{n}}$

위의 식은 편의에 대한 수정치를 포함시킨 것으로 만약 s에 수정치가 포함되어 있지 않을 경우 $\sqrt{n}$으로 나누는 대신 $\sqrt{n-1}$로 나누어야 한다.

예 제 2

회사감사에서 전체 수취계정은 $N = 100$이었다. 또한 전체계정에 대한 표준편차는 알 수 없으나 표본의 표준편차 s는 \$57였다. 16개의 표본을 임의로 선택할 때 표본평균에 대한 표준오차를 구하시오.

풀이

$N = 100$, $n = 16$, $s = \$57$이므로 다음과 같이 계산된다.

$$\frac{s}{\sqrt{n}} = \frac{57}{\sqrt{16}} = \frac{57}{4} = 14.25$$

■ ■ ■ ■

지금까지 설명한 평균에 대한 표준오차는 앞으로 설명하는 미지의 모집단 평균에 관한 통계적 추정(statistical inference)에 중요한 정보를 제공한다. 그리고 평균에 대한 표준오차의 유효성 입증은 통계학적 이론인 중심극한정리(central limit theorem)가 이용된다.

> 중심극한 정리는 평균 μ, 분산 σ^2인 모집단에서 뽑은 확률표본의 평균 $\overline{X}$의 분포는 표본의 크기가 크면 모집단의 분포와 상관없이 정규분포에 접근한다는 것이다.

따라서 표본 크기가 $n \geq 30$일 때 표본의 평균분포는 모집단 분포와 관계없이 정규분포에 접근한다고 가정한다. 그러므로 표본의 크기 n이 30보다 클 때 평균에 대한 표준오차는 항상 정규분포를 사용할 수 있다. 더욱이 모집단이 정규분포를 이루고 표준편차 σ가 알려졌을 때에는 표본의 크기가 작을 경우에도 정규분포를 평균분포의 통계적 추정에 사용할 수 있다.

그러므로 표본평균의 평균 $\overline{X}$는 모집단 분포와 관계없이 표본크기 n이 클 때($n \geq 30$), 평균 μ이고 분산이 $\dfrac{\sigma^2}{n}$인 정규분포에 근접한다. 따라서 표본평균 $\overline{X}$의 표준화 변수 Z는 다음과 같이 계산한다.

$$Z = \frac{\overline{X} - \mu}{\sigma / \sqrt{n}}$$

예 제 3

어느 도시락 판매회사에서 완전히 포장한 도시락의 무게 μ는 30g이고, 표준편차 σ가 5g일 때 다음 확률을 계산하시오.

① 도시락 25개를 조사할 경우 도시락 무게가 28g이하일 확률은 얼마인가?

② 도시락 16개를 조사할 경우 도시락 무게가 32g이하일 확률은 얼마인가?

풀이

① 문제에서 $n = 25,\ \mu = 30,\ \overline{X} = 28$ 이므로 $Z = \dfrac{\overline{X} - \mu}{\sigma / \sqrt{n}} = \dfrac{28 - 30}{5 / \sqrt{25}} = \dfrac{-2}{5} = -0.4$

따라서 $P(Z \leq -0.4) = 0.5 - 0.1554 = 0.4446$

② 문제에서 $n = 16,\ \mu = 30,\ \overline{X} = 32$ 이므로 $Z = \dfrac{\overline{X} - \mu}{\sigma / \sqrt{n}} = \dfrac{32 - 30}{5 / \sqrt{16}} = \dfrac{8}{5} = 1.6$

따라서 $P(Z \leq 1.6) = 0.5 + 0.4452 = 0.9452$

■ ■ ■ ■

예 제 4

어느 대학에 재학중인 남학생 모집단의 크기 N은 1,000명이고, 이들 학생의 월평균 지출금액은 $\mu = \$260$이다. 그러나 표준편차가 알려지지 않아 표본으로부터 편차를 계산한 결과 $s = \$43$였다. 여기서 표본의 크기를 $n = 36$으로 추출했을 때 표본의 평균지출금액이 $250보다 적을 확률을 구하시오.

풀이

문제에서 $N = 1,000,\ n = 36,\ \mu = \$260,\ s = \$43$이므로 기대치 $E(\overline{X}) = \mu = \$260$이고, 표준오차는 $\dfrac{s}{\sqrt{n}} = \dfrac{43}{\sqrt{36}} = \dfrac{43}{6} \cong 7.17$이다.

그러므로 $P\left(\overline{X} \le 250 \mid \mu = 260,\ \dfrac{s}{\sqrt{n}} = 7.17\right) = P\left(\dfrac{\overline{X} - 260}{7.17} \le \dfrac{250 - 260}{7.17}\right) =$

$P(Z \le -1.39)$이다.

따라서 확률은 다음과 같다.

$$P(Z \le -1.39) = 0.5 - P(-1.39 < Z < 0) = 0.5 - 0.4177 = 0.0823$$

■ ■ ■ ■

예 제 5

어느 대단위 아파트 단지에서 난방용 벙커 C유의 평균소비량 μ은 800갈론이고 표준편차 σ는 90갈론인 정규분포를 한다고 한다. 9일 동안 벙커 C유의 평균소비량이 815갈론에서 820갈론이 될 확률을 구하시오.

풀이

문제에서 $n = 9,\ \mu = 800,\ \overline{X}_1 = 815,\ \overline{X}_2 = 820$이므로 $Z_1 = \dfrac{\overline{X} - \mu}{\sigma/\sqrt{n}} = \dfrac{815 - 800}{90/\sqrt{9}} = 0.5$

이고 $Z_2 = \dfrac{820 - 800}{90/\sqrt{9}} = 0.67$이다.

따라서 $P(0.5 \le Z \le 0.67) = 0.2486 - 0.1915 = 0.0571$

즉, 9일 동안 벙커 C유의 평균소비량이 815갈론 ~ 820갈론이 될 확률은 5.71(%)다.

■ ■ ■ ■

8.3. 정규분포와 평균의 신뢰구간

표본평균이 모집단 평균의 불편 추정치로 유용할지라도 점추정치의 정확도를 설명할 방법이 없다. 사실상 수학적 개념에서 표본평균의 추정치가 모수와 정확히 일치될 확률은 거의 없다. 그러므로 우리는 추정량이 모수로부터 벗어나 있을 가능성에 대한 연구가 필요하다.

본 절에서 설명하고자 하는 신뢰구간(confidence interval)은 추정치가 어느 정도 오차를 내포하고 있는 가를 서술하기 위해 정규분포를 기본적으로 사용한다. 따라서 다음의 가정이 존재한다.

① 중심극한정리에 따라 표본크기 n이 30보다 크거나 같아야 하고,

② 표본크기 n이 30보다 작을 때는 모집단이 정규분포이고 표준편차 σ가 알려져야 한다.

그러므로 표본평균의 평균 $\overline{X}$는 모집단의 분포와 관계없이 표본크기 n이 클 때, 평균 μ이고 분산이 $\frac{\sigma^2}{n}$인 정규분포에 근접한다. 따라서 앞절에서 설명한 표본평균 $\overline{X}$의 표준화 변수 Z는 다음과 같이 계산한다.

$$Z = \frac{\overline{X} - \mu}{\sigma / \sqrt{n}}$$

그리고 신뢰구간에 있어서 신뢰도(degree of confidence)는 추정되는 모수가 포함될 영역을 퍼센트(%)로 나타낸 것으로 90%, 95%, 99%가 가장 많이 사용된다. 예컨대 95%의 신뢰도를 가진 신뢰구간은 〈그림 8.2〉와 같다.

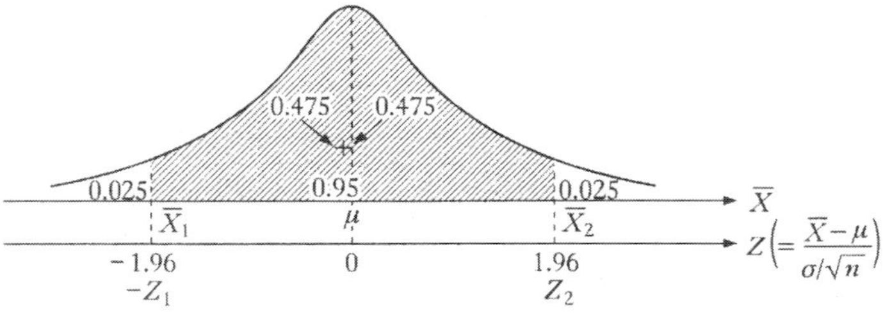

그림 8.2 정규분포에 의한 95% 신뢰구간

〈그림 8.2〉로부터 신뢰구간의 식을 유도할 수 있다.

$$P\left(-1.96 < \frac{\overline{X}-\mu}{\sigma/\sqrt{n}} < 1.96\right) = 0.95$$

위 식에서 좌변항을 μ에 대하여 정리하면 다음과 같다.

$$P\left(\overline{X} - 1.96\frac{\sigma}{\sqrt{n}} < \mu < \overline{X} + 1.96\frac{\sigma}{\sqrt{n}}\right)$$

그리고 $\sigma_{\bar{x}} = \frac{\sigma}{\sqrt{n}}$, $z = -z_1 = z_2 = 1.96$이므로 다음 식과 같이 신뢰구간 추정의 일반식을 얻을 수 있다.

$$P(\overline{X} - z \cdot \sigma_{\bar{x}} < \mu < \overline{X} + z \cdot \sigma_{\bar{x}}) = 1 - a$$

위 식에서 좌변항의 구간표시식, 즉 $(\overline{X} - z \cdot \sigma_{\bar{x}} < \mu < \overline{X} - z \cdot \sigma_{\bar{x}})$를 $(1-\alpha)100\%$의 신뢰도에 의한 신뢰구간이라 하며, 〈그림 8.2〉에서 α는 0.05로 위험도라하고, 신뢰수준은 (1−0.05)100%로 95%가 된다. 그리고 α는 〈그림 8.2〉에서 보듯이 곡선 양쪽 끝면적의 합이고 중앙면적은 $(1-\alpha)$가 된다. 따라서 곡선 양쪽 끝면적은 각각 $\alpha/2$가 된다.

정규분포에 의한 $(1-\alpha)$의 신뢰구간은 〈그림 8.3〉과 같이 나타낼 수 있다.

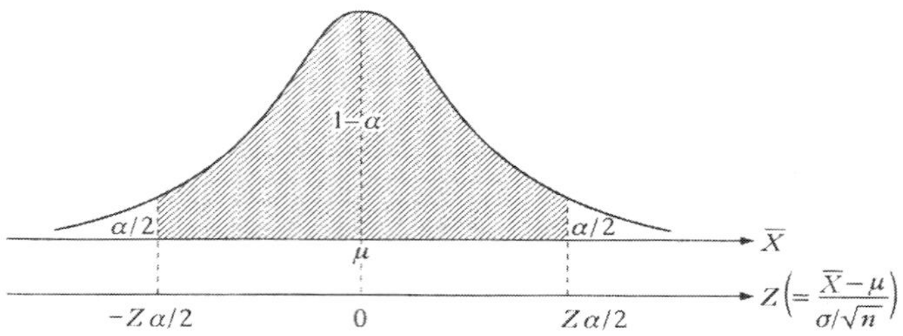

그림 8.3 정규분포에 의한 $(1-\alpha)$의 신뢰구간

예 제 6

어느 대단위 아파트단지에서 임의로 선택한 9일 동안의 난방용 벙커 C유의 소비량이 총 8,019갈론 이었다. 하루에 소비한 벙커 C유가 표준편차 $\sigma = 90$인 정규분포를 이룬다고 하면 하루에 소비한 양의 진짜 평균에 대한 신뢰구간을 다음의 신뢰수준으로 구하시오.

(1) 98%　　　　　　　　(2) 80%

풀이

$\sum x_i = 8{,}910,\ n = 9,\ \sigma = 90$이므로 $\bar{x} = 8{,}019/9 = 891$이다.

(1) $\alpha = 0.02,\ z_{\alpha/2} = z_{0.01}$ 즉, 〈그림 8.3〉의 빗금친 부분의 확률(반쪽)이 0.49이고, 이때 $Z = 2.33$ 이다.

따라서 $\bar{x} \pm 2.33\dfrac{\sigma}{\sqrt{n}} = 891 \pm 2.33\left(\dfrac{90}{\sqrt{9}}\right) = 821.1 \sim 960.9$

그러므로 98%의 신뢰수준에서 벙커 C유의 하루 평균소비량은 821.1갈론에서 960.9갈론 사이라고 말할 수 있다.

(2) $\alpha = 0.2$이므로 $z_{\alpha/2} = z_{0.1} = 1.28$이다. 즉, (1)번과 같은 개념으로 정리하면 다음과 같다.

$\bar{x} \pm 1.28\dfrac{\sigma}{\sqrt{n}} = 891 \pm 1.28\left(\dfrac{90}{\sqrt{9}}\right) = 852.6 \sim 929.4$

그러므로 80%의 신뢰수준에서 벙커 C유의 하루 평균소비량은 852.6갈론에서 929.4갈론 사이라고 말할 수 있다.

■ ■ ■ ■

예 제 7

어느 양계장에서 4개월 동안 사육한 토종닭 16마리를 잡아 무게를 조사한 결과, 평균 2.8Kg이였다. 과거 경험에 의하면 칠면조 무게의 표준편차 $\sigma = 0.8$Kg으로 가정할 수 있다. 다음 신뢰수준으로도 진짜 평균에 대한 신뢰구간을 추정하시오.

(1) 90%　　　　　　　　(2) 95%

풀이

(1) $\alpha = 0.10,\ z_{\alpha/2} = z_{0.05}$ 즉, $Z = 1.65$이다.

따라서 $\bar{x} \pm 1.65\dfrac{\sigma}{\sqrt{n}} = 2.8 \pm 1.65\left(\dfrac{0.8}{\sqrt{16}}\right) = 2.47 \sim 3.13$

그러므로 90%의 신뢰수준에서 토종닭의 평균무게는 2.47Kg ~ 3.13Kg사이라고 말할 수 있다.

(2) $\alpha = 0.05,\ z_{\alpha/2} = z_{0.025}$ 즉, $Z = 1.96$이다.

따라서 $\bar{x} \pm 1.96\frac{\sigma}{\sqrt{n}} = 2.8 \pm 1.96\left(\frac{0.8}{\sqrt{16}}\right) = 2.408 \sim 3.192$이다. 그러므로 95%의 신뢰수준에서 토종닭의 평균무게는 2.408Kg ~ 3.192Kg사이라고 말할 수 있다.

■ ■ ■ ■

위의 〈예제〉에서 볼 수 있듯이 신뢰수준이 높을수록 신뢰구간이 넓어짐을 알 수 있고 모집단의 표준편차 σ를 알 경우에 대하여 설명하였다. 그러나 대부분의 경우 모집단의 표준편차를 모른다. 이런 경우 표본의 표준편차를 $s_{\bar{x}}$로 대체하여 μ의 구간을 추정한다. 즉, 다음 식을 사용한다.

$$P(\overline{X} - z_{\alpha/2}S_{\overline{X}} < \mu < \overline{X} + z_{\alpha/2}S_{\overline{X}}) = 1 - a$$

■ ■ ■ ■

예 제 8

제조업에 종사하는 많은 근로자들의 임금을 조사키 위해 특정한 날에 임의로 30명을 표본으로 뽑았다. 표본으로 선정된 근로자의 평균임금이 $\bar{x} = \$180$였고, 표준편차 $s = \$14$였다. 전체 제조업에 종사하는 근로자들의 평균임금을 90%와 95%의 신뢰수준으로 추정하시오.

풀이

문제에서 $n = 30$, $\bar{x} = \$180$, $s = \$14$이므로 $s_{\bar{x}} = s/\sqrt{n} = 14/\sqrt{30} \cong 2.56$

(1) 90%의 구간추정 : $\alpha = 0.1$, $z_{\alpha/2} = z_{0.05} = 1.64$이므로

$\bar{x} \pm z_{\alpha/2}s_{\overline{X}} = 180 \pm 1.64(2.56) = \$175.8 \sim \$184.2$

그러므로 90%의 신뢰수준에서 전체 근로자의 평균임금은 \$175.8에서 \$184.2 사이에 있다고 말할 수 있다.

(2) 95%의 구간추정 : $\sigma = 0.05$, $z_{\alpha/2} = z_{0.025} = 1.96$이므로

$\bar{x} \pm z_{\alpha/2}s_{\overline{X}} = 180 \pm 1.96(2.56) = \$174.98 \sim \$185.02$

그러므로 95%의 신뢰수준에서 전체 근로자의 평균임금은 \$174.98에서 \$185.02 사이에 있다고 말할 수 있다.

■ ■ ■ ■

8.4. 표본크기의 결정

모수에 대한 구간추정을 할 때 표본크기 n은 매우 중요하다. 왜냐하면 표본크기를 변화시킴으로써 신뢰구간의 간격을 조정할 수 있기 때문이다.

앞에서 우리는 평균의 구간추정 식을 다음과 같이 표현할 수 있다.

$$\mu = \bar{x} \pm z_{\alpha/2}\frac{\sigma}{\sqrt{n}} \rightarrow \mu - \bar{x} = \pm z_{\alpha/2}\frac{\sigma}{\sqrt{n}}$$

위 식에서 $\mu - \bar{x}$ 는 모평균과 표본평균과의 차이로 오차 E로 표시하고 양변을 제곱하여 n에 대해 정리하면 다음 식이 유도된다.

$$\sigma\text{를 알 경우 : } n = \left(\frac{z_{\alpha/2} \cdot \sigma}{E}\right)^2 \qquad \sigma\text{를 모를 경우 : } n = \left(\frac{z_{\alpha/2} \cdot S}{E}\right)^2$$

예 제 9

섬유 수출업계에 종사하는 숙련공의 시간당 평균임금을 추정하려고 한다. 과거의 경험에 의하면 시간당 임금에 대한 표준편차는 150원이였다. 오차의 허용범위를 ±30원으로 하고 평균임금의 추정확률을 99.7%가 되도록 하려면 표본의 크기는 얼마로 하여야 하는가?

풀이

문제에서 $\sigma = 150$원, $E = 30$원이므로 $z_{\alpha/2} = z_{\frac{0.003}{2}} = z_{0.0015} = 2.97$이다. 그림으로 나타내면 다음과 같다.

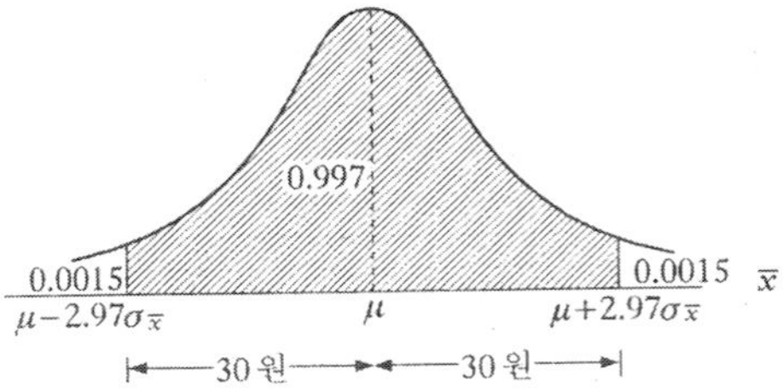

그림 8.4 평균임금의 표본확률분포

그러므로 $n=\left(\dfrac{z_{\alpha/2}\cdot\sigma}{E}\right)^2=\left\{\dfrac{(2.97)(150)}{30}\right\}^2\cong 220.523$이다.

따라서 숙련공 221명 이상을 표본으로 추출하여야 된다.

■ ■ ■ ■

8.5. $t-$분포와 평균에 대한 신뢰구간

지금까지 우리는 모집단의 평균을 추정하기 위해 정규분포를 사용하였다. 이 경우 표본의 크기 n이 30보다 크거나 같아야 하고, 표본의 크기 n이 30보다 작을 때는 모집단이 정규분포를 하고 표준편차가 σ가 알려져야 하였다.

본 절에서는 표본의 크기가 작고 모집단이 정규분포를 이루나 표준편차 σ가 알려지지 않은 상황에서 모평균의 신뢰구간을 추정하고자 한다. 앞에서 설명한 바와 같이 정규분포를 한 모집단에서 가능한 모든 표본을 추출할 때(대표본) 표준편차 σ가 알려졌든 알려지지 않았든 모든 표본평균은 정규분포를 하였다. 그러나 소표본에서 표준편차 σ를 모를 때는 σ대신 표본의 표준편차 $S=\dfrac{1}{n-1}\sum(X-\overline{X})^2$를 이용하여야 한다. 따라서 다음과 같이 새로운 통계량인 $t-$분포가 유도된다.

$$Z=\frac{\overline{X}-\mu}{\sigma/\sqrt{n}} \rightarrow t=\frac{\overline{X}-\mu}{S/\sqrt{n}}$$

(Z 분포) ($t-$분포)

Z 분포는 표본에 따라 $\overline{X}$만 변하나 $t-$분포는 $\overline{X}$와 S가 변한다. 즉, 전자는 표본에 따

라 분자만 변하나 후자는 분모와 분자가 모두 변한다. 따라서 정규분포와 $t-$분포의 곡선모양이 다르게 나타난다. 그리고 $t-$분포는 자유도(degree of freedom; df)에 의존하며, 표본의 크기가 n일 때 $df=n-1$인 $t-$분포를 형성한다. $t-$분포는 표본의 크기가 증가하여 대표본일 경우 정규분포의 곡선 형태로 접근한다. 즉, $n \geq 30(df \geq 29)$일 때는 $t-$분포의 근사치로 정규분포를 사용할 수 있다.

일반적으로 $t-$분포는 〈그림 8.5〉에서 보는 것과 같이 정규분포와 비슷하지만 꼬리 부분의 면적이 넓고 평평한 형태이다. [부록 VII]은 $t-$분포곡선 아래의 면적을 비율로 나타낸 것으로 꼬리부분의 면적비율을 나타낸 것이다. 따라서 구간추정이 양측추정이라면 $t_{\alpha/2,df}$를, 그리고 단측추정이라면 $t_{\alpha,df}$를 적용하여야 한다.

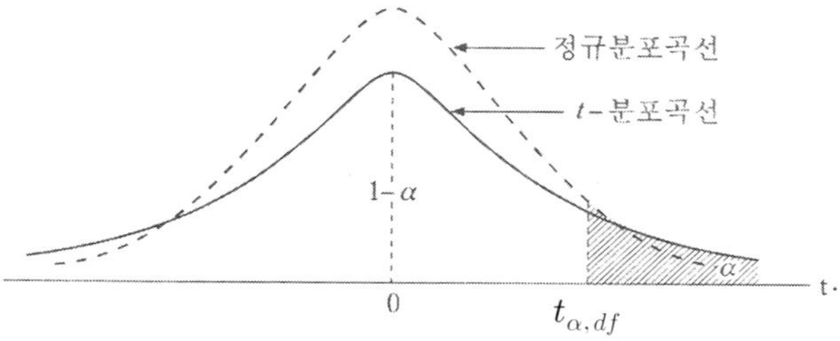

그림 8.5 $t-$분포곡선과 정규분포곡선

▎$t-$분포곡선의 특징 ▎

① 평균을 중심으로 대칭이나 정규분포보다 꼬리부분이 넓고 평평하다.
② 자유도 $v=(n-1)$에 따라 모양이 변한다. ➜ v가 클수록 뾰쪽하다.
③ $n>30$일때 정규분포곡선에 접근한다.
④ 표준화 정규분포값 Z는 분자인 평균 $\overline{X}$만 변하고 $t-$분포는 분자인 평균과 분모인 표준편차가 모두 변한다.

따라서 모집단이 정규분포인 반면 σ가 미지이고, 표본의 크기가 $n<30$일 때 모집단의 평균(양측)을 추정키 위한 신뢰구간은 다음과 같다.

$$\overline{X} \pm t_{(\alpha/2,df)} \cdot S_{\overline{X}}$$

예제 10

백열전구 제조회사에서 전구수명을 조사하기 위해 열 개의 백열전구를 임의로 선택하여 조사한 결과, 백열전구의 평균수명 $\overline{x}=4{,}000$시간, 표본의 표준편차 $s=200$시간이였다. 일반적으로 백열전구의 수명분포는 정규분포에 근사하다고 할 때, 95% 및 98%의 신뢰도를 적용하여 표본으로부터 모집단에 대한 전구의 평균수명을 추정하시오.

풀이

문제에서 $df=n-1=9$, $S_{\overline{X}}=\dfrac{s}{\sqrt{n}}=\dfrac{200}{\sqrt{10}}=\dfrac{200}{3.16}=63.3$이다.

① 95% 신뢰구간 : $\alpha=1-0.95=0.05$, $t_{\alpha/2,\,df}=t_{0.025,\,9}=2.26$이다.

따라서 $\overline{x}\pm t_{\alpha/2,\,df}S_{\overline{X}}=4{,}000\pm(2.26)(63.3)=4{,}000\pm 43.16=$

$3{,}856.84\sim 4{,}143.16$이다.

그러므로 백열전구의 95%신뢰수준에서 평균수명은 3,857시간 ~ 4,143시간이라고 말할 수 있다.

② 98% 신뢰구간 : $\alpha=1-0.98=0.02$, $t_{\alpha/2,\,df}=t_{0.01,\,9}=2.82$이다.

따라서 $\overline{x}\pm t_{\alpha/2,\,df}S_{\overline{x}}=4{,}000\pm(2.82)(63.3)=3{,}821.5\sim 4{,}178.5=3{,}822\sim 4{,}179$ 이다.

그러므로 백열전구의 98%신뢰수준에서 평균수명은 3,822시간 ~ 4,179시간이라고 말할 수 있다.

■ ■ ■ ■

예제 11

정규 모집단으로부터 크기 $n=15$인 확률표본을 추출할 때. 다음 확률을 구하시오.

(1) $P(T>2.145)=$ (2) $P(-1.345<T<2.145)=$

(3) $P(T>C)=0.01$인 C값은? (4) $t_{15,\,0.05}=$

풀이

(1) $P(T>2.145)=0.025$ (2) $P(-1.345<T<2.145)=1-(0.1+0.025)=0.875$

(3) $P(T>C)=0.01$인 $C=2.624$ (4) $t_{15,\,0.05}=1.761$

■ ■ ■ ■

예 제 12

어느 학교 교사가 자기 반 학생 9명을 임의로 뽑아 어떤 일을 시켰더니 일을 완전히 끝내는데 소요되는 시간이 아래와 같았다(단위: 분).

12, 10, 8, 8, 11, 10, 10, 9, 12

전체 학생이 일을 완전히 끝내는데 걸리는 모평균 시간에 대해 95%신뢰구간을 구하시오.

풀이

문제에서 $df = n-1 = 8$,

$\overline{X} = (12+10+8+8+11+10+10+9+12)/9 = 90/9 = 10$ 이다.

$S^2 = (2^2+0+2^2+2^2+1+0+0+1^2+2^2)/8 = 18/8 = 2.25$이므로 $S = 1.5$이다.

그리고 $S_{\overline{X}} = \dfrac{1.5}{\sqrt{9}} = 0.5$이다. 그리고 95% 신뢰구간은 $a = (1-0.95) = 0.05$이고

$t_{\alpha/2,\,df} = t_{0.025,\,8} = 2.306$이다.

따라서 $\bar{x} \pm t_{\alpha/2,\,df} \cdot S_{\overline{X}} = 10 \pm (2.305)(0.5) = 10 \pm 1.1525 = 8.8475 \sim 11.1525$이다.

그러므로 반 학생 전체가 일을 완전히 끝내는 평균시간은 95%신뢰수준에서 8.8475(분) ~ 11.1525(분)이라고 말할 수 있다.

■ ■ ■ ■

8.6. 체비세프 부등식과 평균에 대한 신뢰구간

우리가 현실에서 당면하는 가장 큰 어려움은 해당 문제에 대한 구체적인 확률분포를 파악하지 못하는 경우이다. 이러한 현실적 문제에서 특히 표본이 적고($n < 30$), 모집단이 정규분포라는 가정도 없으며, 신뢰구간의 추정에 정규분포도 $t-$분포도 사용할 수 없을 때가 있다. 이러한 경우 19세기 러시아 수학자 체비세프(P.L. Chebyshev)가 발표한 이론을 적용하면 된다. 이 이론은 체비세프 부등식이라 하며 다음과 같다.

"만약 어떤 확률변수 X의 평균을 μ, 표준편차를 σ라고 할 때, 임의의 상수(constant)인 k에 대해서 확률변수의 어떤 값이 $\mu + k\sigma$보다 크거나, $\mu - k\sigma$보다 작을 확률은 $1/k^2$보다 같거나 작다."

이론의 결과를 수식으로 정리하면 다음과 같다.

$$P(|\overline{X}-\mu| \ge k \cdot \sigma_{\overline{X}}) \le \frac{1}{k^2} \qquad P(|\overline{X}-\mu| \ge k \cdot \sigma_{\overline{X}}) \le 1-\frac{1}{k^2}$$

위의 식에서 $\sigma_{\overline{X}}$을 모를 때는 $S_{\overline{X}}$를 사용하나 작은 표본에 대해서는 어느 정도의 위험이 존재한다. 체비세프 부등식은 보통 평균에 대한 신뢰구간 추정에는 많이 사용되지 않으나 주어진 모집단의 비정규분포이고 표본이 작을 때($n < 30$) 모집단의 추정방법으로 적절히 사용된다. 체비세프 부등식을 사용하는 구간추정은 우선 요구되는 신뢰의 정도와 $(1-\frac{1}{k_2})$을 같게 놓고 k값을 구한 후 표준편차 σ를 알고 모르고에 따라 다음 식 중 하나를 사용하여 신뢰구간을 계산한다.

$$\sigma\text{를 알 때 : } \overline{X} \pm k \cdot \sigma_{\overline{X}} \qquad \sigma\text{를 모를 때 : } \overline{X} \pm k \cdot S_{\overline{X}}$$

예 제 13

특정 회사의 임금을 조사하기 위해 근로자 10명을 표본으로 선택하여 임금을 조사한 결과 평균임금 $\overline{x} = \$1,800$이였고 표본 표준편차 $s = \$140$이였다. 95%의 신뢰도에서 실질적 평균임금이 포함될 구간을 체비세프 부등식으로 구하시오.

풀이

$(1-\frac{1}{k_2}) = 0.95$에서 $\frac{1}{k_2} = 1-0.095 = 0.05$이므로 $(0.05)k^2 = 1$되고 $k^2 = 20$이다. 그러므로 $k = \sqrt{20} = 4.47$이다. 따라서 실질적 평균임금의 구간추정을 체비세프 부등식으로 계산할 수 있다.

$$\overline{x} \pm k\frac{s}{\sqrt{n}} = 1800 \pm 4.47\left(\frac{140}{\sqrt{10}}\right) = 1800 \pm 4.47(44.3) = \$1,602 \sim \$1,998$$

그러므로 평균임금의 95% 신뢰구간은 \$1,602에서 \$1,998이다.

■ ■ ■ ■

지금까지 8장에서 설명한 모집단 평균을 구간추정하는 공식들을 요약하면 다음과 같다.

모집단	표본 크기	σ을 알 때	σ을 모를 때
정 규 분 포	클때 $(n \geq 30)$	$\bar{x} \pm z \cdot \sigma_{\bar{x}}$	$\bar{x} \pm z \cdot s_{\bar{x}}$
	작을 때 $(n < 30)$	$\bar{x} \pm z \cdot \sigma_{\bar{x}}$	$\bar{x} \pm t \cdot s_{\bar{x}}$
비정규분포	클때 $(n \geq 30)$	$\bar{x} \pm z \cdot \sigma_{\bar{x}}$	$\bar{x} \pm z \cdot s_{\bar{x}}$
	작을 때 $(n < 30)$	$\bar{x} \pm k \cdot \sigma_{\bar{x}}$ (체비세프 부등식 적용)	$\bar{x} \pm k \cdot s_{\bar{x}}$ (체비세프 부등식 적용)

8.7. SPSS 통계분석

SPSS 분석

다음 자료는 2011년 1월부터 2015년 12월까지 5년간 한국 자동차 시장에서 판매된 월별 자료이다. 월별 자동차 판매의 평균과 평균의 95% 신뢰구간을 구하시오.

단위 : 십만대

2011년 :	545,	528.4,	627.2,	594.4,	684.4,	758.4,	464.3,	254,	454.2,	365.4,	341.1,	570.6
2012년 :	678.1,	719,	815.9,	703.6,	716.7,	761.3,	468.9,	457.6,	712,	758.6,	736.6,	593.2
2013년 :	666,	716.1,	765.2,	736.9,	798,	761.6,	393.6,	371,	808.8,	841.7,	827.4,	666.2
2014년 :	859,	815.5,	882.8,	786.6,	880.1,	873.3,	677.5,	415.7,	666,	887.2,	827.1,	507.1
2015년 :	552.1,	501.5,	557.1,	617.4,	679,	618.2,	512.2,	415.8,	608.8,	762.6,	499.6,	394

(1) 월별 자동차 판매량을 1열에 입력한다.

(2) 메인메뉴에서 [분석] → [기술통계량] → [데이터탐색] → 〈데이터탐색 창의 종속변수에 판매량을 옮기고〉 → [통계량] → 〈신뢰구간 지정〉 → [확인] → [확인]에서 다음과 같은 기술통계량과 구간추정치를 얻을 수 있다. 즉, 5년간 평균 월 판매차량이 64,096,000 이고 95% 신뢰구간은 682.5067~599.4133이다.

케이스 처리 요약

	케이스					
	유효		결측		전체	
	N	퍼센트	N	퍼센트	N	퍼센트
월판매차량	60	100.0%	0	0.0%	60	100.0%

기술통계

			통계량	표준오차
월판매차량	평균		640.9600	20.76304
	평균의 95% 신뢰구간	하한	599.4133	
		상한	682.5067	
	5% 절사평균		645.3148	
	중위수		671.8500	
	분산		25866.232	
	표준편차		160.82982	
	최소값		254.00	
	최대값		887.20	
	범위		633.20	
	사분위수 범위		253.98	
	왜도		-.390	.309
	첨도		-.774	.608

연 습 문 제

8.1 특정 회사에서 생산되는 TV의 평균수명 $\mu = 9{,}000$시간이고, 표준편차 $\sigma = 500$시간으로 알려졌다. 표본크기 n을 25로 할 때 기대치와 평균의 표준오차를 구하고 계산된 값들의 의미를 설명하시오.

8.2 회계감사에서 회계사가 300개 계정에서 10%의 표본을 임의로 선택하여 조사한 결과 평균 잔액계정 $\bar{x} = \$148.5$였고, 표준편차 $s = \$35.75$였다. 이 자료를 근거로 하여 표본평균의 표준오차를 계산하시오.

8.3 문제 8.2에서 모집단이 300개 계정의 실질적 평균 $\mu = \$138$이다. 10%의 표본을 임의로 선택할 경우 \$148.5 이상의 평균계정을 선택할 확률은 얼마인가?

8.4 가장 간단한 모집단인 다음 표를 참고하여 다음 문제를 계산하시오.

① 모집단의 평균 μ ② 모집단의 표준편차 σ

x	x^2
3	9
5	25
7	49
8	64
$\sum x = 23$	$\sum x^2 = 147$

8.5 문제 8.4의 모집단에서 임의로 표본 두 개를 추출할 때, 첫 번째 추출한 표본의 요소를 두 번째 표본의 요소를 추출하기 전에 복원시키지 않는다면

① 표본으로 구성될 모든 가능한 값들의 쌍(pair)을 열거하고

② ①에서 열거한 각 값들에 대하여 표본평균 $\bar{x}$를 계산하고 모든 가능한 표본평균의 평균 $\mu_{\overline{X}}$가 모집단 평균 μ와 동일함을 보이시오.

8.6 문제 8.4와 8.5에서 설명한 표본추출에서

① 평균에 대한 표준오차를 모집단 평균 μ를 사용하지 않고 문제 8.5에서 열거한 6개의 표본평균을 이용하여 구하고

② 유한 모집단에서 표본이 추출되었고 문제 8.4에서 σ가 계산되었으므로 평균의 표준오차를 유한수정요소를 포함시켜 계산하시오. 그리고 ①의 결과와 ②의 결과를 비교하시오.

8.7 특정 회사에서 생산되는 TV의 수명은 표준편차 $\sigma = 500$시간으로 알려졌으나 평균수명은 모른다. TV의 수명은 정규분포에 접근한다고 생각하고 15대의 표본을 추출하여 평균수명을 조사한 결과 평균수명 $\bar{x} = 8,900$시간이었다. 다음을 계산하시오.

① 모집단 평균에 대한 95%의 신뢰구간

② 모집단 평균에 대한 90%의 신뢰구간

8.8 문제 8.7에서 모집단인 TV의 평균수명이 정규분포에 접근하지 않을 때 $n = 35$대의 표본에서 표본평균 $\bar{x} = 8,900$시간을 얻었다. 모집단 평균에 대한 95%의 신뢰구간을 구하시오.

8.9 문제 8.8에서 모집단이 정규분포에 접근하나 모집단의 표준편차를 모를 때 $n = 35$대의 표본에서 표준편차 $s = 500$시간, $\bar{x} = 8,900$시간을 얻었다. 90%의 신뢰구간을 적용하여 모집단의 평균을 추정하시오.

8.10 문제 8.8과 8.9의 모집단이 정규분포에 접근한다고 생각할 수 없고 더욱이 모집단의 표준편차도 모른다면 문제 8.9에서와 같이 표본 $n = 35$대에서, $s = 500$시간, $\bar{x} = 8,900$시간을 얻었다. 99%의 신뢰구간을 적용하여 모집단의 평균을 추정하시오.

8.11 어느 백화점에서는 전체 상품의 판매량에 대한 정보를 얻어 구매계획과 재고관리를 하고자 하루 400명의 고객 중 100명을 임의로 선택하여 다음과 같은 정보를 얻었다.

선택된 100명의 고객이 소비한 금액은 표준편차 $s = \$6.6$였고, 평균소비액 $\bar{x} = \$2457$이었다. 95%의 신뢰구간을 적용하여

① 전체 400명의 평균 소비금액을 추정하고

② 400명의 고객에 의해 판매된 총금액을 구하시오.

8.12 공항에 위치한 장난감가게를 인수하여 영업을 하고자 하는 사람이 현재의 영업실적을 분석키 위한 한 가지 방법으로 그 가게에서 고객 한 사람이 구입하는 평균금액의 추정치를 원하였다. 따라서 그는 비슷한 상황의 다른 공항의 장난감가게에서 자료를 수집하여 조사한 결과, 표준편차 $\sigma = \$0.8$로 추정되었다. 만약 그가 99%의 신뢰구간과 평균 구매액이 25센터 내의 오차로 추정하기를 원한다면 최소한 그가 수집할 표본의 크기는 어느 정도여야 되겠는가?

8.13 문제 8.12에서 만약 구매액의 분포가 정규분포가 아니라면 99%의 신뢰구간에서 50센터 내의 오차로 추정하기 위해 표본의 크기는 어느 정도여야 되는가?

8.14 문제 8.12에서 공항에 위치한 장난감가게의 판매실적을 예측할 때 표본의 크기 $n = 64$명을 조사한 결과 평균소비금액 $\bar{x} = \$4.63$, 표본의 표준편차 $s = \$1.20$이었다. 95%의 신뢰구간에 포함되는 모집단 평균의 최저 판매금액을 추정하시오.

8.15 문제 8.14에서 99%의 신뢰구간에 포함되는 모집단 평균의 최고 판매금액을 추정하시오.

8.16 문제 8.7의 특정 회사에서 생산되는 TV의 수명은 표준편차 σ=500시간이고 정규분포를 이룬다. 표본크기 $n = 15$대에서 평균 $\bar{x} = 8,900$시간, 표준편차 $s = 500$시간이 계산되었다.

① 95%의 신뢰구간에서 모집단의 평균구간을 추정하고 문제 8.7의 ①과 비교하시오.

② 90%의 신뢰구간에서 모집단의 평균구간을 추정하고 문제 8.7의 ②와 비교하시오.

8.17 어느 통조림 제조공장에서 생산하는 No 303의 콩 통조림 가운데 12개의 통조림을 임의로 선택하여, 수분을 제거한 순수콩의 무게를 조사한 결과 다음 표와 같았다.

무게(g)	15.7	15.8	15.9	16.0	16.1	16.2
통조림 수	1	2	2	3	3	1

① 순수콩의 평균무게를 구하시오.

② 표본의 표준편차를 구하시오.

③ 전체 통조림의 순수콩의 무게는 정규분포를 할 때 통조림 당 순수콩의 평균무게를 95%의 신뢰도로 추정하시오.

8.18 TV의 수명문제에서 표본의 크기 $n = 15$대 일 때 평균수명 $\bar{x} = 8,900$시간이고 표준편차 $s = 500$시간이었다. 만약 생산되는 전체 텔레비젼의 수명이 정규분포가 아닐 때 모집단 평균에 대한 90%의 신뢰구간을 구하시오. 그리고 정규분포를 사용하여 문제 8.7의 ②에서 얻은 값과 비교하고 t-분포를 사용한 문제 8.16 ②의 값과도 비교하시오.

8.19 정규모집단 $N(\mu,\ \sigma^2)$에서 σ^2이 알려져 있는 경우에, 확률 표본 $X_1, X_2, \cdots, X_n$을 추출하였다.

① $\dfrac{\overline{X}-\mu}{\sigma\sqrt{n}} \sim N(0,1)$임을 보여라.

② $P\left(\overline{X}-z_{\alpha/2}\dfrac{\sigma}{\sqrt{n}} < \mu < \overline{X}+z_{\alpha/2}\dfrac{\sigma}{\sqrt{n}}\right) = 1-a$임을 보여라.

③ 대학생들의 키를 조사한 결과 분산이 5^2인 정규분포를 이룬다는 사실을 조사에 의하여 알 수 있었다. 이 지역 대학생들의 평균키를 알기 위하여 160명을 임의 추출한 후 표본평균 170을 얻었다. 평균키에 대한 90% 신뢰구간을 구하시오.

8.20 정규 모집단 $N(\mu, \sigma^2)$에서 σ^2이 알려져 있지 않은 경우에 확률표본 $X_1, X_2, \cdots, X_n$을 추출하였다.

① $\dfrac{\overline{X}-\mu}{S/\sqrt{n}} \sim t(n-1)$임을 보여라.

② $P\left(\overline{X}-t_{\alpha/2,\,n-1}\dfrac{S}{\sqrt{n}} < \mu < \overline{X}+t_{\alpha/2,\,n-1}\dfrac{S}{\sqrt{n}}\right)=(1-\alpha)$임을 보여라.

③ 어느 자동차 회사의 신형자동차에 대한 1리터당 주행거리를 조사하였더니 다음과 같았다. 평균주행거리 μ에 대한 90% 신뢰구간을 구하시오.

9, 8, 11, 10, 7, 12, 10, 13, 6, 14

④ 어느 자동차 회사의 새 차 6대 주행거리는 다음과 같다.

8만Km, 6만5천Km, 10만Km, 9만5천Km, 8만Km, 12만Km

이 회사 자동차의 평균 주행거리에 대한 95% 신뢰구간을 구하시오(단, 1리터당 주행거리는 정규분포를 따른다.

⑤ 어떤 신형 자동차의 1리터당 주행거리를 알아보기 위하여, 10대를 임의로 추출하여 조사한 결과 $\overline{x}=16$, $s=0.5$를 얻었다. 이때, 1리터당 평균 주행 거리에 대한 95%의 신뢰구간을 구하시오(단, 1리터당 주행거리는 정규분포를 따른다.)

8.21 전국의 20세 이상의 성인 남성들의 키를 추정하려 한다. 이때 200명의 남자를 랜덤 추출하여 조사한 결과 $\overline{x}=170$, $s=7$이 나왔다. 20세 이상의 남자 평균키에 대한 95% 신뢰구간을 구하시오.

8.22 평균 μ, 분산 σ^2인 임의의 모집단에서 확률표본 $X_1, X_2, \cdots, X_n$ 을 추출하였다.

① 중심극한정리 σ가 알려져 있는 경우 충분히 큰 n에 대하여 다음을 보여라.

$\dfrac{\overline{X}-\mu}{\sigma/\sqrt{n}} \sim N(0,1)$

② $P\left(\overline{X}-z_{\alpha/2}\dfrac{\sigma}{\sqrt{n}} < \mu < \overline{X}+z_{\alpha/2}\dfrac{\sigma}{\sqrt{n}}\right) \fallingdotseq 1-a$임을 보여라.

③ 어느 회사에서 생산된 베어링의 지름에 대한 분산이 0.04^2이고, 이 지름에 대한 분포는 정규분포를 한다는 근거가 없는 것으로 조사 결과 나타났다. 이 회사 제품의 평균지름을 알기 위하여 임의로 200개를 추출한 결과 그들의 평균 지름이 0.8inch이었다. 이 회사에서 생산되는 베어링의 평균지름에 대한 95% 신뢰구간을 구하시오.

8.23 평균이 μ인 임의의 모집단에서 확률표본 $X_1, X_2, \cdots, X_n$을 추출하였다.

① 모집단 표준편차 σ가 알려져 있지 않은 경우 충분히 큰 n에 대하여 다음을 보여라.

$$\frac{\overline{X}-\mu}{S/\sqrt{n}} \sim N(0,1)$$

② $P\left(\overline{X}-z_{\alpha/2}\frac{S}{\sqrt{n}}<\mu<\overline{X}+z_{\alpha/2}\frac{S}{\sqrt{n}}\right) \fallingdotseq 1-\alpha$임을 보여라

③ 어느 회사에서 생산된 베어링의 지름에 대한 분포는 정규분포를 한다는 근거가 없는 것으로 조사 결과 나타났다. 이 회사 제품의 평균지름을 알기 위하여 임의로 200개를 추출한 결과 그들의 평균지름이 0.8inch이었고, 표본분산이 0.4^2이었다. 이 회사에서 생산되는 베어링의 평균지름에 대한 95% 신뢰구간을 구하시오.

CHAPTER

09 두 모집단의 신뢰구간

통계적 조사에서 우리는 때때로 두 모집단을 연구하고 그들의 모수를 비교할 경우가 있다. 이러한 두 모수의 비교는 각각의 확률표본을 연구하고 비교함으로써 가능하다. 즉, 두 모집단의 평균을 비교하거나, 두 모집단의 비율 혹은 두 모집단의 분산을 비교함으로써 이루어진다. 또한 두 모수가 얼마나 유사한가를 알아보는 방법도 두 모수의 차와 비율을 비교함으로써 알 수 있다. 즉 평균의 차가 0에 가깝거나 비율이 1에 가까우면 두 모집단은 비슷한 속성일 것이고, 반대로 평균의 차가 0에서 멀거나 비율이 1에서 멀면 두 모집단의 속성에는 많은 차이가 있다는 것이다. 이러한 두 집단의 분석은 각각의 표본이 서로 독립이라는 가정을 만족하여야 한다.

본 장에서는 두 모집단의 평균차이와 비율차이에 대한 신뢰구간과 분산에 대한 신뢰구간을 설명하고자 한다.

9.1. 두 집단의 평균 차이에 대한 신뢰구간

두 모집단이 정규분포를 이루고 이들 집단의 평균을 각각 μ_1, μ_2 분산을 σ_1^2, σ_2^2이라 하면, 우리가 알고자 하는 두 모집단의 평균차이, 즉 $(\mu_1 - \mu_2)$는 각 모집단에서 독립적으로 추출된 표본으로부터 계산할 수 있다.

따라서 하나의 모집단에서 추출된 표본의 평균 $\overline{X}_1$는 모평균 μ_1의 점추정치가 되고, 다른 하나의 모집단에서 추출된 표본의 평균 $\overline{X}_2$는 모평균 μ_2의 점추정치가 된다. 따라서 두 모집단의 평균차이를 판단하기 위해서 표본평균의 차이 $\overline{X}_1 - \overline{X}_2$의 분포를 알아야 한다.

우선 하나의 모집단 N_1에서 표본크기를 n_1, 표본평균을 $\overline{X}_1$라 하고, 또 다른 모집단 N_2에서 표본크기를 n_2, 표본평균을 $\overline{X}_2$라 하면 두 표본의 평균과 표준편차는 다음 식으로 정의된다.

$$\overline{X} = \frac{1}{n_1}\sum X_{1i} \qquad S_1 = \sqrt{\frac{1}{n_1}\sum (X_{1i} - \overline{X}_1)^2}$$

$$\overline{X}_2 = \frac{1}{n_2}\sum X_{2j} \qquad S_2 = \sqrt{\frac{1}{n_2}\sum (X_{2j} - \overline{X}_2)^2}$$

그런데 만일 모집단 N_1 및 N_2가 정규분포를 이루고 가능한 모든 표본을 추출한다면, 두 표본의 크기는 대표본이 되고 추출된 표본도 각각 정규분포를 이루게 된다.

이때 각 표본평균의 기대치를 $E(\overline{X}_1)$, $E(\overline{X}_2)$이라 하고, 그의 분산은 $\sigma^2_{\overline{X}_1}$, $\sigma^2_{\overline{X}_2}$라하면, 표본의 표준오차는 모집단의 표준오차 σ_1과 σ_2가 알려졌을 경우 다음과 같이 정의된다.

$$\sigma_{\overline{X}_1} = \frac{\sigma_1}{\sqrt{n_1}}, \qquad \sigma_{\overline{X}_2} = \frac{\sigma_2}{\sqrt{n_2}}$$

반면, 모집단의 표준편차를 모른다면, 점추정치인 표본의 표준편차 S_1과 S_2를 적용하여 다음 식으로 정의된다.

$$S_{\overline{X}_1} = \frac{S_1}{\sqrt{n_1}} \qquad S_{\overline{X}_2} = \frac{S_2}{\sqrt{n_2}}$$

그리고 두 모집단의 분산과 두 표본의 표준편차에 대한 합병된 추정치(pooled estimate)인 공통표준오차는 각각 다음과 같다.

$$\sigma_p = \sqrt{\frac{\sigma_1^2}{n_1} + \frac{\sigma_1^2}{n_2}} \qquad S_p = \sqrt{\frac{S_1^2}{n_1} + \frac{S_2^2}{n_2}}$$

그러므로 우리가 구하고자 하는 두 모집단의 평균차이 $\mu_1 - \mu_2$의 신뢰구간은 모집단의 표준편차가 알려졌을 경우와 모를 경우에 따라 다음 식으로 계산된다.

모집단의 σ를 알 때 : $(\bar{x}_1 - \bar{x}_2) + z_{a/2} \cdot \sigma_p$

모집단의 σ를 모를 때 : $(\bar{x}_1 - \bar{x}_2) + z_{a/2} \cdot s_p$

예 제 1

2015년도 어느 대학에서 입학생을 도시출신 학생과 농촌출신 학생으로 분류하여 수능성적을 비교하기 위해 표본조사를 실시하였다. 도시출신 학생 100명과 농촌출신 학생 90명을 각각 표본으로 선정하여 그들의 수능성적을 계산한 결과 다음과 같았다. 신뢰수준 98%에서 전체 도시 및 농촌출신 학생들의 수능성적 평균차이를 구간추정하시오.

모집단	도시출신 학생(N_1)	농촌출신 학생(N_2)
표본의 크기(n)	100명(n_1)	90명(n_2)
표본평균($\bar{x}$)	81.2점($\bar{x}_1$)	76.4점($\bar{x}_2$)
표본의 표준편차(s)	7.6점(s_1)	8.2점(s_2)

풀이

이 문제는 대표본이고 σ_1 및 σ_2를 모르기 때문에 s_1 및 s_2로 대치하여야 한다. 따라서 신뢰수준 98%는 $\alpha = 0.02$이므로 $z_{0.02/2} = z_{0.01} = 2.33$ 이다.

그러므로 $(\bar{x}_1 - \bar{x}_2) + z_{\alpha/2} \cdot s_p = (81.2 - 76.4) \pm 2.33 \times \sqrt{\frac{(7.6)^2}{100} + \frac{(8.2)^2}{90}}$

$= 4.8 \pm 2.33 \times 1.15 = 4.8 \pm 2.7 = 2.1$~$7.5$이다. 즉, 98%의 신뢰수준에서 도시 및 농촌출신 학생간의 수능성적차이를 비교·추정한 바, 전체 도시학생이 농촌학생보다 적어도 2.1점에서 최고는 7.5점 정도가 높다고 할 수 있다.

■ ■ ■ ■

9.2. t - 분포와 두 집단 평균차이에 대한 신뢰구간

두 모집단의 평균차이를 추정하기 위해 9.1절에서 설명한 정규분포의 적용과 같이

$t-$분포를 구간추정에 적용할 수 있다. 즉, $t-$분포는 모집단이 정규분포를 이루나 표본수(n_1, n_2)가 적고, 표본편차(σ_1, σ_2)가 알려지지 않은 경우에 사용할 수 있다. 모집단의 표준편차(σ_1, σ_2)를 모를 경우에는 이에 대한 추정치인 표본의 표준편차인 s_1과 s_2를 사용한다. 그리고 이 경우에는 두 모집단의 분산(σ_1^2, σ_2^2)이 같은 경우와 분산이 다른 경우로 구분되어 추정한다.

우선 두 모집단의 분산을 모르고 분산이 같지 않은 경우는 앞 절에서 설명한 수식에서 z분포값 대신 $t-$분포값을 사용한다.

$$(\bar{x}_1 - \bar{x}_2) \pm t_{df,\,\alpha/2} \cdot s_p$$

그리고 $t-$분포를 사용하기 위한 자유도는 일반적으로 (n_1-1)과 (n_2-1)가운데 작은 것을 선택하여 사용한다.

반면, 두 모집단의 분산을 모르나 두 모집단의 분산이 같다면($\sigma^2 = {\sigma_1}^2 = {\sigma_2}^2$) 두 모집단의 평균차이에 대한 신뢰구간은 좀 더 간단히 추정할 수 있다. 이 경우 동일한 분산을 추정하기 위해서는 두 개의 독립표본에서 얻은 표본 분산 ${s_1}^2$과 ${s_2}^2$을 서로 가중평균하여 하나의 추정치를 계산하여 사용한다.

즉, 앞절에서 설명한 합병된 추정치 s_p는 $\sqrt{\frac{{s_1}^2}{n_1} + \frac{{s_2}^2}{n_2}} = s\sqrt{\frac{1}{n_1} + \frac{1}{n_2}}$ 가 되고, $\sum(X_{1i} - \overline{X}_1)^2 + \sum(X_{2i} - \overline{X}_2)^2$을 $(n_1-1)+(n_2-1) = n_1+n_2-2$로 나누어 계산된다.

$${s_p}^2 = \frac{(n_1-1){s_1}^2 + (n_2-1){s_2}^2}{n_1+n_2-2}$$

따라서 두 모집단에서 추출된 표본의 크기가 소표본이고 모분산이 같다면 모평균의 차이에 대한 신뢰구간 추정식은 다음과 같다.

$$(\bar{x}_1 - \bar{x}_2) \pm t_{df,\,\alpha/2} \cdot s_p\sqrt{\frac{1}{n_1} + \frac{1}{n_2}}$$

예 제 2

강아지를 두 집단으로 나누어 음식물 X와 Y를 먹이기로 하였다. 음식물 X를 10마리의 강아지에게 먹였더니 평균무게 $\overline{X}=50$파운드였고, 표준편차 $s_1=6$파운드였다. 그리고 음식물 Y를 14마리의 강아지에게 먹였더니 평균무게 $\overline{Y}=56$파운드였고, 표준편차 $s_2=8$파운드였다. 진짜 평균체중의 차이에 대한 90% 신뢰구간을 구하시오. 단, 각 음식물을 먹인 강아지의 무게는 각각 정규분포이고 분산은 같다고 가정한다.

풀이

문제에서 $s_1=6$, $s_2=8$, $m=10$, $n=14$이므로

$$s_p^{\ 2}=\frac{(m-1)s_1^2+(n-1)s_2^2}{m+n-2}=\frac{9(6)^2+13(8)^2}{10+14-2}=\frac{1156}{22}=52.55\text{이다.}$$

그러므로 $s_p=7.249$. 자유도 df는 $m+n-2=22$, $\alpha=0.1$, $t_{df,\,\alpha/2}=t_{22,\,0.05}=1.717$이다. 따라서 90% 신뢰구간은 다음과 같다.

$$(\overline{x}-\overline{y})-1.717\cdot s_p\sqrt{\frac{1}{m}+\frac{1}{n}}<\mu_1-\mu_2<(\overline{x}-\overline{y})+1.717\cdot s_p\sqrt{\frac{1}{m}+\frac{1}{n}}$$

여기서 $\overline{x}=50$이고, $\overline{y}=56$이므로 다음과 같이 계산할 수 있다.

$$(50-56)-1.717(7.249)\sqrt{\frac{1}{10}+\frac{1}{14}}<\mu_1-\mu_2<(50-56)+1.717(7.249)\sqrt{\frac{1}{10}+\frac{1}{14}}$$

■ ■ ■ ■

일반적으로 $t-$분포는 하나의 모집단에서 추출된 표본의 크기가 $n\geq 30(df\geq 29)$일 때 정규분포치와 근사하게 된다. 따라서 두 표본의 평균차이 추정에 있어서도 각각의 자유도가 $df\geq 29$일 때 정규분포치와 근사하게 되고, 또한 두 표본의 수가 작아도 $(n_1,\ n_2<30)$ 자유도$(df=n_1+n_2-2)$가 29보다 클 경우에는 정규분포의 근사치를 사용할 수 있다. 그러나 각 표본의 수가 작을 경우 중심극한정리를 적용하지 못하므로 두 모집단은 정규분포를 형성한다는 가정이 있어야 한다.

9.3. 정규분포와 모집단 비율의 신뢰구간

제 6장에서 설명한 비율의 이항분포에서 비율에 적용되는 확률분포는 이산확률분포라 설명하였다. 그러나 대부분 비율에 대한 신뢰구간의 추정은 $n \geq 30$, $np \geq 5$, $n(1-p) \geq 5$ 일 때 이산확률분포의 근사치로서 정규분포를 사용한다.

따라서 모집단의 어떤 속성에 대한 비율을 p라 하면, 비율 p가 0이나 1에 너무 가까운 값이 아니거나 또한 표본의 크기가 크다고 가정하면 이항분포는 평균 $\mu = np$, 표준편차 $\sigma = \sqrt{np(1-p)}$ 인 정규분포에 접근한다. 그리고 이항분포의 확률변수인 X는 성공이라는 사상의 발생횟수를 나타내므로 표본크기 n인 표본에서 성공의 비율 $\hat{p} = X/n$의 관계가 성립한다. 그러므로 만약 X가 정규분포를 형성한다면 $\hat{p}$도 또한 정규분포를 형성하여 $E(\hat{p}) = p$, $\sigma_{\hat{p}} = Var(\hat{p}) = \dfrac{p(1-p)}{n}$이 된다.

만일 모집단이 무한모집단으로 표본이 대표본이고, 모집단의 표준편차를 모른다면 $\sigma_{\hat{p}}$를 표본의 표준편차 $s_{\hat{p}}$로 대치하여 추정하여야 한다. 표본의 표준편차 식은 다음과 같다.

$$s_{\hat{p}} = \sqrt{\frac{\hat{p}(1-\hat{p})}{n}}$$

그러나 모집단이 유한모집단으로 모집단의 크기 N을 알고 그것에서 추출되는 표본이 대표본인데 반하여 모집단의 표본편차를 모른다면 다음 식과 같이 유한수정요소가 포함된 표본오차에 대한 식을 사용하여야 한다.

$$s_{\hat{p}} = \sqrt{\frac{\hat{p}(1-\hat{p})}{n}} \sqrt{\frac{N-n}{N-1}}$$

따라서 모집단의 비율 p(혹은 π)에 대한 신뢰구간은 다음 식으로 계산된다.

$$\hat{p} \pm z_{\alpha/2} \cdot s_{\hat{p}}$$

예 제 3

어느 시장 조사자가 특정제품의 선호도를 조사하기 위해 지역사회에서 100명의 고객을 임의로 뽑아 면담을 한 결과 0.4의 비율로 D사의 제품을 고정적으로 사용하는 단골고객으로 나타났다. 지역사회의 전체 고객이 D사의 제품을 사용하는 단골고객이 될 비율을 95%수준에서 신뢰구간을 추정하시오.

풀이

문제에서 $\hat{p}=0.4,\ n=100$이므로 $s_{\hat{p}}=\sqrt{\dfrac{\hat{p}(1-\hat{p})}{n}}=\sqrt{\dfrac{(0.4)(0.6)}{100}}=\sqrt{\dfrac{0.04}{100}}$

$=\sqrt{0.0024}\cong 0.05$이다. 그리고 $\alpha=0.05$이므로 $z_{\alpha/2}=z_{0.025}=1.96$이다.

따라서 $p=\hat{p}\pm z_{\alpha/2}\cdot s_{\hat{p}}=0.4\pm 1.96(0.05)=0.4\pm 0.098\cong 0.14\pm 0.1=0.3\sim 0.5$ 이다.

그러므로 95%의 신뢰도로 D사 제품의 단골고객이 될 비율은 0.3~0.5사이로 추정된다.

■ ■ ■ ■

9.4. 모집단 비율추정의 표본크기 결정

표본을 추출하기 전에 요구되는 정확도를 달성하기 위해서는 표본의 크기를 얼마로 하여야 되는가를 제 8장에서 이미 다루었다. 비율 p를 추정할 때도 똑같은 법칙이 적용된다. 따라서 모집단 비율의 표준편차가 $\sigma=\sqrt{p(1-p)}$이므로 이를 제 8장의 식 $n=\left(\dfrac{z_{\alpha/2}\cdot\sigma}{E}\right)^2$에 대입하면 다음 식과 같다.

$$n=\left(\frac{z_{\alpha/2}\cdot\sigma}{E}\right)^2=\left(\frac{z_{\alpha/2}\cdot\sqrt{p(1-p)}}{E}\right)^2=z_{\alpha/2}^2\cdot\frac{p(1-p)}{E^2}$$

위의 식에서 $z_{\alpha/2}$는 특정 신뢰구간(위험도 α)에 사용되는 z분포값이고, p는 모집단의 비율로 초기 추정치이다. 그리고 E는 구간에 따른 '+', '−'의 수정요소이다. 만약 초기 추정치 p를 구할 수 없다면 n의 최대값을 사용한다. 즉, $p(1-p)$가 최대일 때가

$p = 1/2$일 때이고, 이 경우 n이 최대가 되므로 다음과 같이 정의된다.

$$n = z_{\alpha/2}^2 \cdot \frac{1/4}{E^2} = \left(\frac{z_{\alpha/2}}{2E}\right)$$

예 제 4

〈예제 3〉에서 자료를 수집하기 전에 추정치 p와의 오차가 ± 0.05보다 작게 되는 것을 95%정도 신뢰할 수 있기를 원한다면 수집해야 되는 최소의 표본크기는 얼마인가?

풀이

$z_{\alpha/2} = z_{0.05/2} = 1.96,\ E = 0.05$이므로

$n = \left(\frac{z_{\alpha/2}}{2E}\right)^2 = \left(\frac{1.96}{2(0.05)}\right)^2 = \left(\frac{1.96}{0.1}\right)^2 = (19.6)^2 = 384.16 \cong 385$이다. 즉, 최소한 385개 이상의 자료를 수집하여야 한다.

■ ■ ■ ■

9.5. 두 집단의 비율차이에 대한 신뢰구간

두 모집단의 비율에 대한 차이를 추정하기 위하여 모집단 N_1에서 추출한 표본의 비율을 $\hat{p}_1$ 또 하나의 모집단 N_2에서 추출한 표본의 비율을 $\hat{p}_2$라 하면 이들 두 표본비율의 차는 $\hat{p}_1 - \hat{p}_2$가 된다. 이들 차에 대한 공통분산과 공통표준편차는 다음과 같다.

$$\text{공통분산}: S_{\hat{p}}^{\ 2} = \frac{\hat{p}_1(1-\hat{p}_1)}{n_1} + \frac{\hat{p}_2(1-\hat{p}_2)}{n_2} \quad \text{공통표준편차}: S_{\hat{p}} = \sqrt{\frac{\hat{p}_1(1-\hat{p}_1)}{n_1} + \frac{\hat{p}_2(1-\hat{p}_2)}{n_2}}$$

만일 두 모집단의 표본비율의 차이 $\hat{p}_1 - \hat{p}_2$가 모집단 비율차이 $p_1 - p_2$의 불편추정치가 되고, 표본이 대표본이라면 $\hat{p}_1 - \hat{p}_2$의 차는 정규분포를 형성한다. 이 경우 두 모집단의 비율차이를 구간추정하는 식은 다음과 같다.

$$(\hat{p}_1 - \hat{p}_2) \pm z_{2/2} \cdot s_{\hat{p}}^{\;2}$$

따라서 위의 식은 대표본으로 모집단에 대한 비율을 모르고, 모비율을 표본비율로 대체한 경우이다.

예 제 5

〈예제 3〉에서 어느 지역 A에서 고객을 대상으로 D사 제품에 대한 신뢰도를 조사하기 위해 표본 100명을 선정하였다. 이때 40명의 고객이 D사 제품에 대한 선호도를 갖고 있었다. 또 다른 지역 B에서 같은 방법으로 표본 200명을 선정하였더니, 60명의 고객이 D사 제품에 선호도를 갖고 있었다. 두 지역사회에서 D사 제품의 선호도에 대한 비율 차이를 90%의 신뢰도로 추정하시오.

풀이

$n_1 = 100,\ n_2 = 200$이므로 $\hat{p}_1 = \dfrac{x_1}{n_1} = \dfrac{40}{100} = 0.4,\ \hat{p}_2 = \dfrac{x_2}{n_2} = \dfrac{60}{200} = 0.3$이고, $\alpha = 0.1$이다. 즉, $z_{0.1/2} = z_{0.05} = 1.65$이므로

$$s_{\hat{p}} = \sqrt{\frac{\hat{p}_1(1-\hat{p}_1)}{n_1} + \frac{\hat{p}_2(1-\hat{p}_2)}{n_2}} = \sqrt{\frac{0.4}{100} + \frac{(0.3)(0.7)}{200}} = \sqrt{0.0024 + 0.0015} = \sqrt{0.00345} \cong 0.059$$

이다. 그러므로 $(\hat{p}_1 - \hat{p}_2) \pm z_{\alpha/2} \cdot s_{\hat{p}} = (0.4 - 0.3) \pm (1.65)(0.059) = 0.003 \sim 0.197$이다.

따라서 90%에서 두 지역의 선호도 차이는 A지역이 0.3%에서 19.7%의 선호도가 높았다.

■ ■ ■ ■

9.6. χ^2 분포와 모집단 분산에 대한 신뢰구간

주어진 표본에서 표본분산 S^2은 모집단 분산 σ^2과 일반적으로 동일한 값을 갖지 않는다. 따라서 우리는 분산이 σ^2인 정규 모집단으로부터 크기 n인 표본을 추출했을 때 표본분산 $S^2 = \sum(X_i - \overline{X})^2/(n-1)$이고 $(n-1)S^2 = \sum(X_1 - \overline{X})^2$이 된다.

그리고 모집단 분산 $\sigma^2 = \sum(X_i - \mu)^2$이므로, 모집단 전체 변량의 편차제곱의 합과 표본

으로 추출된 변량의 편차제곱 합과의 비율은 $\frac{(n-1)S^2}{\sigma^2}$ 이다.

즉, 비율분포는 자유도를 나타내는 $n-1$에 따라 특정한 값을 갖는 확률분포에 접근한다. 이 확률분포에 대한 통계량의 이론적 분포를 자유도 $df=n-1$인 χ^2분포(chi-square distribution)라고 하며 다음과 같이 정의한다.

$$\chi^2_{df} = \frac{(n-1)S^2}{\sigma^2}$$

그러므로 χ^2분포는 모집단 분산과 표본분산의 비율로 구성된다. 따라서 χ^2분포는 미지의 모집단 분산과 표준편차와 관련된 통계적 추정에 사용되고, 분포곡선이 오른쪽으로 꼬리를 가진 비대칭분포이면서 양의 실수값만을 가진다. 또한 자유도가 작으면 분포가 오른쪽으로 비스듬히 되고, 자유도가 커지면 기울어짐이 완만해진다. 〈그림 9.1〉에서 보듯이 자유도가 15정도만 되어도 거의 대칭분포의 경향이 나타난다. 따라서 n이 크면 ($n \geq 30$) χ^2분포는 정규분포에 가깝다.

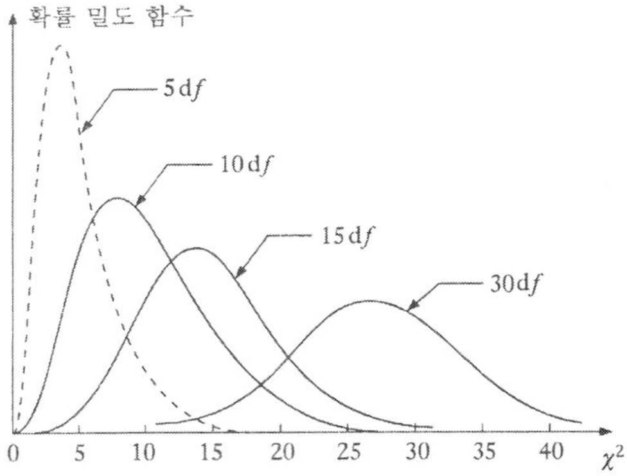

그림 9.1 자유도에 대한 χ^2분포 곡선

자유도가 $(n-1)$인 χ^2분포가 $\frac{(n-1)S^2}{\sigma^2}$ 이므로 구간추정은 다음 식으로 표현할 수 있다.

$$\chi^2_{df,\,1-\alpha/2} < \frac{(n-1)s^2}{\sigma^2} < \chi^2_{df,\,\alpha/2}$$

여기서 $\chi^2_{df,1-\alpha/2}$와 $\chi^2_{df,\alpha/2}$는 <그림 9.2>에서 보는 바와 같이 자유도$(n-1)$인 χ^2분포에서 오른쪽 부분의 면적을 각각 $(1-\alpha/2)$와 $(\alpha/2)$로 하는 값들이다. 분산 σ^2에 대해 정리하면 모집단 분산에 대한 신뢰구간을 추정하는 식이 된다.

$$\frac{(n-1)s^2}{\chi^2_{df,1-\alpha/2}} < \sigma^2 < \frac{(n-1)s^2}{\chi^2_{df,\alpha/2}}$$

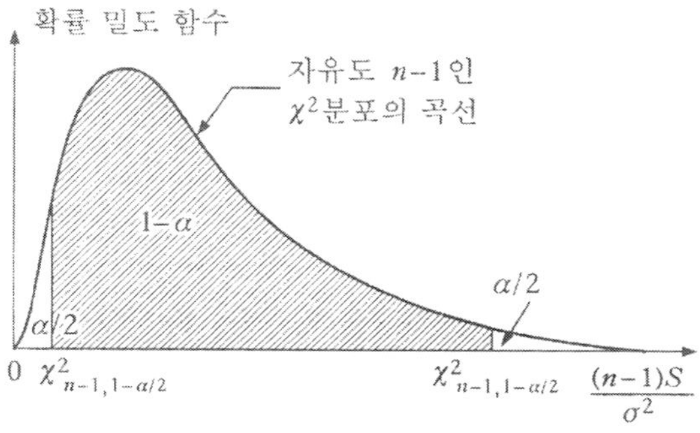

그림 9.2 특정확률 α에 대한 χ^2분포

[부록 VIII]은 자유도 df에 따라 χ^2분포의 면적비율을 열거해 놓은 것으로 자유도가 커짐에 따라 χ^2분포는 $\mu = df$, $\sigma = \sqrt{2df}$를 갖는 정규분포에 근사한다.

예 제 5

어느 건설회사에서 시간제 고용원 30명을 표본으로 선정하여 한 주 동안의 평균급여를 계산한 결과 $\bar{x} = \$180$이고, 표본의 표준편차 $S = \$14$이었다. 회사 전체 시간제 고용원의 한 주에 대한 평균급여의 분포가 정규분포라 하면 전체 시간제 고용원의 주당급여의 표준편차를 95%의 신뢰구간을 추정하시오.

풀이

$n = 30$, $\alpha = 0.05$, $s = \$14$이므로 $s^2 = \$196$이다. 따라서 자유도 $df = 29$이므로 χ^2분포표에서 $\chi^2_{df,1-\alpha/2} = \chi^2_{29,0.975} = 45.72$, $\chi^2_{df,\alpha/2} = \chi^2_{29,0.025} = 16.05$를 계산 할 수 있다.

그러므로 $\frac{(n-1)s^2}{\chi^2_{df,1-\alpha/2}} < \sigma^2 < \frac{(n-1)s^2}{\chi^2_{df,\alpha/2}}$를 이용하면 다음과 같이 계산된다.

$$\frac{29(196)}{45.72} < \sigma^2 < \frac{29(196)}{16.05} = \sqrt{\frac{5,684}{45.72}} < \sigma < \sqrt{\frac{5,684}{16.05}} = \sqrt{124.3220} < \sigma < \sqrt{354.1433}$$

따라서 $11.15 < \sigma < 18.82$이므로 95%의 신뢰도에서 시간제 고용원 전체의 주당 급여에 대한 표준편차는 \$11.15 ~ \$18.82이다.

■ ■ ■ ■

연 습 문 제

9.1 어느 회사에서는 새로운 전자부품을 생산하고자 계획하고 있다. 이 전자부품을 생산할 수 있는 기계가 두 대 있는데, 시험생산에서 기계 A는 100개의 표본생산에서 개당 평균 생산시간이 5.23분이었고, 기계 B는 64개의 표본생산에서 개당 평균 생산시간이 5.37분이었다. 비슷한 제품을 생산한 과거의 경험으로부터 기계 A, B의 생산시간의 표준편차가 각각 0.15분, 0.10분일 때, 기계 A와 B의 모집단 평균 생산시간의 차이에 대해 신뢰도 95%에서 신뢰구간을 구하시오.

9.2 지역 A에서 50가구의 가정을 조사한 결과 월 평균 수입이 1,380,000원이었고, 표준편차가 22,000원이었다. 또 지역 B에서 50가구의 가정을 조사한 결과 월 평균 수입이 1,460,000원이었고, 표준편차가 28,000원이었다. 두 지역의 평균 수입액의 차이에 대하여 80%의 신뢰구간을 추정하시오.

9.3 인산비료를 5개 구획에 주고, 질소비료를 6개 구획에 주었을 때, 각 구획에서 생산된 밀의 양은 다음 표와 같다. $\mu_1 - \mu_2$의 98% 신뢰구간을 구하시오. 단, μ_1은 모든 가능한 구획에 인산비료를 주었을 때의 평균이고, μ_2는 질소비료를 주었을 때의 평균이다.

인산비료	질소비료
40	50
49	41
38	53
48	39
40	40
	47

9.4 문제 9.1의 자료를 참고하여 평균 생산시간의 차이를 90%이상의 신뢰도로 단측 신뢰구간을 추정하시오.

9.5 문제 9.2의 가정 수입에 대한 자료에서 두 지역의 월평균 수입의 최대 차이를 95% 이하의 신뢰도로 단측 신뢰구간을 추정하시오.

9.6 어느 대학의 상담자가 전국의 경영대학원에 재학하고 있는 학생 중 200명의 학생을 표본으로 선정하여 조사한 결과 54명이 경영학과를 졸업하였다. 전국의 경영대학원에 재학중인 학생 가운데 경영학과를 졸업한 학생의 비율에 대해 90%의 신뢰구간을 추정하시오.

9.7 어느 대도시에는 800개의 주요소가 있다. 이 가운데 36개의 주유소를 표본으로 선정하여 조사한 결과 20개의 주요소가 특정 회사의 기름을 취급하고 있었다. 95%의 신뢰구간을 적용하여

① 이 도시의 모든 주유소가 특정 회사의 기름을 취급할 비율을 구하고

② 특정 회사의 기름을 취급하는 전체 주유소의 수를 구하시오.

9.8 소련과의 군축협상을 만족스럽게 생각하는 사람의 비율을 조사하려고 한다. 표본비율과 진짜비율의 차이가 0.02 이내로 추정하고, 신뢰도를 99%로 하면 표본의 크기를 얼마로 해야 하는가?

9.9 보건복지부는 여름철에 접어들면서 특정 질병에 대한 감염여부를 조사하기 위하여 표본조사를 실시하기로 하였다. 만일 작년에 조사한 감염도가 $p = 0.3$이라고 하면 금년에는 허용오차 0.05를 초과하지 않고, 신뢰수준 98%정도 신뢰할 수 있게 하려면 표본크기를 최소 얼마로 해야 하는가?

9.10 어느 학교에서는 자매결연에 대한 의견을 평가하기 위해 교수 및 직원을 각각 100명씩 표본으로 뽑아 투표를 하였다. 그 결과 교수는 100명 중 70명이 자매결연에 찬성하는 투표를, 반면에 직원은 100명 중 50명이 찬성하는 투표를 하였다. 자매결연에 대한 교수 및 직원의 두 집단에서 실질적으로 찬성 투표자의 차이에 대해 95% 신뢰수준에서 추정하시오.

9.11 문제 9.6을 참고하여 경영학과를 졸업한 대학원생의 최소비율을 신뢰도 90%를 적용하여 단측 신뢰구간으로 추정하시오.

9.12 문제 9.10을 참고하여 자매결연에 대한 교수 및 직원의 찬성비율에 있어서 그 차이를 95%이상의 신뢰도로 단측 신뢰구간을 추정하시오.

9.13 다음 자료는 여섯 개의 도자기에 유약을 칠했을 때 소비된 유약의 양이다. 다음을 추정하시오.

$$8.1,\quad 8.7,\quad 7.8,\quad 8.5,\quad 7.9,\quad 9.0$$

① σ^2의 점추정치　　　　② σ^2의 95% 신뢰구간

9.14 어느 비누 제조회사에서 생산하는 비누의 무게는 표준편차 2g를 넘을 수 없도록 설계되어 있다. 표본을 20개 추출하여 표본분산 s^2을 측정해본 결과 5g이 나왔다. 모집단 분산 σ^2에 대한 90%의 신뢰구간을 구하시오.

9.15 모집단 비율 p를 추정하기 위하여 모집단에서 n개를 추출하였다. 이때 n개 중의 성공의 개수를 X라 놓는다.

① X는 무슨 분포를 하는가?

② $\hat{p} = \dfrac{X}{n} \sim N(p, p(1-p)/n)$을 보여라.

③ $P(\hat{p} - z_{a/2}\sqrt{\hat{p}(1-\hat{p})/n} < p < \hat{p} + z_{a/2}\sqrt{\hat{p}(1-\hat{p})n} \sim 1-a$임을 보여라.

④ 어느 전자회사에서 생산되는 컴퓨터의 불량률을 추정하려 한다. 500대의 컴퓨터를 임의 추출하여 조사하였더니 불량품이 25대였다. 이 회사제품의 불량률에 대한 95% 신뢰구간을 구하시오.

9.16 어떤 나라의 여당인 A당에 대한 지지도를 산출하려 한다. 확률표본 1,500명 중 300명이 A당을 지지한다고 대답하였다. 이 나라 국민들의 지지율에 대한 95% 신뢰구간을 구하시오.

9.17 $X_1, X_2, \cdots, X_n$이 정규모집단 $N(\mu, \sigma^2)$에서 추출한 확률표본일 때,

① $\dfrac{(n-1)S^2}{\sigma^2} \sim \chi^2_{n-1}$임을 보여라.

② 15마리의 젖소를 랜덤 추출하여 365일간의 우유생산량을 조사하였다. 그 결과 $s^2 = 4.6$을 얻었다. 모집단 분산에 대한 95% 신뢰구간을 구하시오.

CHAPTER

10 가설검정 (I)

통계적 추정에는 두 가지 핵심적 분야가 있다. 하나는 앞장(제 8장과 제 9장)에서 설명한 모수의 추정이고, 다른 하나는 여기에서 설명할 통계적 가설검정이다.

통계적 가설(statistical hypothesis)은 특정 모집단에 대한 확률분포의 상태를 사전에 가정(assumption)하거나 기술(statement)하는 것을 뜻한다. 그리고 통계적 가설검정(statistical hypothesis tests)은 표본으로부터 얻은 사실(evidence)이나 특성을 근거하여 미리 설정한 모집단에 대한 가설이 옳은가 또는 그른가를 판정하는 절차를 뜻한다.

통계적 가설검정은 검정의 목적과 내용, 그리고 검정의 대상 등에 따라 방법이 다르다.

① 검정하고자 하는 모집단의 종류가 무한 모집단인가 또는 유한 모집단인가에 따라 다르다.

② 검정하고자 하는 모집단의 분포가 정규분포, 이항분포, $t-$분포, χ^2분포 및 F분포 등 분포에 따라 다르다.

③ 검정하고자 하는 모집단에 대한 표준편차 σ를 알고 있는가 또는 모르고 있는가에 따라 다르다.

④ 추출된 표본이 대표본인가 또는 소표본인가에 따라 다르다.

⑤ 모집단 특성치의 상한치에 대한 검정인가? 하한치에 대한 검정인가에 따라 다르다. 즉, 모집단 특성치에 대한 검정이 상 · 하한치에 대한 검정이라면 양측검정을 해야 하고, 어느 한쪽 값만을 검정한다면 단측검정을 해야 한다.

⑥ 검정하고자 하는 모집단이 하나의 모집단인가 또는 두 개 이상의 모집단인가에 따라 다르다. 만일 두 개 이상의 모집단에 대한 검정이라면 두 모집단의 특성차이를 검정하여야 한다.

이와 같이 가설검정에는 여러 가지 방법이 있으므로 검정하기 전에 문제의 핵심을 완전히 이해하고 접근하여야 한다.

10.1. 가설검정의 기본과정

통계적 가설을 검정하려면 일반적으로 다음과 같이 다섯 단계의 기본과정을 거치게 된다.

| 가설검정의 다섯 단계 |

단계 1 : 가설의 설정

단계 2 : 유의수준의 선정

단계 3 : 확률분포 및 검정 통계량의 선정

단계 4 : 임계치의 계산

단계 5 : 의사결정

단계 1 : 가설의 설정

앞에서 설명한 바와 같이 통계적 가설이라 함은 특정 모집단의 특성 또는 확률분포의 상태를 미리 가정하는 것이며, 이러한 가정을 설정하는 방법에는 두 가지가 있다. 하나는 귀무가설(null hypothesis)의 설정이고, 다른 하나는 대립가설(alternative hypothesis)의 설정이다. 귀무가설이란 새로운 생각이나 주장을 반대(또는 부정)하는 입장의 가설이고, 대립가설은 어떤 새로운 생각이나 주장으로 귀무가설이 기각될 때 채택되는 가설이다. 일반적으로 귀무가설은 H_0, 대립가설은 H_1(또는 H_a)로 표시한다. 예컨대 모집단 μ_1과 μ_2에 관한 가설의 설정은 다음과 같이 표시한다.

$$H_0 : \mu_1 = \mu_2 \qquad H_1 : \mu_1 \neq \mu_2$$

그리고 가설은 검정방법에 따라 세 가지 형태로 설정된다.

(1) 우측검정 : $H_0 : \mu = \mu_0$ $\quad H_a : \mu > \mu_0$

(2) 좌측검정 : $H_0 : \mu = \mu_0$ $\quad H_a : \mu < \mu_0$

(3) 양측검정 : $H_0 : \mu = \mu_0$ $\quad H_a : \mu \neq \mu_0$

예컨대 어느 사업가가 금년에는 제품 판매량이 작년 평균 판매량보다 더 많을 것이라고 추측한다면 가설은 다음과 같이 설정된다.

귀무가설 H_0 : 판매량이 작년과 같을 것이다($\mu = \mu_0$).

대립가설 H_1 : 판매량이 작년보다 더 많을 것이다($\mu > \mu_0$).

단계 2 : 유의수준의 선정

표본의 특성으로 모집단의 특성을 추정하거나 검정할 경우, 일정량의 허용오차 또는 위험도를 감안하지 않으면 안 된다. 이러한 허용오차 또는 위험도를 유의수준(level of significance)이라 하는데, 유의수준은 일어날 가능성이 희박하다고 생각되는 확률수준으로 귀무가설을 부정하는 기준이 되며 그리스 문자 α로 표시한다.

일반적으로 유의수준은 1%, 2%, 5% 또는 10%를 적용하는 것이 통례로 되어 있으며, 문제의 중요성이나 표본조사의 능력에 따라 10% 이내에서 결정하게 된다. 예컨대, 국가정책과 같이 의사결정의 중요도가 크고, 또한 가용자원이 풍부하다면 α를 작게 하고, 표본 크기 n을 크게 한다. 반면 어느 기업이 특정 제품에 대하여 수요예측을 한다거나 또는 별로 중요하지 않은 물품의 구입 등과 같은 경우는 α를 크게 하는 동시에 n을 작게 한다.

예를 들어 유의수준 5%로 우측검정을 하면 〈그림 10.1〉과 같이 빗금친 부분이 귀무가설이 진실이지만 기각(rejection)되는 범위이다. 즉, 표준정규분포에서 유의수준 5%가 되는 z값 $z_{0.05} = 1.64$가 임계치가 되어 이 값보다 큰 꼬리부분이 기각영역이 된다.

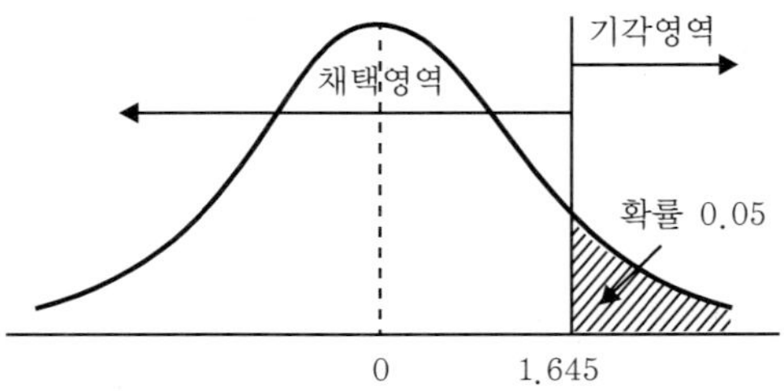

그림 10.1 유의수준에 따른 채택과 기각영역

따라서 귀무가설이 진실인데도 귀무가설을 기각하는 잘못을 우리는 제 1종 과오(type I error)라 하며, 제 1종 과오의 확률은 유의수준과 동일한 확률이 된다.

그리고 제 2종 과오(type II error)는 제 1종 과오와 반대로 귀무가설이 거짓인데도 불구하고 귀무가설을 채택(acceptance)하는 잘못을 범하는 것으로 다음 절에서 상세히 설명한다.

이러한 제 1종 과오와 제 2종 과오를 요약하면 〈표 10.1〉과 같다.

표 10.1 **제 1종 과오와 제 2종 과오**

가설의 진위 / 결정	귀무가설이 진실	귀무가설이 거짓
귀무가설 채택	올바른 채택	제 2종 과오
귀무가설 기각	제 1종 과오	올바른 기각

단계 3 : 확률분포 및 검정통계량의 선정

단계 1에서 설정된 가설을 검정하기 위해서는 가설의 검정대상이 어떤 확률분포를 갖는가를 정확히 파악하여야 한다. 예컨대 설정된 가설이 모집단의 평균과 비율에 대한 것이면, 사용되는 확률분포는 정규분포 또는 $t-$분포가 될 것이며, 이때 사용되는 검정통계량은 z값 또는 t값이 될 것이다. 또한 가설의 검정이 모집단의 분산에 대한 것이면 χ^2분포를 사용하고, 두 모집단의 분산에 대한 가설의 검정이면 F분포를 사용한다. 이와 같이 검정대상의 확률분포가 결정되면, 설정된 가설이 진실하다는 가정아래 모집단에서 추출된 표본자료로부터 검정통계치(values of the test statistic)를 계산한다.

단계 4 : 임계치의 계산

단계 2와 단계 3이 끝나면 가설을 채택하는 영역과 기각하는 영역으로 나뉘어야 한다. 즉, 확률분포를 유의수준에 따라 채택영역(acceptance region)과 기각영역(rejection region)으로 나누어야 하는데, 이때 두 영역을 분리시키는 값을 임계치(critical value)라 한다. 임계치는 〈그림 10.2〉와 같이 양측검정(two sides tests)과 단측검정(one side tests)에 따라 다르다.

양측검정은 기각영역(채택영역)이 양쪽으로 나누어져 검정통계량이 너무 크거나 작으면 귀무가설(대립가설)을 기각(채택)하는 경우로, 이 경우 유의수준 α도 양쪽으로 적용되어 1/2씩으로 나누어진다. 따라서 양측검정의 경우에는 〈그림 10.2〉의 (a)와 같이 검정영역이 3구간으로 구분된다. 즉, 좌측의 $\alpha/2$구간과 중앙의 신뢰구간$(1-\alpha)$, 그리고 우측의 $\alpha/2$구간이다. 단측검정은 기각영역이 한 쪽에만 있는 경우로 우측검정(right side tests)과 좌측검정(left side tests)으로 구분된다. 따라서 단측검정은 어느 한 쪽만을 검정하므로 유의수준 α도 양측검정과 같이 2로 나누지 않고 α를 그대로 이용한다. 그러므로 단측검정에서 검정영역은 〈그림 10.2〉의 (b)와 (c)와 같이 신뢰구간$(1-\alpha)$과 유의수준(α)의 구간으로 구분된다.

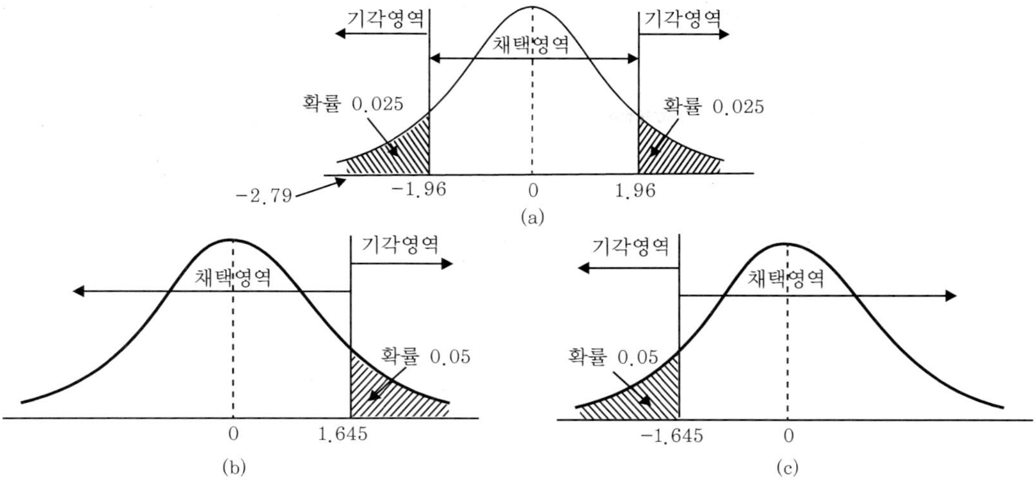

그림 10.2 세 가지 형태의 가설에 대한 기각 및 채택영역

예컨대 양측검정의 문제에서 확률분포가 정규분포로 확정되고 유의수준 $\alpha = 0.1$로 주어졌다고 가정하면 임계치는 표준화 정규분포값 z에 의해 계산된다. 즉, $z_{\alpha/2} = z_{0.05} = \pm 1.64$가 된다. 따라서 표본자료에 의한 검정통계량의 검정통계치가 $+1.64$보다 크거나 -1.64보다 작으면 귀무가설 H_0는 기각되고 $+1.64$와 -1.64 사이의 값이면 H_0를 채택하게 된다. 귀무가설이 채택영역에 포함되어 채택되는 것은 귀무가설이 사실이라는 것이 증명되었다는 것이 아니라 단지 부정할 만한 충분한 이유가 없다는 것이다.

단계 5 : 의사결정

마지막 단계는 표본으로부터 계산된 검정통계치와 임계치를 비교하여 검정통계치가 채택영역에 속하는지 기각영역에 속하는지를 판단하는 단계이다. 즉, 귀무가설을 기각할 것인지 채택할 것인지에 대한 의사결정을 내려야 하는 단계이다. 만약 귀무가설이 채택되면 대립가설은 기각되고, 귀무가설이 기각되면 대립가설이 채택된다.

10.2. 정규분포와 모평균의 가설검정

모집단 평균에 대한 가설검정은 모집단에서 추출한 표본의 평균분포를 사용한다. 검정방법은 모집단의 표준편차 σ를 알고 있는 경우와 모르고 있는 경우로 크게 나누어진다. 그러나 σ를 알고 있거나 모르고 있다 해도 표본크기가 큰 경우에는 중심극한정리에 의해 정규분포로 검정한다. 만약 σ를 모르고 표본크기가 작은 경우는 t - 분포로 가설을 검정한다.

예컨대 특정 모집단이 정규분포를 할 경우 표본분포는 정규분포를 형성하므로 검정통계량(test statistic)은 표준화 정규분포로 계산된다. 즉, $Z = \dfrac{\overline{X} - \mu}{\sigma / \sqrt{n}}$ 이다. 여기서 다시 $\overline{X}$에 대하여 풀이하면 다음과 같다.

$$\bar{x} = \overline{X}_{CR} = \mu \pm z_{\alpha/2} \frac{\sigma}{\sqrt{n}}$$

여기서 $\overline{X}_{CR}$은 임계구역(critical region)이라 부르며, 이 값은 귀무가설을 검정하는 상·하한의 임계치이다.

따라서 위의 식에서 μ는 모평균, $z_{\alpha/2}$는 양측검정에 있어서 유의수준 α의 표준 정규분포값, σ는 모집단의 표준편차 그리고 n는 표본크기이다. 그런데 σ를 모를 경우 σ의 점추정치인 표본의 표준편차 s를 사용하여야 한다. 따라서 모집단의 표준편차 σ를 모를 경우 임계치는 다음 식으로 계산할 수 있다.

$$\bar{x} = \overline{X}_{CR} = \mu \pm z_{\alpha/2} \frac{s}{\sqrt{n}}$$

예 제 1

어느 회사에서 구성원의 한 달 지출액을 조사하기 위해 36명을 표본으로 선정하였다. 구성원의 적절한 한 달 지출금액은 평균 260,000원으로 가정하고 있다. 그러나 표본의 평균지출금액이 가정한 금액(260,000원)보다 많은 차이가 있으면 가설을 기각하게 될 것이다. 5% 유의수준으로 가설을 검정하고자 할 때 임계치를 구하시오. 단, 전체 구성원의 한 달 지출금액의 표준편차 σ는 43,000원이다.

풀이

① 가설의 설정 : H_0 : $\mu = 260{,}000$, $H_1 : \mu \neq 260{,}000$

② 유의수준 : $a = 0.05$

③ 임계치의 계산 : 문제에서 $n=36,\ \sigma=43$이므로, $z_{\alpha/2}=z_{0.05/2}=\pm 1.96$이다.

그러므로, $\overline{X}_{CR}=\mu \pm z_{\alpha/2}\dfrac{\sigma}{\sqrt{n}}$ 이므로 $\overline{X}_{CR}=\mu \pm z_{\alpha/2}\dfrac{s}{\sqrt{n}}$

$260,000 \pm 1.96\left(\dfrac{43,000}{\sqrt{36}}\right)=245,954$원과 274,047원 이다.

④ 결론 : 유의수준 5%에서 귀무가설을 기각할려면 〈그림 10.3〉에서와 같이 표본의 평균지출금액이 245,954보다 작거나 274,047원보다 커야 한다.

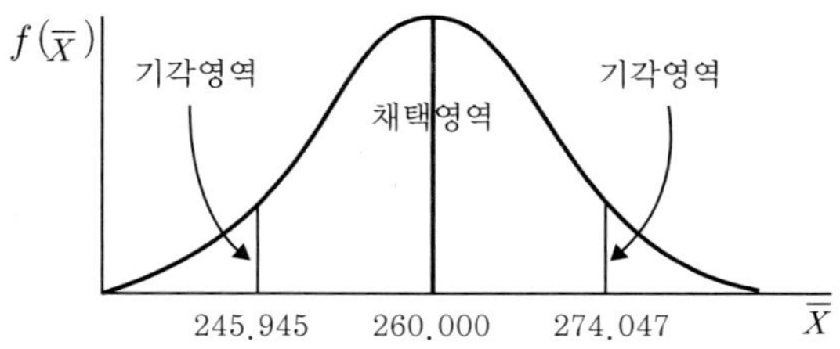

그림 10.3 평균치에 대한 가설검정

■ ■ ■ ■

〈예제 1〉의 경우 가설을 검정하기 위해 표본평균 $\overline{X}$로 임계치(critical values)를 계산하여 검정하였다. 그러나 일반적으로 모평균이 정규분포인 경우 유의수준에 해당하는 Z값과 표본으로부터 계산한 평균의 Z값을 사용하여 검정한다. 예컨대 〈예제 1〉의 양측검정에서 5% 유의수준에 해당하는 표준화 변수 Z의 임계값은 -1.96과 $+1.96$이다. 또한 표본평균으로부터 검정통계치를 표준화 변수 Z값으로 변환할 수 있다. 따라서 두 개의 Z값(임계치, 검정통계치)을 비교함으로써 가설을 간단히 검정할 수 있다. 표준화 변수 Z로 검정통계치를 계산할 경우 표준편차 σ가 알려졌을 때와 알려지지 않은 경우로 구분하여 Z 값은 다음 식으로 계산한다.

σ가 알려졌을 때 : $Z=\dfrac{\overline{X}-\mu_0}{\sigma/\sqrt{n}}$ σ가 알려지지 않을 때 : $Z=\dfrac{\overline{X}-\mu_0}{S/\sqrt{n}}$

예 제 2

〈예제 1〉의 가설검정 문제에서 표본의 평균지출금액 $\bar{x}=240,000$원이라 가정했을 때 표준화변수 Z로 귀무가설의 기각 혹은 채택을 결정하시오.

풀이

① 가설검정 : $H_0: \mu = 260,000$원, $H_1: \mu \neq 260,000$원

② 유의수준 : $\alpha = 0.05$

③ 검정통계치의 계산 : $z = \dfrac{\bar{x} - \mu_0}{\sigma/\sqrt{n}} = \dfrac{240,000 - 260,000}{43,000/\sqrt{36}} = \dfrac{-20,000}{7,166.7} = -2.79$

④ z의 임계치 계산 : $z_{0.05/2} = \pm 1.96$

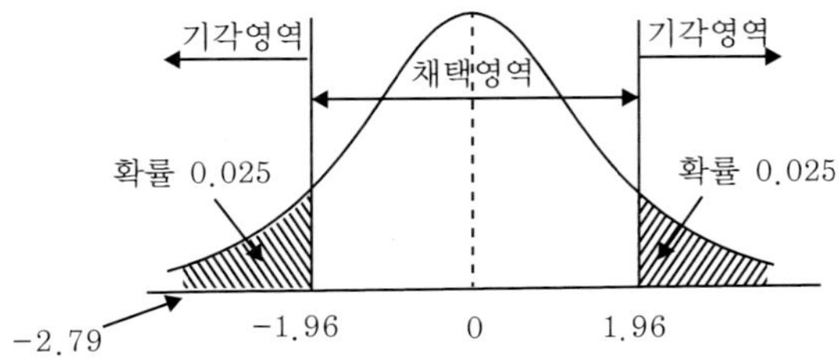

그림 10.4 표준변수에 의한 가설검정

⑤ 결론 검정통계량 Z의 값은 〈그림 10.4〉와 같이 가설검정곡선의 좌측 기각영역에 놓인다. 따라서 귀무가설은 기각되고 대립가설인 $\mu \neq 260,000$원이 채택된다.

■ ■ ■ ■

그러나 단측검정은 위에서 본 양측검정과 같이 상 · 하한치의 두 임계치로 검정하는 것이 아니라 그 중에서 어느 한 쪽 임계치만으로 검정한다. 가령 어느 TV회사가 초경량 TV를 대량 생산하기 위해 새로운 판매전략을 계획하고 있다. 그런데 회사가 전체 도시민의 호당 평균 소득이 월 250만 원 이상이면 적극적으로 TV를 생산 · 판매하고, 그 이하이면 생산 및 판매전략을 펴지 않기로 하였다. 이 경우 표본평균이 250만 원 이하이면 가설검정은 하한치에 대한 검정으로 좌측 검증이 된다.

또 다른 예로 어느 자동차 회사가 계열공장으로부터 부품을 구입할 때 제품의 불량률이 2% 이하이면 구입하는 데 반하여 그 이상이면 구입하지 않는다고 할 경우, 표본평균이 2% 이상이면 가설검정은 상한치에 대한 검정으로 우측검정이 된다. 〈표 10.2〉는 양측 및 단측검정에 있어 Z의 임계값을 나타낸 것이다.

표 10.2 단측 및 양측 검정의 Z 임계값

유의 수준	검정 형태	
	단측	양측
5%	+1.64 (혹은 −1.64)	±1.96
1%	+2.33 (혹은 −2.33)	±2.58

예 제 3

어느 TV회사는 초경량 TV를 적극 판매할 계획으로 대량 생산계획을 세우기로 하였다. 만일 특정 지역시민의 호당 월평균 소득이 250만원 이상이면 대량 생산계획을 추진하는 반면, 그 이하이면 계획을 취소하기로 하였다. 특정 지역에서 표본 1,000호를 선정하여 조사한 바, $\bar{x}=2,550,000$원이었고, 표준편차 $s=50$만원이었다. 유의수준 5%에서 검정하시오.

풀이

위의 문제는 단측검정으로 우측검정이 된다.

그리고 $\mu_0=2,500,000$원, $s=500,000$원, $n=1,000$호, $\bar{x}=2,550,000$, $\alpha=5\%$이다.

① 가설의 설정 : $H_0: \mu=2,500,000$ 또는 $z_0: =1.64$

$H_1: \mu>2,500,000$ 또는 $z_1: >1.64$

② 검정통계치의 계산 : $z=\dfrac{2,550,000-2,500,000}{500,000/\sqrt{1000}}$

$$=\frac{50,000}{500,000/10\sqrt{10}}=\frac{50,000\times 10\sqrt{10}}{500,000}=\sqrt{10}=3.1623$$

③ 임계치의 결정 : $z_a=z_{0.05}=1.64$

④ 결론 : 유의수준 5%에서 검정통계치가 3.1623으로 하한판정치 1.64보다 오른쪽 영역에 위치하고 있어 대립가설이 채택된다. 따라서 TV회사는 TV를 적극 생산하여 판매하여도 좋다. 이에 대한 검정결과를 그림으로 나타내면 〈그림 10.5〉와 같다.

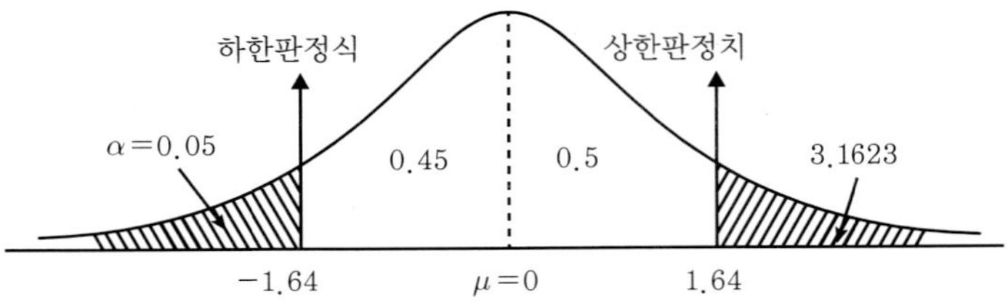

그림 10.5 TV판매에 대한 단측 검정

■ ■ ■ ■

예 제 4

어느 학교에 학생들의 IQ가 전국 학생의 평균 IQ 105보다 적다도 주장한다. 이를 조사하기 위해 25명의 학생을 선출하여 IQ검사를 실시하였고 검사결과 평균이 98로 나타났다. 모분산 $\sigma^2 = 49$라 할 때 $\alpha = 0.05$로 검정하시오.

풀이

① 가설의 설정 : $H_0 : \mu = 105$

$H_\alpha : \mu < 105$

② 검정통계치의 계산 : $z = \dfrac{98 - 105}{7/\sqrt{25}} = -5$

③ 임계치의 결정 : $z_\alpha = z_{0.05} = 1.64$

④ 결론 : 유의수준 5%에서 검정통계치가 −5이므로 임계값 하한치 −1.64보다 적다. 따라서 대립가설이 채택된다. 즉, 학생들의 IQ가 전국 학생의 평균 IQ보다 낮다는 주장은 설득력이 있다고 판단할 수 있다.

■ ■ ■ ■

10.3. 제 1종 및 제 2종 과오

가설검정은 표본을 근거로 하여 판단하기 때문에, 표본을 어떻게 추출하느냐에 따라 많은 차이가 있다. 따라서 가설검정에는 항상 오차가 따르기 마련이다.

제 1종 과오(type I error)의 확률은 앞서 설명하였듯이 귀무가설의 유의수준과 항상 동일하다. 따라서 제 1종 과오는 귀무가설이 진실이지만 표본의 결과가 너무나 현저하게 예외적이였어 이를 기각시키는 과오이다. 그리고 제 2종 과오(type II error)는 귀무가설이 진실이 아닌데도 이를 받아들이는 과오로 그리스 문자 β로 표시한다. 제 1종 과오와 제 2종 과오를 간단한 도표로 나타내면 〈표 10.3〉과 같다.

표 10.3 제 1종 과오와 제 2종 과오

상황 \ 결론	H_0을 채택	H_0을 기각
H_0이 진실	올바른 결론 확률 = 1-α = 신뢰수준 (confidence level)	제 1종 과오 (Type I error) 확률 = α
H_0이 진실	제 2종 과오 (Type II error) 확률 = β	올바른 결론 확률 = 1-β =효력 (power of the test)

예 제 5

〈예제 1〉에서 회사 구성원의 한 달 지출금액이 적어도 260,000원인 경우를 유의수준 5%에서 검정하기 위해 표준편차 σ가 430,000원인 모집단에서 표본으로 36명을 선택하였다. 여기서 추출한 구성원의 한 달 지출금액이 240,000원 이하로 계산되어 귀무가설이 기각될 제 2종 과오의 확률을 구하시오.

풀이

① 가설의 설정 : $H_0 : \mu = 260,000,\ \ H_1 : \mu < 260,000$

② 임계치의 계산 : 표본평균 영역에 의한 임계치의 계산은 $\overline{X}_{CR} = \mu_0 - z_\alpha \dfrac{\sigma}{\sqrt{n}}$이다.

(∵ 단측검정의 좌측검정이다.)

$$\frac{\sigma}{\sqrt{n}} = \frac{43,000}{\sqrt{36}} = \frac{43,000}{6} \cong 7,166.7\text{이므로}$$

$$\overline{X}_{CR} = 260,000 - (1.64)(7,160.7) = 248,246.7$$

③ 제 1종 과오의 확률결정 : $\alpha = 0.05$

④ 제 2종 과오의 확률결정 : 제 2종 과오는 248,246.6보다 크거나 같다.

$$Z = \frac{\overline{Z}_{CR} - \mu_1}{\sigma/\sqrt{n}} = \frac{248,246.6 - 240,000}{7,166.7} = \frac{8,246.6}{7,166.7} = +1.1507$$

$P(\text{제 2종 과오}) = P(Z \geq +1.1507) = 0.5 - 0.3729 = 0.1271 \cong 0.13$

즉, $\beta = 0.13$으로 이를 그림으로 표시하면 그림 10.6과 같다.

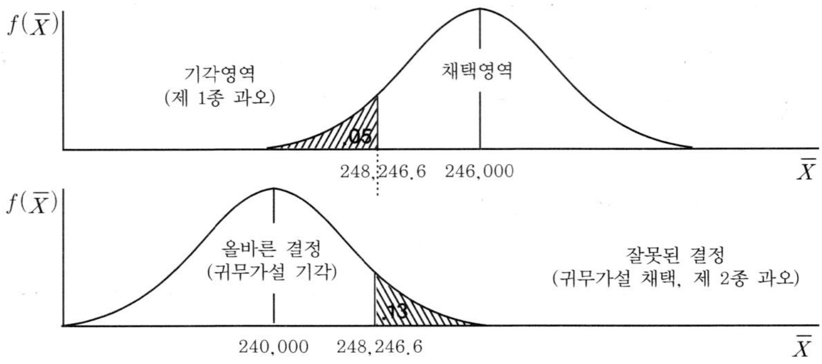

그림 10.6 단측검정에 있어 제 2종 과오의 확률

■ ■ ■ ■

이제는 α와 β의 관계를 살펴보자. 가령 어느 회사가 특정 관리직 직원의 새로운 주장에 대해 보수적이어서 주장이 옳은데 그르다고 하는 과오보다는 주장이 그른데 옳다고 할 과오를 더 심각하게 생각한다고 하자. 즉 $\alpha = \beta = 0.11$로 하는 결정기준 보다는 α를 더 작게 하는 결정기준을 원한다.

이와 같이 α를 작게 하는 한 가지 쉬운 방법은 〈그림 10.7〉과 같이 임계점 480을 오른쪽으로 옮기는 것이다. 즉 495를 새로운 임계점(critical point)으로 하는 것이다. 그러면 임계점 오른쪽 부분 α의 면적은 줄어든다. 그러나 왼쪽의 β부분의 면적은 반대로 증가한다.

즉, α가 감소하면 β가 증가한다. 마찬가지로 임계점을 왼쪽으로 옮기면 β는 감소하나 α가 증가한다. 이것은 표본의 크기가 고정되어 있을 때 α와 β를 동시에 줄일 수 없음을 보여준다. 결국 α, β가 잘 조화되도록 유의수준을 정해야 한다.

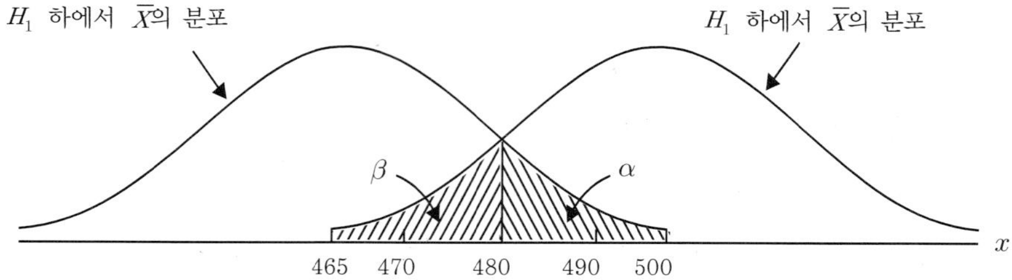

그림 10.7 제 1 및 제 2종 과오를 범할 확률

■ ■ ■ ■

10.4. 평균검정과 표본크기의 결정

표본크기가 고정되면 α(제 1종 과오)의 증가 없이 β(제 2종 과오)를 줄일 수 없고, 또한 β의 증가 없이 α를 줄일 수 없다는 것을 앞 절에서 공부하였다. 그러므로 α와 β를 동시에 줄이는 유일한 방법은 표본크기를 늘리는 것이다.

표본크기는 표본분포(sampling distribution)의 분산크기와 밀접한 관계가 있다. 즉, 표본크기가 커질수록 분산은 감소하게 되어 동일한 유의수준이라도 그 임계치가 작아지게 된다. 따라서 표본크기가 작을 때는 분산과 임계치(critical value)가 커지므로 가설의 채택영역이 커지고, 반대로 표본크기가 커지면 임계치가 작아지므로 채택영역이 좁아져 동일한 가설이라도 기각된다.

따라서 표본을 추출하기 전에 다음 사항을 고려하여 표본의 크기를 결정하여야 한다.

① 가정된 평균치 μ_0

② 평균의 특정 대체값(alternative value) μ_1

③ 유의수준 α

④ 허용된 제 2종 과오의 확률 β

⑤ 표준편차 σ

정규분포인 모집단에 대한 평균의 가설검정에서 최소한의 표본크기를 결정하기 위한 식은 다음과 같이 정의된다.

$$n = \frac{(z_0 - z_1)^2 \sigma^2}{(\mu_0 - \mu_1)^2}$$

위의 식 z_0는 제시된 유의수준에 대한 z의 임계치이고, z_1은 제 2 종 과오의 확률을 나타내는 z값이다. 그리고 단측 및 양측검정에 모두 적용할 수 있고, 표준편차 σ는 알려지거나 표본으로부터 추정된 값을 사용한다. 그러나 표준편차 σ가 알려지지 않고 모집단이 정규분포가 아닐 때에는 표본크기의 계산결과가 30보다 작을 경우 30까지 올려야 한다.

예 제 6

회사 구성원의 한 달 지출금액이 적어도 평균 260,000원이라는 가정을 검정하려 한다. 이때 실질적 평균 지출금액이 특정 대체값인 240,000원이라면 그 차이는 중요하다고 생각한다. 받아들일 수 있는 제 1종 및 제 2종 과오는 0.05와 0.10이며, 표준편차 σ는 43,000원이다. 이 검정을 수행키 위한 최소한의 표본크기를 구하시오.

풀이

문제에서 $\mu_1 = 240,000$, $\mu_0 = 260,000$, $\sigma = 43,000$, $\alpha = 0.05$, $\beta = 0.1$이므로

$z_0 = -1.65$, $z_1 = 1.28$이다.

그러므로 표본크기

$$n = \frac{(z_0 - z_1)^2 \sigma^2}{(\mu_0 - \mu_1)^2} = \frac{(-1.65 - 1.28)^2 (43)^2}{(240 - 260)^2} = \frac{(8,5849)(1,849)}{400} = 39.68 \cong 40 \text{이다.}$$

■ ■ ■ ■

10.5. $t-$분포에 의한 검정

지금까지 우리가 검정한 것은 정규분포에 의한 대표본의 경우였다. 그러나 만일 모집단에서 추출한 표본이 소표본이고 표준편차 σ가 알려지지 않았을 때는 표준화 변수 Z로 검정할 수 없다. 즉, 정규분포의 모집단에서 소표본을 추출할 때 표본평균 $\overline{X}$는 정규분포가 아닌 자유도 $(n-1)$의 $t-$분포를 한다. 따라서 표본이 소표본이거나 표준편차 σ를 모를 경우는 $t-$분포에 의한 $t-$검정을 하여야 한다. $t-$검정식은 다음과 같다.

$$t = \frac{\overline{X} - \mu}{S/\sqrt{n}}$$

예 제 7

S섬유회사의 생산직 사원의 월 평균 임금이 210만 원 이상이라 한다. 이를 조사하기 위해 생산직 사원 29명을 표본으로 선정하여 월정급여(단위: 만원)를 조사한 결과 다음과 같다. 유의수준 10%에서 월정급여를 검정하시오.

157 180 170 170 168 179 160 230 250 243 173 165 162 193

230 215 207 280 310 230 200 175 150 200 220 173 160 230 220

풀이

$\mu_1 = 210,\ n = 29,\ \bar{x} = 200,\ s = 39.43,\ \alpha = 10\%$ 이고, 표본은 $t-$검정이 가능하다.

① 가설의 설정 : $H_0 : \mu_1 = 210,\quad H_1 : \mu_1 > 210$

② 검정통계치의 계산 : $t = \dfrac{210 - 200}{39.43/\sqrt{29}} = \dfrac{10}{7.32} = 1.366$

③ 임계치의 계산 : 우측 단측검정으로 $\alpha = 10\%$ 이고 $t_{\alpha,\ n-1} = t_{0.1,\ 28} = 1.313$ 이다. 즉, t의 임계치는 ± 1.313 이다.

④ 결론 : 이 경우에 있어서 t의 판정치는 1.313인데 $\bar{x}$ 에 의거 산출한 검정 통계치는 1.366이다. 그러므로 대립가설 $H_1 : \mu_1 > 210$ 이 채택되고 귀무가설이 기각된다. 즉, 유의수준 10%에서 검정한 바 생산직 사원의 월 평균 임금이 210만 원 이상이라는 주장을 뒷받침하고 있다.

■ ■ ■ ■

예 제 8

어느 기업에서는 종업원의 빈번한 이직 때문에 생산성이 올라가지 않아 적자를 면치 못하고 있다. 그래서 생산성 향상을 위해 종업원에게 동기를 부여하기 위해 임금도 인상시키고 노동조건도 개선시켰다. 3개월 후 과연 이 기업의 생산성이 향상 됐는가를 알아보기 위해 종업원 25명을 선정하여 조사한 결과 1인당 평균 생산성 $\bar{x} = 66$ 이었고 표본편차 $S = 3.42$ 였다. 그리고 임금인상과 노동조건을 개선하기 전의 1인당 평균 생산성은 55였다고 한다. 유의수준 5%에서 생산성 향상여부를 검정하시오.

풀이

$\mu_1 = 55,\ n = 25,\ \bar{x} = 66,\ s = 3.42,\ \alpha = 5\%$ 이고, 표본은 소표본으로 $t-$검정이 가능하다.

① 가설의 설정 : $H_0 : \mu_1 = 55,\qquad H_1 : \mu_1 \neq 55$

② 검정통계치의 계산 :

$$t = \frac{66 - 55}{3.42/\sqrt{25}} = \frac{11}{0.68} = 16.18$$

③ 임계치의 계산 : $\alpha = 5\%$ 이므로 $t_{a/2,\ n-1} = t_{0.025,\ 24} = 2.064$ 이다. 따라서 t의 임계치는 ± 2.064 이다.

④ 결론 : t의 판정치는 2.064인데 $\bar{x}$에 의거 산출한 실제의 검정 통계치는 16.18이다. 그러므로 다음 그림에서 보는 바와 같이 대립가설 $H_1 : \mu_1 \neq 55$ 가 채택되고 귀무가설이 기각된다. 즉, 유의수준 5%에서 검정한 바 동기부여 전후에 있어서 1인당 생산성에는 유의적 차이가 있다.

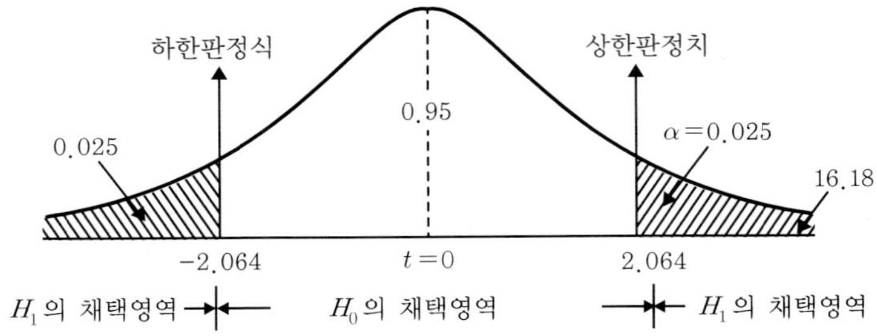

■ ■ ■ ■

예 제 9

어느 자동차 회사에서 신 모델 출시를 앞두고 ℓ 당 연료 소모율을 조사하기 위해 신 모델 9대로 주행 시험하였다. 신 모델은 회사에서 ℓ 당 19Km 이상을 주행하도록 설계하였다고 한다. 주행시험결과가 다음과 같을 때, 5% 유의수준에서 회사의 주행거리 설계를 검정하시오.

23, 17, 21, 18, 20, 19, 22, 21, 19

풀이

합계= 180, 평균= 180/9 = 20, $S^2 = (9+9+1+4+0+1+4+1+1)/8 = 30/8 = 3.75$, $S = 1.9365$이고, 소표본으로 $t-$검정이 가능하다.

① 가설의 설정 : $H_0 : \mu_1 = 19$, $H_1 : \mu_1 > 19$

② 검정통계치의 계산 : $t = \dfrac{20-19}{1.94/\sqrt{9}} = \dfrac{1}{0.65} = 1.54$

③ 임계치의 계산 : $\alpha = 5\%$ 이고 우측검정이므로 $t_{\alpha,\ n-1} = t_{0.05,\ 8} = +1.860$ 이다. 즉, t의 임계치는 $+1.860$ 이다.

④ 결론: t의 임계치는 1.860이고, 9대의 표본 자동차에서 산출한 검정 통계치는 1.54이다. 그러므로 귀무가설($H_0 : \mu_1 = 19$)이 채택된다. 즉, 유의수준 5%에서 신모델 자동차가 ℓ 당 19Km 이상을 주행할 수 있다는 주장을 채택할 충분한 자료가 아님을 알 수 있다.

■ ■ ■ ■

10.6. 체비세프 부등식에 의한 검정

체비세프(P.L. Chebyshev) 부등식은 모집단에서 추출한 표본의 크기가 적고($n < 30$), 모집단이 정규분포를 한다는 가정이 없을 경우에 적절하다. 가설검정에 적용하기 위해 제 8장(8.6절)에서 설명한 체비세프 부등식을 이용하면 다음과 같다.

$$P(|\overline{X} - \mu| > k\sigma_{\bar{x}}) < \frac{1}{k^2}$$

체비세프 부등식을 적용하는데 있어 우리는 단지 표본평균과 가정된 평균과의 차이를 계산한 후 제시된 유의수준과 $1/k^2$ 값을 비교하면 된다.

예컨대 유의수준 α가 5%라면 귀무가설이 기각되는 k의 최소값은 4.47이다. 왜냐하면 $1/(4.47)^2$이 약 0.05이기 때문이다. 그리고 체비세프 부등식의 적용은 반드시 양측검정이어야하고 모집단은 비대칭이어야 한다.

예 제 10

특정 회사의 전체 월정급여의 분포는 정규분포라고 믿을 수 없다. 이 회사의 월정급여가 2,000,000원이라 가정하고 이를 검정하고자 한다. 따라서 표본으로 10명을 선별하여 평균급여를 계산한 결과 $\bar{x} = 1,800,000$원이었고, 표준편차 $s = 14,000$원이었다. 5% 유의수준에서 체비세프 부등식으로 검정하시오.

풀이

$H_0 : \mu = 2,000,00$원, $\qquad H_1 : \mu \neq 2,000,00$원

$$s_{\bar{x}} = \frac{s}{\sqrt{n}} = \frac{14,000}{\sqrt{10}} = \frac{14,000}{3.1623} \cong 4,427.2(\text{원})$$

$$k = \frac{\bar{x} - \mu_0}{s_{\bar{x}}} = \frac{1,800,000 - 2,000,000}{4,427.2} = \frac{-200,000}{4,427.2} = -4.52$$

$$\frac{1}{k^2} = \frac{1}{(-4.52)^2} = \frac{1}{20.43} = 0.049$$

따라서 관찰된 차이가 0.05보다 작으므로 귀무가설은 기각되고 대립가설이 채택된다.

■ ■ ■ ■

지금까지 10장에서는 모집단 평균에 대한 가설검정을 설명하였다. 이들 전체를 요약하면 〈표 10.4〉와 같다.

| 표 10.4 | 모집단 평균의 가설검정

모집단	표본 크기	σ를 알 때	σ를 모를 때
정 규 분 포	클 때 $(n \geq 30)$	$z = \dfrac{\bar{x} - \mu_0}{\sigma_{\bar{x}}}$	$z = \dfrac{\bar{x} - \mu_0}{s_{\bar{x}}}$
	작을 때 $(n < 30)$	$z = \dfrac{\bar{x} - \mu_0}{\sigma_{\bar{x}}}$	$t = \dfrac{\bar{x} - \mu_0}{s_{\bar{x}}}$
비 정 규 분 포	클 때 $(n \geq 30)$	$z = \dfrac{\bar{x} - \mu_0}{\sigma_{\bar{x}}}$	$z = \dfrac{\bar{x} - \mu_0}{s_{\bar{x}}}$
	작을 때 $(n < 30)$	$k = \dfrac{\bar{x} - \mu_0}{\sigma_{\bar{x}}}$ (체비세프부등식 적용)	$k = \dfrac{\bar{x} - \mu_0}{s_{\bar{x}}}$ (체비세프부등식 적용)

10.7. SPSS 통계분석

SPSS 분석 1

〈예 제 6〉에서 생산직 사원의 월정급여(단위: 만원)를 조사하기 위해 29명을 표본 조사하였고 월 평균 임금이 210만 원 이상이라고 주장하였다. 이러한 주장을 검정하기 위해 SPSS 통계패키지를 사용하여 〈예제 6〉의 결과와 비교하고자 한다. 월정급여(단위: 만원)는 다음 자료와 같으며 유의수준 10%에서 월정급여를 검정한다.

157 180 170 170 168 179 160 230 250 243 173 165 162 193

230 215 207 280 310 230 200 175 150 200 220 173 160 230 220

(1) 월정급여 29개 자료를 1열에 입력한다.

(2) 메인 메뉴에서 [분석] → [평균비교] → [일표본 T검정] → 〈분석할 변수를 검정변수로 이동〉 → [검정값 210 입력] → [옵션] → 〈신뢰구간 90 입력〉 → [계속] → [확인] 순서를 따르게 되면 다음과 같은 결과분석 창이 활성화 된다.

T 검정

[데이터세트6]

일표본 통계량

	N	평균	표준편차	평균의 표준오차
월정급여	29	200.00	39.433	7.322

일표본 검정

	검정값 = 210					
					차이의 90% 신뢰구간	
	t	자유도	유의확률 (양쪽)	평균차이	하한	상한
월정급여	-1.366	28	.183	-10.000	-22.46	2.46

결과분석

일표본 검정표에서 t값이 -1.366이고, 유의확률(양쪽)이 0.05보다 크다. 따라서 평균임금이 210만 원 이상이라는 대립가설이 기각되고 귀무가설이 채택된다.

SPSS 분석 2

〈예 제 7〉의 자료에서 생산성 향상을 위해 종업원에게 동기부여 전과 동기부여 후의 생산성을 조사하기 위해 25명을 표본으로 선정하였다. 과연 25명의 종업원이 동기부여 후에 생산성이 향상 되었는가를 유의수준 5%에서 검정하여 보자.

◉ 동기부여 전:
50,56,55,50,60,50,60,53,57,52,54,55,57,58,60,54,52,53,51,56,57,60,50,55,60

◉ 동기부여 후:
60,66,65,60,70,60,74,63,67,62,70,65,67,68,70,64,66,64,65,66,67,70,66,65,70

(1) 동기부여 전 생산성 자료를 1열에, 동기부여 후 생산성 자료를 2열에 입력한다.

(2) 메인메뉴에서 [분석] → [평균비교] → [대응표본 T검정] → 〈분석할 변수를 대응변수로 이동〉 → 〈신뢰구간 95 입력〉 → [계속] → [확인] 순서를 따르게 되면 다음과 같은 결과분석 창이 활성화 된다.

T 검정

[데이터세트8]

대응표본 통계량

		평균	N	표준편차	평균의 표준오차
대응 1	동기부여전	55.00	25	3.488	.698
	동기부여후	66.00	25	3.512	.702

대응표본 상관계수

		N	상관관계	유의확률
대응 1	동기부여전 & 동기부여후	25	.837	.000

대응표본 검정

		대응차					t	자유도	유의확률 (양측)
					차이의 95% 신뢰구간				
		평균	표준편차	평균의 표준오차	하한	상한			
대응 1	동기부여전 - 동기부여후	-11.000	2.000	.400	-11.826	-10.174	-27.500	24	.000

결과분석

대응표본 검정표에서 동기부여 후 평균 생산성이 11정도 상승하였음을 알 수 있다. 또한 검정통계량 t값이 -27.5이고 유의확률이 0.000으로 유의수준 0.05보다 작다. 따라서 동기부여 전과 후에 생산성의 차이가 있음을 알 수 있다.

연 습 문 제

10.1 다음 자료에 의하여 적절한 가설을 검정하시오.

① $n=20,\ \bar{x}=27,\ s=3$

$H_0:\ \mu=20,\ H_1:\ \mu\neq 20,\ a=0.02$

② $n=25,\ \bar{x}=60,\ s^2=10$

$H_0:\ \mu\geq 65,\ H_1:\ \mu<65,\ a=0.05$

③ $n=9,\ \bar{x}=300,\ s^2=9$

$H_0:\ \mu\leq 295,\ H_1:\ \mu<295,\ a=0.01$

④ $n=15,\ \bar{x}=1500,\ s^2=100$

$H_0:\ \mu=1550,\ H_1:\ \mu\neq 1550,\ a=0.1$

⑤ $n=9,\ \bar{x}=10.1,\ s^2=0.91$

$H_0:\ \mu\geq 12,\ H_1:\ \mu<12,\ a=0.005$

⑥ $n=45,\ \bar{x}=190,\ s=1$

$H_0:\ \mu\leq 18,\ H_1:\ \mu>18,\ a=0.05$

12.2 분산이 10이고 정규분포를 이루는 모집단에 대한 다음 가설을 검정하려 한다.

$$H_0:\mu=100 \qquad\qquad H_1:\ \mu\neq 100$$

① 유의수준은 10%로 하고 표본의 크기는 25로 하여 검정할 때 임계치를 구하시오.

② ①의 경우 표본평균이 95라면 어떤 결정을 내리겠는가?

10.3 어느 백화점 경영자는 판촉부에서 조사한 A지역의 연간 가계수입의 평균은 \$15,000이라고 보고 받았다. A지역에 거주하는 한 가정의 평균수입이 정규분포에 접근하고 표준편차가 \$2,000이라고 가정하고 15개의 가정을 임의로 선정하여 수입을 계산한 결과 평균수입 $\bar{x}=\$14,000$이었다. 귀무가설 $\mu=\$15,000$을 유의수준 5%를 적용하여 다음을 계산하시오.

① 가계수입의 개념($)으로 귀무가설을 검정하시오.

② 표준변수 Z의 값으로 귀무가설을 검정하시오.

10.4 문제 10.3에서 언급한 백화점 판촉부는 한 가계의 평균수입이 $15,000보다 높을 가능성에 관해서는 관심이 없고 $15,000보다 낮은 것에 관심이 있다. 이런 경우 문제를 해결할 귀무가설과 대립가설을 재설정하여 검정하시오.

10.5 문제 10.4는 모집단의 표준편차가 알려지지 않았으며, 또한 가계에 대한 평균수입의 분포가 정규분포가 아니라는 가정이 일반적인 경우이다. 따라서 이런 경우에 30개의 가정을 표본으로 추출하여 계산한 결과 표본평균 $\bar{x} = \$14{,}000$이고, 표준편차 $s = \$2{,}000$이였다. 모집단의 가계수입 평균이 적어도 $15,000이라는 귀무가설을 5%의 유의수준을 사용하여 검정하시오.

10.6 모든 은행의 신입 여행원이 1,000원짜리 지폐 한 묶음(100장)을 세는 데 소요되는 시간이 평균 25초 이하라고 주장한다. 이를 검정하기 위하여 신입 여행원 40명을 임의로 선출하여, 1,000원짜리 지폐 한 묶음을 세는 데 소요되는 시간을 측정한 결과 평균 30초로 계산되었고, 표준편차는 4.1초였다. 유의수준 $\alpha = 0.1$로 하여 은행의 주장을 검정하시오.

10.7 A회사에서 생산되는 컬러 TV용 브라운관의 수명은 표준편차 $\sigma = 500$시간으로 알려졌고, 또한 브라운관의 수명분포는 정규분포를 이룬다고 한다. A회사에서는 브라운관 수명이 적어도 9,000시간을 초과한다고 주장하는데, 이 주장을 5% 유의수준에서 다음 조건을 검정하시오.

① 15개의 표본을 추출한 결과 평균 $\bar{x}$는 8,800시간이었다.

② 35개의 표본을 추출한 결과 평균 $\bar{x}$는 8,800시간이었다.

10.8 어느 심리학자가 알코올 중독에 따른 반응속도를 연구하기 위해 알코올에 중독 안 된

8명의 반응시간과 알코올에 중독 된 6명의 반응시간(단위 : 초)을 측정한 결과 다음과 같았다.

중독이 안 된 사람의 반응시간	3.0	2.0	1.0	2.5	1.5	4.0	1.0	2.0
중독이 된 사람의 반응시간	5.0	4.0	3.0	4.5	2.0	2.5		

알코올에 중독된 사람의 반응시간이 중독이 안 된 사람의 반응시간보다 더 길다고 할 수 있는가? $a = 0.05$로 검정하시오.

10.9 어느 대학의 취업담당자는 졸업생의 초봉이 평균 2,000,000원이라고 하는데 이 가설을 검정하기 위하여 졸업생 100명을 임의로 선택하여 초봉을 조사한 결과 1,980,000원이 나왔고 표준편차는 80,000원이었다. 유의수준 $\alpha = 0.05$로 하여 이 가설을 검정하시오.

10.10 문제 10.3에서 만약 평균 가계수입이 $13,500이하라면 판촉부에서 보고한 $15,000와는 대단한 모순점이 존재하게 된다. 이를 단측검정과 관련하여 제 1종 및 제 2종 과오의 확률을 구하시오.

10.11 문제 10.3과 문제 10.10에서 평균에 대한 특정 귀무가설값이 $\mu_0 = \$15,000$이고, 대립가설값 $\mu_1 = \$13,500$이었을 때 열다섯 가정을 임의로 추출한 결과 표본분산 $\sigma_{\overline{x}} = \$516.80$이었고 표본평균의 임계값 $\overline{X}_{CR} = \$14,147.28$이었다.

① 임계값 $\overline{X}_{CR}$이 적용되는 의미를 설명하시오.

② 만약 모평균의 실질값이 $\mu = \$13,000$일 때, 제 2종 과오의 확률을 구하시오.

10.12 과자봉지에 400g의 과자를 채우도록 설계되어 있는 포장기계가 제대로 작동하고 있는지를 알아보기 위해, 36개의 과자봉지를 임의로 추출하여 다음 가설을 검정하고자 한다.

$$H_0 : \mu = 400, \qquad H_1 : \mu \neq 400$$

만일 표본평균 $\bar{x}$가 390g보다 작거나 410g보다 크면 귀무가설은 기각된다. 모집단 표준편차 $\sigma = 42g$이라 하고 다음을 계산하시오.

① 가설검정에서 제 1종 과오를 일으킬 확률을 구하시오.

② 실제 $\mu = 380g$이라면 제 2종 과오를 일으킬 확률 β는 얼마인가?

10.13 문제 10.3에서 백화점의 판촉부는 유의수준 5%로 귀무가설 $H_0 : \mu \geq \$15,000$를 검정하기를 원한다. 평균 가계수입 $\bar{x}$=$13,500이하라면 A지역의 연간평균 가계수입과는 많은 차이가 있다고 가정한다. 판촉부는 특정 지역에 대한 판매계획의 차질에 많은 관심을 갖고 있으므로 제 2종 과오 β=0.01의 수준을 원한다. 가계수입의 표준편차 $\sigma = \$2,000$로 알려졌고 모집단에 대한 정규분포는 알 수 없다고 할 때, 제 1종 및 제 2 종 과오에 대한 판촉부의 요구를 만족하기 위한 표본의 크기를 결정하시오.

10.14 문제 10.3을 변화시켜 백화점 경영자가 판촉부로부터 평균 가계수입이 적어도 $\mu = \$15,000$이고, 정규분포를 형성한다고 보고 받았다. 열 다섯 가정을 선정하여 계산한 결과 평균 $\bar{x} = \$14,000$였고 표준편차 $s = \$2,000$였다. 5% 유의수준에서 귀무가설을 검정하시오.

10.15 100명이 재학 중인 어느 대학 경영학과 2학년 학생 중에 12명의 학생을 임의로 선정하여 학점을 계산한 결과 총 평균점수 4.0만점에 2.7이었고, 표준편차 $s = 0.4$였다. 전체 학생의 평균점수가 정규분포를 이룰 때 모든 학생의 학점이 3.0이라는 가정을 1% 유의수준에서 검정하시오.

10.16 어느 슈퍼마켓에서 판매되는 특정 통조림의 내용물을 조사하기 위해 콩 통조림 12개를 표본으로 선택하였다. 표준 통조림의 순수한 콩의 무게를 조사한 결과 $\bar{x} = 15.97$온스이고 $s = 0.15$온스였다. 통조림회사에서 주장하는 평균 순수 콩의 무게가 16온스일 때 10% 유의수준에서 회사의 주장을 검정하시오.

10.17 문제 10.3, 10.4의 조건에서 모집단의 평균편차 σ가 알려지지 않고 또한 정규분포를 한다는 가정도 없을 때, 어느 가계의 연간 수입이 $\mu = \$15,000$라는 주장에서 표본의 표준편차 $s = \$2,000$이다. 5%의 유의수준을 적용하여 가정치를 검정하시오.

10.18 문제 10.17에서 귀무가설 $H_0 : \mu \geq \$15,000$라고 가정하면 단측검정이 적절하다. 이 가설은 체비세프의 부등식을 사용하여 검정이 가능한가? 가능하면 검정하시오.

10.19 단위 면적당 쌀 생산량이 350kg인 지역으로부터 50호의 농가를 임의로 추출하여 쌀 생산량의 평균을 조사한 결과 372kg이었다. 이 지역의 단위 면적당 쌀 생산량의 모평균은 350kg이라 해도 좋은지 유의수준 5%에서 검정하시오.

10.20 어떤 질병에 대한 기존의 치료법은 치료기간이 평균 15일, 표준편차 3일인 정규분포를 따른다고 알려져 있다. 새로운 치료법을 개발한 의료진은 치료기간을 단축시켰다고 주장한다. 이를 확인하기 위하여 20명의 환자를 임의로 추출하여 새로운 치료법에 대한 치료기간을 조사한 결과 평균 14일이었다. 유의수준 $a = 0.05$에서 치료기간의 단축에 대한 주장을 검정하시오.

CHAPTER

11 가설검정(II)

우리는 종종 두 개의 모집단에서 상호독립적인 표본을 추출하여 두 집단의 모수를 서로 비교해 보고자 하는 경우가 많다. 예를 들면 서로 다른 두 회사가 만들어 낸 동일제품의 우수성을 비교한다든지, 다른 두개의 제조공정에서 생산하는 제품의 불량률을 비교한다든지, 또는 어떤 치료법의 효과를 분석하기 위해 치료 전의 상태와 치료 후의 상태를 비교한다든지 우리 주변에 이러한 문제들이 산재되어 있다.

따라서 본 장에서 다루고자 하는 내용은 두 모집단의 평균과 비율, 분산 등을 비교하여 두 집단 간에는 어떠한 차이가 있는가를 파악하고자 한다. 즉, 두 모집단의 평균차이 $(\mu_1 - \mu_2)$, 두 모집단의 비율차이$(p_1 - p_2)$, 두 모집단의 분산비율(σ_1 / σ_2) 등에 관한 가설검정을 설명하고자 한다.

11.1. 모집단 평균 차이에 대한 가설검정

두 개의 모집단 평균(μ_1, μ_2)을 비교하는 가설검정은 앞 장에서 설명한 단일 모집단 평균의 가설검정과 비슷하고, 사용되는 기호들도 같은 것을 사용한다.

두 개의 모집단 평균을 비교하는 가설검정은 제 9장의 신뢰구간 추정과 같이 다음 세 가지 경우로 나누어 볼 수 있다.

① 모집단 분산 σ_1^2과 σ_2^2의 값을 알고 있는 경우

② 모집단 분산 σ_1^2과 σ_2^2은 모르지만 $\sigma_1^2 \neq \sigma_2^2$인 경우

③ 모집단 분산 σ_1^2과 σ_2^2은 모르지만 $\sigma_1^2 = \sigma_2^2$인 경우

① 모집단 분산 σ_1^2과 σ_2^2의 값을 알고 있는 경우

만약 표본크기가 30보다 적으면 두 모집단이 정규분포를 한다는 가정이 있어야 되지만, 표본크기가 30보다 크면 중심극한정리에 의하여 모집단이 정규분포를 하지 않아도 근시적 정규분포를 사용할 수 있다. 그러므로 검정통계량(test statistic)은 다음과 같이 된다.

$$Z = \frac{(\overline{X}_1 - \overline{X}_2) - (\mu_1 - \mu_2)}{\sqrt{\dfrac{\sigma_1^2}{n_1} + \dfrac{\sigma_2^2}{n_2}}}$$

② 모집단 분산 σ_1^2과 σ_2^2은 모르지만 $\sigma_1^2 \neq \sigma_2^2$인 경우

모집단의 분산이 알려지지 않은 경우, 모집단에서 추출한 표본의 분산 S_1^2과 S_2^2을 모집단의 분산 σ_1^2과 σ_2^2의 불편추정치로 대신 사용한다.

$$Z = \frac{(\overline{X}_1 - \overline{X}_2) - (\mu_1 - \mu_2)}{\sqrt{\dfrac{S_1^2}{n_1} + \dfrac{S_2^2}{n_2}}}$$

두 모집단의 평균차이에 대한 가설검정에서 귀무가설은 평균이 동일한 두 집단에서 표본을 추출하는 것으로 가정한다. 즉, 두 평균에 차이가 없다는 것이다. 따라서 $(\mu_1 - \mu_2) = 0$으로 놓으면 위의 식은 다음과 같이 정의된다.

$$Z = \frac{\overline{X}_1 - \overline{X}_2}{\sqrt{\frac{{\sigma_1}^2}{n_1} + \frac{{\sigma_2}^2}{n_2}}} \qquad Z = \frac{\overline{X}_1 - \overline{X}_2}{\sqrt{\frac{{S_1}^2}{n_1} + \frac{{S_2}^2}{n_2}}}$$

③ 모집단 분산 ${\sigma_1}^2$과 ${\sigma_2}^2$은 모르지만 ${\sigma_1}^2 = {\sigma_2}^2$인 경우

두 모집단의 평균 차이에 대한 검정은 $(\mu_1 - \mu_2) = 0$로 사실 두 개의 표본이 동일한 모집단으로부터 추출한다는 가정이다. 이러한 가정은 두 개의 모집단 분산이 같다$({\sigma_1}^2 = \sigma_2^2)$는 가정을 할 수 있다. 또한 표준편차도 동일$(\sigma_1 = \sigma_2)$하다는 것이다. 따라서 우리는 이를 $\sigma_1 = \sigma_2 = \sigma_p$로 모두 σ_p로 간단히 표시할 수 있고, 다음과 같이 위의 식들이 정의된다.

$$Z = \frac{\overline{X}_1 - \overline{X}_2}{\sigma . \sqrt{\frac{1}{n_1} + \frac{1}{n_2}}} \qquad Z = \frac{\overline{X}_1 - \overline{X}_2}{S . \sqrt{\frac{1}{n_1} + \frac{1}{n_2}}}$$

위 식에서 모집단 분산을 모를 경우에 사용되는 통계량 S는 두 개 분산이 합병된 추정치 ${S_p}^2$으로 추정되고 ${S_p}^2$은 다음 식으로 계산된다.

$${S_p}^2 = \frac{(n_1 - 1)S_1^2 + (n_2 - 1){S_2}^2}{n_1 + n_2 - 2}$$

그리고 두 모집단의 평균차이를 검정하는 방법은 단측검정과 양측검정이 모두 적용된다.

예 제 1

A기업의 근로자 30명을 표본으로 선정하여 월정급여를 조사한 결과 평균임금 $\overline{x}_1 = 1,800,000$원이고, 표준편차 $s_1 = 140,000$원이었다. 또 다른 B기업의 근로자 40명을 표본으로 선정하여 월정급여를 조사한 결과 평균임금 $\overline{x}_2 = 1,700,000$원이고, 표준편차 $s_2 = 100,000$원이었다. 이들 두 회사는 월정급여의 표준편차가 같지 않을 경우이다. 두 회사의 평균임금은 차이가 없다는 가정을 5% 유의수준에서 검정하시오.

풀이

문제에서 $\bar{x}_1 = 1,800,000$, $\bar{x}_2 = 1,700,000$, $s_1 = 140,000$, $s_2 = 100,000$원이므로

$\frac{s_1^2}{n_1} = \frac{(140,000)^2}{30} = 653,333,333$, $\frac{s_2^2}{n_2} = \frac{(100,000)^2}{40} = 250,000,000$이다. 따라서

$s_p = \sqrt{s_{\bar{x}_1}^2 + s_{\bar{x}_2}^2} = \sqrt{653,333,333 + 250,000,000} = \sqrt{903,333,333} \fallingdotseq 30,055$이다.

① 가설검정 : $H_0 : \mu_1 = \mu_0$ $\quad H_1 : \mu_1 \neq \mu_0$

② 검정통계량 : $z = \frac{\bar{x}_1 - \bar{x}_2}{s_p} = \frac{1,800,000 - 1,700,000}{30,055} = \frac{100,000}{30,055} = 3.327$

③ 임계치 : $\alpha = 0.05$이므로 $z_{\alpha/2} = \pm 1.96$

④ 결론 : 검정통계량이 임계치 이상의 값이므로 귀무가설이 기각된다. 즉, 두 회사의 월정급여가 다르다는 대립가설이 채택된다.

■ ■ ■ ■

예 제 2

〈예제 1〉을 참고하여 임금분석자가 A기업의 평균임금이 B기업의 평균임금보다 많다고 믿고 있다. 그의 주장을 명백하게 검정하기 위하여 그는 정반대의 가능성, 즉 A기업의 평균임금이 B기업의 평균임금보다 적거나 같다는 것을 귀무가설로 설정하였다. 두 모집단의 표준편차가 동일치 않다는 가정에서 이 가설을 유의수준 1%로 검정하시오.

풀이

① 가설의 설정 : $H_0 : \mu_1 \leq \mu_2$ $\quad H_1 : \mu_1 > \mu_2$

② 검정통계량 : $z = 3.327$(예제 1에서)

③ 임계치 : $\alpha = 0.01$이므로 $z_\alpha = 2.58$

④ 결론 : 귀무가설은 기각되고 A기업의 평균임금이 B기업의 평균임금보다 많다는 대립가설이 채택된다.

■ ■ ■ ■

11.2. 모집단 평균 차이와 t-분포

t-분포로 모집단의 평균차이를 검정하고자 할 때 필요한 가정은 두 개의 모집단 분산이 같고($\sigma_1{}^2 = \sigma_2{}^2 = \sigma^2$) 작은 크기($n < 30$)의 표본을 정규 모집단에서 뽑았을 때이다. 두 모집단의 분산이 동일한 경우는 앞 절에서 이미 설명하였듯이 모집단의 공통 표준편차를 다음 식으로 계산한다.

$$\sigma_p = \sigma_{\bar{x}_1 - \bar{x}_2} = \sqrt{\sigma^2\left(\frac{1}{n_1} + \frac{1}{n_2}\right)} = \sigma\sqrt{\frac{1}{n_1} + \frac{1}{n_2}}$$

또한 두 모집단의 분산을 모를 경우에 사용되는 두 표본통계량(S_1, S_2)의 공통 표준오차는 다음 식으로 계산한다.

$$S_p = S_{\bar{x}_1 - \bar{x}_2} = \sqrt{\frac{(n_1-1)S_1^2 + (n_2-1)S_2^2}{n_1+n_2-2}} \cdot \sqrt{\frac{1}{n_1} + \frac{1}{n_2}}$$

따라서 모집단 분산이 알려졌을 경우와 알려지지 않았을 경우 t-분포에 의한 검정통계량은 다음 식으로 계산된다.

모분산을 알 때 : $t_{\alpha/2,\,df} = \dfrac{\overline{X}_1 - \overline{X}_2}{\sigma_p}$ 　　모분산을 모를 때 : $t_{\alpha/2,\,df} = \dfrac{\overline{X}_1 - \overline{X}_2}{S_p}$

예 제 3

A회사에서 생산되는 백열전구의 수명을 조사키 위해 10개의 전구를 검사한 결과 평균시간 $\bar{x}_1 = 4{,}000$시간이고, 표준편차 $s_1 = 200$시간이었다. 또 B회사에서 생산되는 10개의 백열전구 수명은 평균시간 $\bar{x}_2 = 4{,}300$시간, 표준편차 $s_2 = 250$시간이었다. 1% 유의수준을 사용하여 두 회사의 평균 전구수명에는 차이가 없다는 가정을 검정하시오.

풀이

$\bar{x}_1 = 4{,}000$시간, $\bar{x}_2 = 4{,}300$시간, $s_1 = 200$시간, $s_2 = 250$시간, $n_1 = 10$, $n_2 = 10$이다. 그리고 자유도 $df = n_1 + n_2 - 2 = 10 + 10 - 2 = 18$ 이므로

$$s_p = s_{\bar{x}_1 - \bar{x}_2} = \sqrt{\frac{9(200)^2 + 9(250)^2}{18}} \cdot \sqrt{\frac{1}{5}} = \sqrt{\frac{360{,}000 + 562{,}500}{18}} \cdot \sqrt{\frac{1}{5}}$$

$= \sqrt{22{,}919.7} \fallingdotseq 151.39$이다.

① 가설의 설정 : $H_0 : \mu_1 = \mu_2$　　　　　　$H_1 = \mu_1 \neq \mu_2$

② 검정통계량 : $t = \dfrac{\bar{x}_1 - \bar{x}_2}{s_p} = \dfrac{4{,}000 - 4{,}300}{151.39} = \dfrac{-300}{151.39} = -1.9816$

③ 임계치 : $\alpha = 0.01$, $df = 16$이므로 $t_{0.005,\ 16} = \pm 2.921$

④ 결론 : 따라서 검정통계량 t의 값이 임계치의 내부에 존재하므로 1%의 유의수준에서 귀무가설이 채택되고 대립가설은 기각된다.

■ ■ ■ ■

11.3. 이항분포의 비율에 관한 검정

모집단이 이항분포를 하고 표본추출과정이 베르누이(Bernoulli)시행을 따를 때, X를 성공의 횟수, n을 표본크기라 한다면 표본비율은 $\hat{p} = X/n$이다. 또한 p_0를 귀무가설에서 가정한 성공의 비율이라 할 때, $np_0(1-p_0) \geq 5$란 조건을 만족시키면 표본비율 $\hat{p}$은 평균 $\mu = np_0$, 표준편차 $\sigma = \sqrt{np_0(1-p_0)}$인 정규분포에 접근한다. 따라서 귀무가설 H_0인 $p = p_0$의 가설을 검정하기 위한 검정통계량은 다음과 같이 정의된다.

$$Z = \frac{X - np_0}{\sqrt{np_0(1-p_0)}} = \frac{\dfrac{X}{n} - p_0}{\sqrt{\dfrac{1}{n} \cdot p_0(1-p_0)}}$$

예 제 4

어느 공장에 납품된 제품의 불량률은 2% 미만이어야 한다. 그런데 임의로 400개의 부품을 추출하여 조사해 본 결과 불량품이 12개였다. 유의수준 5%로 납품된 제품의 불량률이 2% 미만이라는 주장을 검정하시오.

풀이

문제에서 $p_0 = 0.02$이고, $\hat{p} = x/n$이므로 $12/400 = 0.03$이다.

① 가설의 설정 : $H_0 : p \le 0.02$ $\qquad H_1 : p > 0.02$

② 검정통계량 : $z = \dfrac{0.03 - 0.02}{\sqrt{400(0.02)(0.98)}} = 1.429$

③ 임계치 : $\alpha = 0.05$이므로 $z_{0.05} = 1.645$

④ 결론 : 다음 그림에서 보는 것과 같이 검정통계량이 임계치보다 작아서 귀무가설을 기각할 수 없다. 즉 납품된 부품이 불량률 2% 이상이라는 증거를 제시하지 못한다.

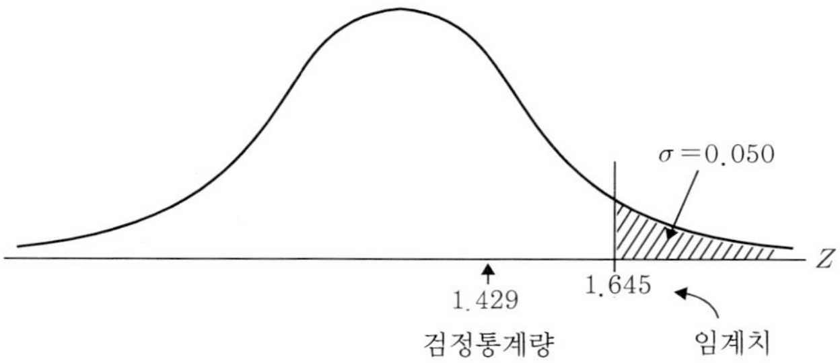

그림 11.1 성공의 비율에 대한 가설검정

■ ■ ■ ■

11.4. 정규분포와 모집단 비율의 검정

이항분포의 정규근사법(제 7장)에서 $n \ge 30$, $np \le 5$, $n(1-p) \ge 5$일 때 이항분포는 정규분포에 접근한다고 하였다. 모집단 비율에 대한 가설검정은 앞 절에서 설명한 이항분포의 비율검정과 같이 표본비율을 구하고 이 표본비율에 기초하여 검정하게 된다.

예컨대 p_0를 모집단 비율이라 가정하면 표본비율 X/n는 평균이 p_0이고 표준편차가

$\sqrt{p_0(1-p_0)n}$ 이다. 더 나아가 표본이 크면 X/n의 분포형태는 근사적으로 정규분포에 접근한다. 결과적으로 귀무가설이 진실일 때, 즉 모집단 비율 $p=p_0$일 때 X/n의 분포는 n이 클 경우 평균이 p_0이고 표준오차 $\sigma_{\hat{p}}$는 다음과 같다.

$$\sigma_{\hat{P}} = \sqrt{\frac{p_0(1-p_0)}{n}}$$

모집단 비율의 가정된 값을 검정하는 절차는 제 10장에서 설명한 모집단 평균에 대한 검정과 동일하다. 즉 평균대신 비율에 대한 검정이라는 사실만 다르다. 따라서 비율에 대한 가정된 값을 검정하기 위한 식은 다음과 같다.

$$Z = \frac{\hat{p} - p_0}{\sigma_{\hat{P}}}$$

예 제 5

어느 기계는 부속품의 결함으로 30%의 불량제품을 생산한다. 기계를 수리한 후 100개의 제품을 생산한 후 불량품을 조사한 결과 22개의 제품이 불량이었다. 수리 후 불량품이 감소되었는지를 유의수준 1%로 검정하시오.

풀이

문제에서 $n=100,\ p_0=0.3$이고 $n \ge 30,\ np_0 \ge 5,\ n(1-p_0) \ge 5$이므로 정규분포를 적용할 수 있다. 그리고 $\hat{p}=\frac{x}{n}=\frac{22}{100}=0.22$이고,

$\sigma_{\hat{P}} = \sqrt{\frac{p_0(1-p_0)}{n}} = \sqrt{\frac{(0.3)(0.7)}{100}} = \sqrt{\frac{0.21}{100}} = 0.0458$이다.

① 가설의 설정 : $H_0 : p > 0.3$ $H_1 : p < 0.3$

② 검정통계량 : $z = \frac{\hat{p}-p_0}{\sigma_{\hat{P}}} = \frac{0.22-0.3}{0.0458} = -1.745$

③ 임계치 : $a=0.01$이므로, $z_{0.01} = -2.33$이다.

④ 결론 : 검정통계량과 임계치를 비교하면 귀무가설이 채택된다. 그러므로 불량품 비율

이 감소되었다는 증거는 1% 유의수준에서는 유의하지 않다.

■ ■ ■ ■

11.5. 표본크기와 비율검정

표본을 실질적으로 추출하기 전에 가정된 비율값을 검정키 위해 요구되는 표본크기는 다음 조건에 의해 결정된다.

① 가정된 비율의 값 p_0	② 특정 대체값과 귀무가설과의 차이 p_1
③ 검정에 사용되는 유의수준 α	④ 허용된 제 2종 과오의 확률 β

따라서 가정된 비율값을 검정키 위해 요구되는 최소 표본크기는 다음 식으로 계산한다.

$$n = \left[\frac{z_0 \sqrt{p_0(1-p_0)} - z_1 \sqrt{p_1(1-p_1)}}{p_1 - p_0} \right]^2$$

위 식에서 z_0는 특정 유의수준과 관련된 Z의 임계치이고, z_1은 제 2종 과오의 확률을 표시한 Z의 값이다. 그러므로 제 10장의 평균에 대한 표본크기에서 설명하였듯이 z_0와 z_1은 상호 반대적 부호를 갖게 된다. 또한 단측 · 양측검정 모두 위의 식이 적용되며, 표본크기의 소수점은 반올림하여 처리한다.

예 제 6

어느 국회의원은 동료 국회의원 중 적어도 60%가 국회에서 노동법이 개정되기를 희망한다는 가설을 유의수준 5%로 검정하기를 원했다. 따라서 그는 개정에 대한 호의가 50% 미만일 때는 이 가설에 모순이 있다고 생각하고 제 2종 과오 $\beta = 0.05$의 위험을 받아들이기로 하였다. 의사결정에 만족을 줄 수 있는 최소한의 표본크기는 어느 정도로 하여야 하는가?

풀이

$p_0 = 0.6,\ z_0 = z_{\alpha/2} = 1.65,\ z_1 = z_{\beta/2} = -1.65,\ p_1 = 0.5$이다.

$$즉,\quad n = \left[\frac{z_0\sqrt{p_0(1-p_0)} - z_1\sqrt{p_1(1-p_1)}}{p_1 - p_0} \right]^2$$

$$= \left[\frac{0.6\sqrt{(0.6)(0.4)} - (-1.65)\sqrt{(0.5)(0.5)}}{0.6 - 0.5} \right]^2$$

$$= \left[\frac{-1.65(0.49) - 1.65(0.5)^2}{0.1} \right]^2 = \left(\frac{-0.808 - 0.825}{0.1} \right)^2$$

$$= (-16.33)^2 = 266.67 = 267$$이다.

■ ■ ■ ■

11.6. 모집단 비율의 차이에 대한 가설검정

두 모집단 비율 p_1, p_2에 대한 가설검정은 표본비율 $\hat{p}_1$, $\hat{p}_2$가 가장 좋은 점추정치이므로 이를 사용하여 검정한다. 본 장에서 설명하는 두 모집단 비율의 차이에 대한 가설검정은 대표본인 경우에만 설명하고자 한다. 만약 두 모집단 비율 p_1과 p_2가 동일하다는 귀무가설 $H_0(H_0 : p_1 = p_2)$와 동일하지 않다는 대립가설 $H_1(H_1 : p_1 \neq p_2)$이 설정되면, $p_1 - p_2$의 공통표준편차 $\hat{p}_1 - \hat{p}_2$는 $p_1 = p_2 = \hat{p}$로 놓고 다음과 같이 나타낼 수 있다.

$$\sigma_{\hat{p}_1 - \hat{p}_2} = \sqrt{\frac{(1-\hat{p})}{n_1} + \frac{(1-\hat{p})}{n_2}} = \sqrt{(1-\hat{p})\left(\frac{1}{n_1} + \frac{1}{n_2}\right)}$$

위 식에서 p의 합병된 추정치 $\hat{p}$을 구하기 위하여 두 표본을 통합(pool)하면 $\hat{p} = \dfrac{n_1\hat{p} + n_2\hat{p}}{n_1 + n_2}$ 이다. 따라서 검정통계량은 다음과 같이 Z분포를 적용한다.

$$Z = \frac{(\hat{p}_1 - \hat{p}_2) - (p_1 - p_2)}{\sigma_{\hat{p}_1 - \hat{p}_2}} = \frac{(\hat{p}_1 - \hat{p}_2)}{\sigma_{\hat{p}_1 - \hat{p}_2}}$$

예 제 7

지역구에 출마하여 당선된 국회의원이 남자와 여자의 득표율이 같은지를 조사하기 위하여 투표한 남자와 여자 중에서 표본으로 각각 144명, 100명씩을 뽑아 자신에게 지지표를 던진 비율을 알아보니 0.66, 0.52였다. 전체 지역구에서 자신에게 표를 던진 남자의 비율(p_1)과 여자의 비율(p_2)이 같은지 유의수준 0.05로 검정하시오.

풀이

문제에서 $n_1=144,\quad n_2=100,\quad \hat{p}_1=0.66,\quad \hat{p}_2=0.52$이다.

$$\hat{p}=\frac{n_1\hat{p}+n_2\hat{p}}{n_1+n_2}=\frac{(144)(0.66)+(100)(0.66)}{100+144}=0.66$$

$$\sigma_{\hat{p}_1-\hat{p}_2}=\sqrt{\frac{(0.66)(1-0.66)}{144}+\frac{(0.66)(1-0.66)}{100}}\cong 0.062$$

① 가설의 설정 : $H_0: p_1=p_2 \qquad H_1: p_1\neq p_2$

② 검정통계량 : $z=\dfrac{(\hat{p}_1-\hat{p}_2)-(p_1-p_2)}{\sigma_{\hat{p}_1-\hat{p}_2}}=\dfrac{0.66-0.52}{0.062}\cong 2.26$

③ 임계치 : $\alpha=0.05$이므로 $z_{\alpha/2}=\pm 1.96$이다.

④ 결론 : $z=2.26$은 귀무가설이 기각범위에 속하므로 대립가설이 채택된다. 즉 표본은 $p_1>p_2$임을 암시하고 있으므로 남자의 지지율이 여자보다 높다고 할 수 있다.

■ ■ ■ ■

11.7. 모집단 분산과 χ^2분포

모집단 평균에 대한 가설검정에서 모집단 분산 σ^2을 모를 경우 표본분산 S^2를 사용하였다. 정규분포를 하는 모집단에서 모분산 σ^2과 표준분산 S^2은 동일한 값이 아니며, 이들 두 값의 비율 $(n-1)S^2/\sigma^2$은 χ^2분포를 한다. χ^2분포는 자유도 $(n-1)$에 따라 확률곡선이 변화되며 양(+)의 값만 갖는다. 따라서 모집단의 분산을 가설검정하기 위해 사용되는 통계량은 다음과 χ^2분포를 사용한다.

$$\chi^2 = \frac{(n-1)S^2}{{\sigma_0}^2}$$

위 식은 모집단 분산의 가설검정이 단측검정일 때 많이 사용되나 양측검정에도 적용할 수 있다. 그리고 [부록 VII]은 자유도와 유의수준에 따른 χ^2의 임계치를 표시하고 있다.

예 제 8

집적회로(IC)의 수명을 조사키 위해 표본 10개를 추출하여 조사한 결과, 표준편차 $s = 200$시간이었고, 평균 $\bar{x} = 4{,}000$시간이었다. 보통 집적회로의 수명은 정규분포를 이룬다고 가정하고 있으며, 표본이 추출하기 전에 모집단의 표준편차 $\sigma = 150$시간보다 작다고 가정할 때 1%의 유의수준에서 검정하시오.

풀이

문제에서 자유도 $df = (10-1) = 9$, $s = 200$, $\bar{x} = 4{,}000$시간, $\sigma = 150$, $a = 0.01$이므로 $\sigma_0^2 = (150)^2 = 22{,}500$시간이고, $s^2 = 40{,}000$시간이다.

① 가설의 설정 : $H_0 : \sigma^2 \le 22{,}500$ $\qquad H_1 : \sigma^2 > 22{,}500$

② 검정통계치 : $\chi^2 = \dfrac{(n-1)s^2}{\sigma_0^2} = \dfrac{9(40{,}000)}{22{,}500} = \dfrac{360{,}000}{22{,}500} = 16.0$

③ 임계치 : $\alpha = 0.01$, $df = 9$, $\chi^2_{0.01,\,9} = 21.67$

④ 결론 : 〈그림 11.3〉에 표시한 것처럼 귀무가설($\sigma \le 150$)은 1% 유의수준에서 채택되므로 집적회로(IC) 수명의 표준편차가 150시간보다 작다는 사실을 지지하고 있다.

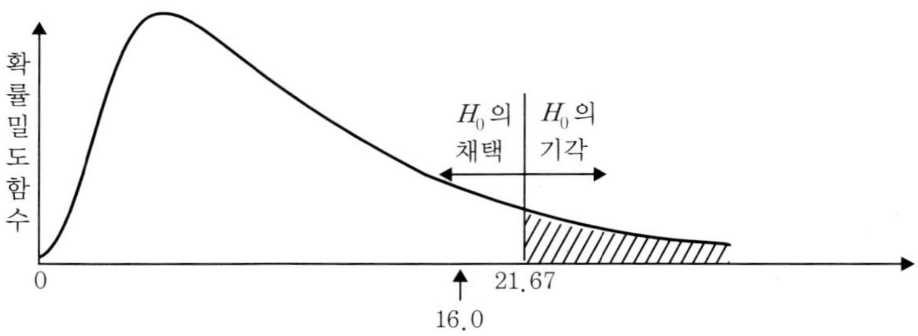

그림 11.2 χ^2 −분포와 모집단 분산의 검정

11.8. 모집단 분산비율과 F 분포

두 개의 모집단이 동일한 분산($\sigma_1{}^2 = \sigma_2{}^2$)일 때, 하나의 모집단으로부터 추출한 표본분산과, 표본크기를 각각 n_2라 하면 두 모집단의 확률변수는 다음과 같이 각각 χ^2분포를 이룬다.

$$\frac{(n_1-1)S_1^2}{\sigma_1^2} = \chi^2_{n_1-1} \qquad \frac{(n_2-1)S_2^2}{\sigma_2^2} = \chi^2_{n_2-1}$$

그런데 두 개의 독립적인 확률변수가 각각의 χ^2분포를 할 때, 이들 χ^2분포를 각각의 자유도로 나누고 이들 두 값의 비율을 얻을 수 있다. 즉, 다음 수식과 같이 계산하여 얻는 비율 값으로 새로운 형태의 분포를 갖게 된다. 이러한 비율 분포를 F 분포라 하며 χ^2분포와 같이 양(+)의 실수 값을 갖는다.

$$F_{df_1,\, df_2} = \frac{\dfrac{(n_1-1)S_1^2}{\sigma_1{}^2}\Big/(n_1-1)}{\dfrac{(n_2-1)S_2^2}{\sigma_2{}^2}\Big/(n_2-1)} = \frac{S_1^2/\sigma_1{}^2}{S_2^2/\sigma_2^2}$$

위의 식에서 만약 $\sigma_1{}^2 = \sigma_2{}^2$이면 다음과 같이 단순한 표본분산의 비율 값을 얻을 수 있다.

$$F_{df_1,\, df_2} = \frac{S_1{}^2}{S_2{}^2}$$

위의 식에서 $S_1{}^2/S_2{}^2$은 1을 중심으로 변화하게 되며, 만약 $S_1{}^2/S_2{}^2$이 1보다 지나치게 크면 $\sigma_1{}^2$이 $\sigma_2{}^2$보다 클 가능성이 있고, 반대로 $S_1{}^2/S_2{}^2$이 지나치게 0에 가깝다면 $\sigma_1{}^2 < \sigma_2{}^2$인 관계가 성립될 수 있다. 이러한 비율 값의 분포인 F 분포의 특성을 이용하여 모집단 분포를 비교·검정할 수 있다. F 분포 값은 [부록 Ⅷ]에 자유도와 유의수준 0.1, 0.05, 0.025, 0.01에 따라 기록되어 있으며, 자유도 df_1이 첫 행에, 자유도 df_2가 첫 열에 기

록되어 있다. 이들 F 분포 값은 우측검정에 따른 임계치로 좌측검정에 따른 임계치는 알 수가 없다. 따라서 좌측검정치는 다음 식으로 유도하여 사용한다.

$$F_{df_1,\, df_2,\, lower} = \frac{1}{F_{df_2,\, df_1,\, upper}}$$

예 제 9

두 회사 A, B에서 생산되는 특정제품의 품질이 어느 정도 균등한가를 조사하기 위해 A 회사 제품을 임의로 13개 선택하여 표본분산을 계산한 결과 19.2였다. 그리고 B회사는 제품 16개를 임의로 선택하여 표본분산을 계산한 결과 3.5였다. 유의수준 2%로 두 회사에서 각각 생산하는 제품의 품질이 균등한가를 검정하시오.

풀이

문제에서 $s_1^2 = 19.2,\ n_1 = 13,\ df_1 = 12$이며, $s_2{}^2 = 3.5,\ n_2 = 16,\ df_2 = 15$이다.

① 가설의 설정 : $H_0 : \sigma_1{}^2 \neq \sigma_2{}^2$　　　$H_1 : \sigma_1{}^2 = \sigma_2{}^2$

② 검정통계치 : $\dfrac{s_1{}^2}{s_2{}^2} = \dfrac{19.2}{3.5} = 5.49$

③ 임계치 : 양측검정이므로 유의수준 $\alpha/2 = 0.01$이다.

즉, 우측 임계치 : $F_{df_1,\, df_2} = F_{12,\, 15} = 3.67$이고

좌측 임계치 : $\dfrac{1}{F_{df_2,\, df_1}} = \dfrac{1}{F_{15,\, 12}} = \dfrac{1}{4.01} \cong 0.25$이다.

④ 결론 : 〈그림 11.3〉에 표시된 것처럼 표본에서 얻은 F값이 5.49로 귀무가설의 기각역에 포함되어 대립가설이 채택된다. 그러므로 A, B 두 회사에서 생산되는 제품은 품질이 동일하다고 할 수 있다.

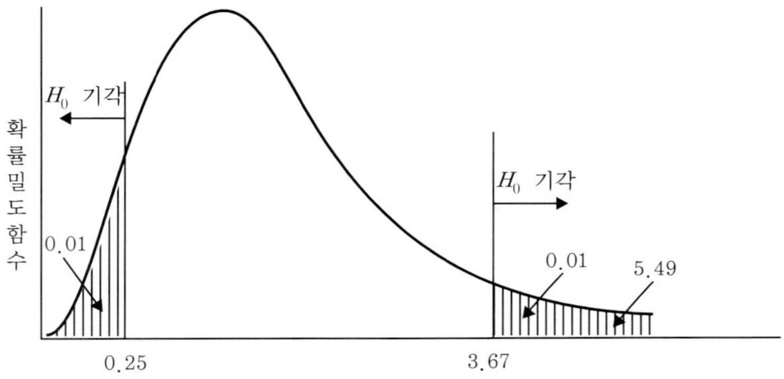

그림 11.3 F−분포와 모집단 분산검정

11.9. SPSS 통계분석

SPSS 분석 1

〈예 제 3〉의 문제를 SPSS 통계패키지를 사용하여 분석하여 보자. 즉, A회사에서 생산되는 백열전구의 수명을 조사키 위해 10개의 전구를 검사한 결과 다음과 같이 평균시간 $\bar{x}_1 = 4,000$시간이고, 표준편차가 200시간이었다. 또 B회사에서 생산되는 백열전구의 수명은 다음과 같이 평균시간 $\bar{x}_2 = 4,300$시간, 표준편차 250시간이었다. 1% 유의수준을 사용하여 두 회사의 평균 전구수명에는 차이가 없다는 가정을 검정하시오

◉ A회사 전구수명 : 4195, 4185, 4190, 3780, 3760, 4160, 4090, 3720, 4100, 3820

◉ B회사 전구수명 : 4500, 4605, 4535, 3940, 4460, 4410, 4410, 4000, 4090, 4050

(1) A사를 1번으로, B회사를 2번으로 구분하여 자료를 입력시킨다.

(2) 메인메뉴에서 [분석] → [평균비교] → [독립표본 T검정] → 〈분석할 변수를 검정변수로 이동〉 → [집단정의] → 〈집단 1에 1, 집단 2에 2를 입력〉 → [계속] → [옵션] → 〈신뢰구간 95 입력〉 → [계속] → [확인] 순서를 따르게 되면 다음과 같은 결과분석 창이 활성화 된다.

T 검정

[데이터세트1]

집단통계량

	집단구분	N	평균	표준편차	평균의 표준오차
전구수명	A회사	10	4000.00	202.443	64.018
	B회사	10	4300.00	250.389	79.180

독립표본 검정

		Levene의 등분산 검정		평균의 동일성에 대한 T 검정						
									차이의 95% 신뢰구간	
		F	유의확률	t	자유도	유의확률 (양측)	평균차이	차이의 표준오차	하한	상한
전구수명	등분산을 가정함	1.552	.229	-2.946	18	.009	-300.000	101.822	-513.921	-86.079
	등분산을 가정하지 않음			-2.946	17.244	.009	-300.000	101.822	-514.595	-85.405

결과해석

독립표본 검정표에서 t값이 -2.946이고 유의확률이 0.009로 유의수준 0.05보다 작다. 즉, 통계적으로 유의하다는 것을 알 수 있으며, A회사와 B회사의 백열전구 평균수명은 서로 같지 않다고 판단할 수 있다.

SPSS 분석 2

〈예 제 8〉의 문제를 SPSS 통계패키지를 사용하여 분석하여 보자. 즉, 집적회로(IC)의 수명을 조사키 위해 표본 10개를 추출하여 조사한 결과, 다음과 같이 평균 $\bar{x} = 4,000$시간이었고 표준편차는 200시간이었다. 보통 집적회로의 수명은 정규분포를 이룬다고 가정하고 있으며, 표본이 추출하기 전에 모집단의 표준편차 $\sigma = 150$시간보다 작다고 가정할 때 1%의 유의수준에서 검정하시오.

◉ 집적회로(IC)의 수명: 4195, 4185, 4190, 3780, 3760, 4160, 4090, 3720, 4100, 3820

(1) 우선 집적회로(IC)의 수명자료를 입력시킨다.

(2) 메인메뉴에서 [분석] → [기술통계량] → [기술통계] → 〈수명자료를 변수 창으로〉 → [옵션] → 〈기술통계량 선택〉 → [계속] → [확인] → 〈기술통계표에서 분산값 40983.333을 얻는다〉 그리고 다시 탑메뉴의 [변환] → [변수계산] → 〈대상변수에 유의확률, 숫자표현에 2 * (1-cdf.chisq (분산값, 자유도))를 입력〉 → [확인] 순서를 따르게 되면 다음과 같은 결과분석 창이 활성화 된다. 즉, 유의확률값이 유의수준보다 크면 대립가설이 기각되고 귀무가설이 채택된다.

IC수명	유의확률
4195	.12
4185	.12
4190	.12
3780	.12
3760	.12
4160	.12
4090	.12
3720	.12
4100	.12
3820	.12

기술통계

기술통계량

	N	최소값	최대값	평균	표준편차	분산
IC수명	10	3720	4195	4000.00	202.443	40983.333
유효 N(목록별)	10					

결과해석

기술통계분석에서 표본 분산 S^2을 구하고, $\chi^2 = \dfrac{(n-1)S^2}{{\sigma_0}^2}$ 값을 계산한다. 그리고 변수계산으로 유의확률을 구하면 0.12의 값을 확인할 수 있다. 유의확률값이 0.12로 유의수준 0.01보다 크므로 대립가설이 기각되고 귀무가설이 채택된다. 즉 집적회로(IC)의 수명분산이 150시간보다 작다는 귀무가설이 채택됨을 알 수 있다.

SPSS 분석 3

〈예 제 9〉의 문제를 SPSS 통계패키지를 사용하여 분석하여 보자. 즉, 두 회사 A, B에서 제조되는 특정제품의 품질이 어느 정도 균등한가를 조사하기 위해 A회사 제품을 임의로 13개 선택하여 표본분산을 계산한 결과 약 19.2였고, B회사는 제품 16개를 임의로 선택하여 표본분산을 계산한 결과 약 3.7이였다. 유의수준 2%로 두 회사에서 각각 생산하는 제품의 품질이 균등한가를 검정하시오.

◉ A회사 제품 : 24, 18, 21, 28, 21, 14, 23, 17, 29, 19, 16, 21, 22

◉ B회사 제품 : 28, 22, 25, 25, 25, 22, 27, 23, 27, 25, 22, 27, 26, 26, 24, 26

(1) A, B회사 자료를 각 열에 입력시킨다.

(2) 메인메뉴에서 [분석] → [기술통계량 → 기술통계] → 〈변수 창에 A, B회사 이동 〉 → [옵션] → 〈기술통계량 선택〉 → [계속] → [확인] → 〈기술통계에서 A, B회사의 분산값을 얻는다〉 그리고 다시 [탑메뉴에서 변환] → [변수계산] → 〈대상변수에 유의확률, 숫자표현에 2 * (1-cdf.f (A회사 분산값, B회사 분산값))를 입력〉 → [확인] 순서를 따르게 되면 다음과 같은 결과분석 창이 활성화 된다. 즉, 유의확률값이 유의수준보다 크면 대립가설이 기각되고 귀무가설이 채택된다.

A회사	B회사	유의확률
28	24	1.99
22	18	1.99
25	21	1.99
25	28	1.99
25	21	1.99
22	14	1.99
27	23	1.99
23	17	1.99
27	29	1.99
25	19	1.99
22	16	1.99
27	21	1.99
26	22	1.99
26	.	1.99
24	.	1.99
26	.	1.99

기술통계

기술통계량

	N	최소값	최대값	평균	표준편차	분산
A회사	16	22	28	25.00	1.932	3.733
B회사	13	14	29	21.00	4.378	19.167
유효 N(목록별)	13					

결과해석

기술통계분석에서 표본분산 $S_1^{\ 2}$, $S_2^{\ 2}$을 각각 구하고, $F_{df_1, df_2} = \dfrac{S_1^{\ 2}}{S_2^{\ 2}}$ 값을 계산한다. 그리고 변수계산으로 유의확률을 구하면 1.99값을 확인할 수 있다. 유의확률값이 1.99로 유의수준 0.02보다 크므로 대립가설이 기각되고 귀무가설이 채택된다. 즉, 두 회사 A, B에서 생산되는 제품의 품질이 균등하다는 대립가설이 기각되고 균등하지 않다는 귀무가설이 채택된다.

연 습 문 제

11.1 어느 투자가가 슈퍼마켓을 운영할 두 지역을 놓고 어느 지역에 투자할 것인가를 고민하고 있다. 그는 어느 조언자로부터 슈퍼마켓의 운영은 지역주민들의 생활수준에 가장 큰 영향을 받는다는 말을 듣고 두 지역 주민들의 수입을 검정하기로 하였다. 두 지역 주민의 한 달 평균수입은 차이가 없다는 가설을 설정하고, A지역에서 30개의 가정을 조사한 결과 월 평균수입이 1,550,000원이었고, 표준 편차는 180,000원이었다. 그리고 B지역에서는 40개의 가정을 조사하였고, 그 결과 월 평균수입이 1,460,000원이고, 표준편차는 24,000이다. 두 지역주민의 월평균 수입의 분산은 동일하다는 가정에서 유의수준 5%로 검정하시오.

11.2 문제 11.1 참고하여, 자료를 수집하기 전에 투자가는 A지역의 가정수입이 높다고 생각하였다. 이러한 생각을 비판적으로 증명하기 위해 다른 가능성을 귀무가설로 설정하였다. 즉, $H_0: \mu_1 < \mu_2$ 로 하였다. 이 가정을 유의수준 5%로 검정하시오. 단, 두 모집단에 대한 표준편차는 동일하지 않다.

11.3 문제 11.1, 11.2를 참고하여, 자료를 수집하기 전 투자가는 A지역의 가정수입이 B지역의 가정수입보다 적어도 150,000원 이상 차이가 난다고 생각하고 있다. 이 경우 유의수준 5%로 투자가의 가정인 귀무가설을 검정하시오. (단, 두 모집단에 대한 표준편차는 동일하지 않다.)

11.4 어느 대학의 특정학과에는 2, 3학년 학생이 100명 재학하고 있다. 이들 학생 중 12명을 임의로 선출하여 회계학 과목의 점수를 조사한 결과 평균평점이 2.7이고, 표본의 표준편차는 0.4였다. 또한 50명의 학생을 임의로 선출하여 전산학 과목의 점수를 조사한 결과 평균평점이 2.9이고 표본의 표준편차는 0.3이었다. 두 과목의 전체 학점은 정규분포를 하며 분산이 동일치 않을 때 유의수준 5%로 두 과목의 평균평점에는 차이가 없음을 검정하시오.

11.5 일반적으로 대학 1학년 입학 후 지방출신 학생과 도시출신 학생간의 성적에는 차이가 있다고 한다. 즉 도시출신 학생의 성적이 지방출신 학생의 성적보다 좋다고 이야기 한다. 이러한 가설이 옳은가를 점검하기 위하여 1학년 학생 중에서 도시출신 학생 8명과 지방출신 학생 8명을 각각 선정하여 평균성적을 조사한 결과 다음 표와 같았다. 이 경우 과연 도시출신 학생이 지방출신 학생보다 성적이 우수하다고 말할 수 있는가? 유의수준 5%로 검정하시오.

짝의 수	1	2	3	4	5	6	7	8
도시출신	83	74	67	64	70	67	81	84
지방출신	78	74	63	66	68	63	77	65

11.6 어느 회사의 교육 담당관은 시청각 교육을 포함한 새로운 교육방법을 고안하여 전통적인 강의방법과의 효과를 비교하고자 한다. 그는 사전교육과 학문적 수행에 차질이 없는 12쌍의 교육생을 뽑아 각각 한 사람은 전통적 교육방법의 강의 반에 편성하고 다른 한 사람은 새로운 교육방법의 강의 반에 편성하여 교육과정을 7일간 이수한 후 두 방법의 학습효과를 측정하였다. 그 결과 특정 시험을 치른 성적이 다음 표와 같이 나타났다. 교육 담당관은 기존 교육 방법이 새로운 교육방법보다 효과가 좋거나 같다는 귀무가설을 검정코자 하였다. 5% 유의수준에서 검정하시오.

교육생	기존 교육방법	새로운 교육방법	$d(X_1 - X_2)$	d^2
1	89	94	-5	25
2	87	91	-4	16
3	70	68	2	4
4	83	88	-5	25
5	67	75	-8	64
6	71	66	5	25
7	92	94	-2	4
8	81	88	-7	49
9	97	96	1	1
10	78	88	-10	100
11	94	95	-1	1
12	79	87	-8	64
합계	988	1,030	-42	378

11.7 어느 제조업체에서 새로운 생산 시스템을 도입하여 전체 생산공정이 자동처리될 때, 단지 1%의 제품에 결함이 있는 상태로 생산되어 검사과정으로 이동한다고 한다. 만약 10개의 생산제품을 임의로 선택하여 조사한 결과 하나의 제품에서 결함을 발견되었다면, 1%의 불량품으로 자동처리 된다는 회사주장을 5%의 유의수준에서 기각된다는 가설을 검정하시오.

11.8 특정 지역의 국회의원 선거에 네 명의 후보자를 등록하였다. 유권자의 40%는 현재 국회의원에 재직하는 후보자를 지지하고, 나머지 60%의 유권자는 다른 세 명의 후보자를 각각 지지한다고 한다. 유권자 중 20명을 임의로 선택하여 조사한 결과 12명이 재직 중인 후보자에게 투표하겠다고 하였다. 현재 국회의원 후보자에게 투표하겠다는 투표자의 전체비율 $\pi = 0.4$라는 가설을 5%의 유의수준에서 검정하시오.

11.9 어느 생산 공장에서는 전체 생산제품 중 5% 이하의 제품만 결점이 있다고 한다. 임의로 생산된 제품 100개를 선택하여 조사한 결과 10개의 제품에 결함이 있었다. 5% 유의수준에서 귀무가설을 검정하시오.

11.10 문제 11.9에서 관리자가 만약 귀무가설이 기각될 경우 생산시스템을 수리하기 위해 정지할 확률을 1% 수준으로, 반면 결점비율 $p = 0.1$일 때 생산시스템의 비정지 할 확률을 5%로 약정하였다. 최소한 이 검정의 목적을 만족시킬 표본크기를 구하시오.

11.11 어느 제조업체는 제품을 생산할 기계를 구입하고자 A, B 두 회사의 기계를 평가하고자 하였다. 그래서 A회사의 기계에서 생산된 제품 50개를 임의로 선택하여 조사한 결과 5개 제품에 결함이 있었고, B회사의 기계에서 생산된 제품 80개를 임의로 선택하여 조사한 결과 6개 제품에 결함이 있었다. 두 회사 기계는 동일한 비율로 불량제품을 생산한다고 알려져 있다. 그러나 A회사의 기계가 비교적 가격이 낮아 제조업체는 귀무가설 $H_0: p_1 < p_2$을 설정하였다. 5% 유의수준에서 검정하시오.

11.12 일 년 동안 한 가정의 전체 수입의 표준편차가 $3,000란 가정을 우리는 생각할 수 있다. 실제로 15개 가정을 임의로 선택하여 조사한 결과 표준편차는 $2,000이었다. 모집단인 전체 가정의 수입이 정규분포를 하고 이 표본의 결과를 이용하면 5% 유의수준에서 귀무가설이 기각되겠는가?

11.13 문제 11.12를 다시 모집단의 표준편차를 적어도 $3,000이라는 가설로 세울 수가 있다. 이때 유의수준 5%로 가설을 검정하시오.

11.14 어느 대학에서는 농구선수의 지능지수(IQ)와 일반학생의 지능지수에 차이가 있는지를 조사하기 위하여 농구선수 12명과 일반학생 10명을 임의로 추출하였다. 이들 표본으로부터 일반학생의 지능지수(IQ)의 표본분산이 0.16, 농구선수의 지능지수(IQ)의 표본분산이 0.09로 나타났다. 두 모집단의 분산이 동일하다는 귀무가설을 10% 유의수준에서 검정하시오.

11.15 어느 두 도시 A와 B에 거주하는 가구의 월평균소득이 얼마나 차이가 있는 지를 알아보기 위하여 A도시에서 30가구를 임의로 추출하고, B도시에서 40가구를 임의로 추출하여 조사한 결과, A도시는 평균소득 $15,500, 표준편차 $1,800이고, B도시는 평균소득 $14,600, 표준편차 $2,400이었다. 두 도시의 월평균 소득의 분산이 동일하다는 귀무가설을 10% 유의수준에서 검정하시오.

CHAPTER

12 분산분석

우리는 앞 장에서 두 개 이하의 집단 간 평균과 분산, 비율 등에 대한 검정과 구간추정에 관하여 공부하였다. 집단 간의 각종 통계량의 비교 분석은 새로운 기술이나 제조과정, 교육방법, 광고기법, 새로운 약품 등이 개발되었을 때 기존의 것과 비교하는 실험에서 많이 사용된다.

집단이 두 개 이하인 경우에는 앞서 공부한 바와 같이 집단들의 평균과 분산 등을 계산하여 상호 비교할 수 있으나, 집단이 세 개 이상인 경우에 앞서 공부한 두 집단 간의 비교 · 분석방법을 적용할 경우 많은 제약이 따르게 된다. 즉, 세 개 이상의 집단비교에서는 두 집단씩 짝지어 비교하게 되므로 계산과 비교횟수가 많아지고, 제 1종 과오도 너무 크게 증가하는 경향이 있어 또 다른 복잡성을 야기시킨다. 예컨대 7개의 집단을 서로 비교할 경우 ${}_7C_2 = 21$번을 비교해야 하고, 5% 유의수준에서 올바른 결론을 내릴 수 있는 확률은 $(0.95)^{21} = 0.3406$에 불과하다.

따라서 세 개 이상의 집단을 동시에 추정하거나 검정하기 위한 방법으로 분산분석(analysis of variance), 회귀분석(regression analysis), 상관분석(correlation analysis) 등이 있으며, 본 장에서는 분산분석에 관하여 공부한다.

12.1. 분산분석의 기초 개념

분산분석(analysis of variance ; ANOVA)은 관측된 총 변동(total variation)을 분산개념으로 파악한 다음, 분산을 특정 요인(factor)에 기인하는 부분과 우연히 발생하는 부분으로 구분하여 비교함으로써 집단 간의 균등성을 검정하는 방법이다.

분산분석은 세 개 이상의 집단평균을 비교하기 위해 분산을 사용하는 통계적 기법이다. 예컨대 세 개 이상의 집단평균이 같다는 가정(또는 가설)은 분산이 동일하다는 가정(분산의 균등성)이 내포된다. 따라서 분산분석은 각 집단의 분산을 분석하나 실제로는 각 집단의 평균이 동일하다는(또는 각 집단이 동일한 모집단에서 추출했다는)가설을 검정하는 것이 된다.

이러한 분산분석의 중요한 기본 과정은 여러 집단(또는 표본)들이 동일한 분산을 갖는 정규분포의 모집단에서 얻어진다는 것이다. 이는 정규분포가 평균과 분산(혹은 표준편차)이란 두 개의 모수에 의해 정의되기 때문이다.

다음의 예를 생각해 보자. 어느 정유회사는 자사에서 생산한 휘발유의 l당 주행거리를 타사제품과 비교하기 위해 자사제품 A와 타사제품 B, C를 표본으로 선택하여 주행거리를 실험하기로 했다. 주행실험은 실험오차(experimental error)를 줄이기 위해 실험차량과 도로여건 등을 동일한 조건 하에서 실시하고, 주행순서도 제품별로 무작위로 하였다. 주행실험의 반복횟수는 휘발류의 각 제품별 4회씩 총 12회를 실험 주행하였으며, 그 결과 각 제품별 주행거리는 〈표 12.1〉과 같다.

표 12.1 휘발유의 종류별 주행거리 (단위 : km)

인자	제품 A	제품 B	제품 C
실험결과	15	15	17
	17	20	21
	14	18	20
	18	19	22
평균 주행거리	16	18	20

〈표 12.1〉의 주행거리 실험에서 검정되는 귀무가설은 세 가지 휘발유의 l당 주행거리에는 차이가 없다는 가설이다. 즉, 귀무가설은 $H_0 : \mu_A = \mu_B = \mu_C$이고, 대립가설은 $H_\alpha : \mu_A \neq \mu_B \neq \mu_C$이다. 대립가설 H_α는 제품별 평균 주행거리가 모두 다르거나, 또는 그 가운데 두 개의 평균은 같지만 다른 하나의 평균과는 서로 다른 경우이다.

〈표 12.1〉에서 볼 수 있듯이, 세 개 제품의 평균 주행거리가 16km, 18km, 20km로 각각 다르고, 또한 각 제품의 모든 주행거리의 실험치가 다른데, 이 차이를 제품 간의 품질차이로 인식해야 할지 아니면 표본추출 과정에서 또는 실험 중에 발생하는 오차로 무시해야 할지를 판단해야 한다.

그리고 휘발유 A, B, C의 제품으로 또 다른 주행거리를 실험한 결과, 〈표 12.2〉와 같다면 각 제품별 주행거리의 평균은 〈표 12.1〉과 동일하다. 그러나 〈표 12.2〉의 각 주행거리는 〈표 12.1〉의 각 주행거리와 다르게 분포되어 있다.

표 12.2 **휘발유의 종류별 주행거리** (단위:km)

인자	제품 A	제품 B	제품 C
실험결과	16.0 15.3 15.8 16.9	18.0 18.5 17.4 18.1	20.9 20.4 19.5 19.2
평균 주행거리	16.0	18.0	20.0

〈표 12.1〉과 〈표 12.2〉의 자료를 도시화 할 경우, 〈표 12.1〉의 경우는 〈그림 12.1〉과 같다. 〈그림 12.1〉에서 보는 바와 같이 휘발유의 제품별 주행거리가 별다른 특징없이 넓게 흩어져 있어 제품 A, B, C의 휘발유가 동일한 휘발유(모집단)에서 추출된 하나의 커다란 표본으로 간주할 수 있다.

다시 말해 모집단 평균이 동일하다는 귀무가설을 지지하게 되어 제품 간의 진정한 품질차이는 없고 단지 실험에 의한 우연의 변동에 기인한 것이라 할 수 있다.

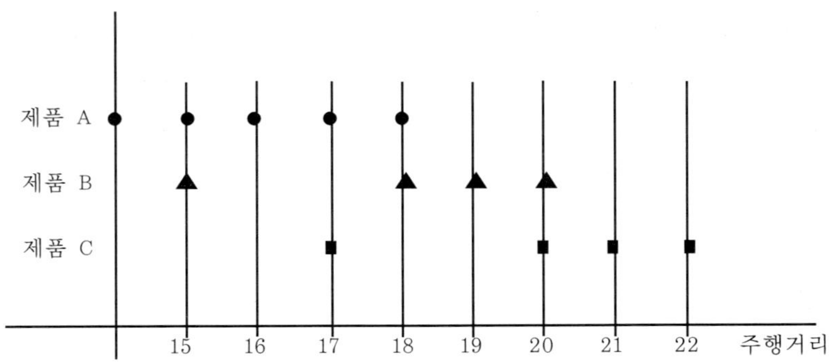

그림 12.1 표 12.1의 자료를 도시화

반면에 〈표 12.2〉의 자료는 휘발유 제품별로 주행거리의 차이가 매우 작아서 〈그림 12.2〉와 같이 제품별로 주행거리가 특정거리에 집중적으로 분포되어 있다. 따라서 휘발유의 각 제품별 주행거리의 차이는 제품 간의 실질적인 품질차이에 기인한다는 대립가설의 주장을 지지하게 된다. 그러므로 〈그림 12.1〉과 〈그림 12.2〉에서 우리는 제품 평균 간의 변동이 제품 내의 변동에 비해서 클 때 대립가설을 받아들여야겠다는 생각을 자연스럽게 가질 수 있다.

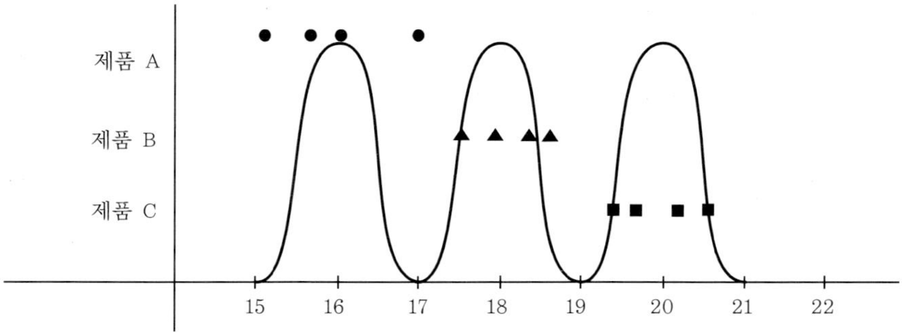

그림 12.2 표 12.2의 자료를 도시화

이와 같이 분산분석은 3개 이상의 집단간 차이를 표본 간의 분산과 표본내 분산을 비교하여 가설을 검정하는 것이 주요 내용이 된다.

분산분석에서 인자(factor)란 관측치의 차이(또는 효과)에 미치는 원인으로서, 앞서 휘발유 제품별 주행거리 실험에서는 휘발유가 인자가 된다. 그리고 수준 또는 처리(treatment)는 동일 인자 내에서 각각의 상태를 말하는 것으로 앞서 설명한 세 종류의 휘발유가 세 가지 인자수준이 된다. 따라서 분산분석은 단 하나의 인자에 근거하여 여러 수준으로 나누어지는 일원분석법(one-way analysis method)과 두 개 이상의 인자에 근거하여 여러 수준으로 나누어지는 다원분석법(multi-way analysis method)이 있다. 본 장에서는 일원분석법과 이원분석법(two-way method)을 중심으로 실험횟수(또는 표본크기)가 동일한 경우와 다른 경우로 구분하여 설명하고자 한다.

12.2. 일원분석법

일원분석법은 하나의 인자를 여러 수준에서 동일한 조건으로 실험하는 경우로 일원배치법(one-way classification layout)이라고도 한다. 앞 절에서 설명한 휘발유의 주행거리 실험이 동일한 표본크기에 대한 일원분석의 전형적인 형태이다. 분산분석을 위해서는 다음의 두 가지 가정을 만족하여야 한다.

> 첫째, 각 모집단은 정규분포를 한다.
> 둘째, 각 모집단의 분산은 동일하다.

이러한 가정하에서 귀무가설($\mu_1 = \mu_2 = \mu_3 = \cdots = \mu_k$)이 사실이라면 k개의 모집단은 평균과 분산이 동일한 정규 모집단이 된다. 그러나 이러한 두 가지 가정을 만족하지 않을 때는 분산분석법으로 모든 평균이 동일하다는 가설을 검정해서는 안 된다.

12.1.1 표본크기가 동일한 경우

일원분석법의 가장 간단한 경우는 표본크기가 같고 하나의 인자에 대한 k가지 수준으로 구분한 것으로 일반적인 자료구조는 〈표 12.3〉과 같다.

표 12.3 표본크기가 동일한 일원분석법의 자료배열

인자	N_1	N_2	N_3	……	N_k	
표본의 변량	x_{11}	x_{12}	x_{13}	……	x_{1k}	
	x_{21}	x_{22}	x_{23}	……	x_{2k}	
	$\vdots$	$\vdots$	$\vdots$	……	$\vdots$	
	$\vdots$	$\vdots$	$\vdots$	……	$\vdots$	
	x_{n1}	x_{n2}	x_{n3}	……	x_{nk}	
합계	T_1	T_2	T_3	……	T_k	$T = \sum T_j$
평균	$\bar{x}_1$	$\bar{x}_2$	$\bar{x}_3$	……	$\bar{x}_k$	$\overline{X} = \frac{1}{k}\sum \bar{x}_j$

〈표 12.3〉은 인자의 수준이 k개(즉, $N_1, N_2, \cdots, N_k$)이고, 각 수준의 변량(또는 표본크기)이 n개인 일원분석법의 자료구조를 보여 주고 있다. 〈표 12.3〉에서 특정 표본의 변량 x_{ij}는 i번째 행과 j번째 열의 표본변량으로 다음 식과 같이 3개 부분(components)으로 분할하여 선형방정식으로 표시할 수 있다.

$$x_{ij} = \overline{X} + (\bar{x}_j - \overline{X}) + (x_{ij} - \bar{x}_j)$$

단, $\overline{X}$: 전체 평균

$\bar{x}_j$: j번째 열의 평균

$\bar{x}_i$: i번째 행의 평균

즉, 여러 개의 모집단에서 각각의 표본을 추출할 때 개개의 표본변량은 위 식에서와 같이 첫째는 전체 평균과의 편차($x_{ij} - \overline{X}$), 둘째는 표본평균간의 편차(또는 급간편차), 셋째는 표본 내의 편차(또는 급내편차, 잔차) 등 세 부분의 편차로 분할할 수 있다. 이러한 편차에 대한 분할을 편차자승의 합(sum of square : SS)으로 분할한다면 다음 식이 성립된다.

$$\sum(x_{ij} - \overline{X})^2 = \sum n_j(\bar{x}_j - \overline{X})^2 + \sum(x_{ij} - \bar{x}_j)^2$$

위 식의 좌변을 총편차자승합(total sum of squares : TSS) 또는 총변동(total variation)이라 하고, 우변의 첫 번째 항은 급간자승합(sum of squares between groups : SSB) 또는 처리변동, 그리고 두 번째 항은 급내자승합(sum of squares within groups : SSW) 또는 잔차변동이라 한다.

따라서 앞 절에서 설명한 휘발유의 주행거리 실험에서 보았듯이 급간자승합이 급내자승합보다 클 때 귀무가설을 채택하고, 반대일 때는 대립가설을 채택하게 된다. 이들 세 가지 변동을 자세히 살펴보면 다음과 같다.

1) 급간자승합 (SSB)

급간자승합은 각 수준의 평균이 전체 평균으로부터 어느 정도 떨어져 있는가를 나타낸다. 우선 귀무가설($H_0 : \mu_1 = \mu_2 = \cdots = \mu_k$)이 참이고 각 표본별 모집단의 분산이 동일하면 k개의 표본들은 평균 μ, 분산 σ^2을 갖는 동일한 정규 모집단에서 추출된 표본으로 간주할 수 있다. 따라서 수준별 평균 $\bar{x}_1$, $\bar{x}_2$, $\cdots$, $\bar{x}_k$는 하나의 큰 모집단에서 추출한 k개의 표본평균이고 이들에 대한 분산은 다음과 같이 계산된다.

$$\frac{(\bar{x}_1 - \overline{X})^2 + (\bar{x}_2 - \overline{X})^2 + \cdots + (\bar{x}_k - \overline{X})^2}{(k-1)} = \frac{\sum_{j=1}^{k} (\bar{x}_j - \overline{X})^2}{(k-1)} = S_{\bar{x}}^2$$

일반적으로 표본평균의 분산($\sigma_{\bar{x}}^2$)은 σ^2/n이고 $S_{\bar{x}}^2$은 σ^2/n의 불편추정치가 된다. 따라서 $nS_{\bar{x}}^2 = \sigma^2$이므로 $n\sum_{j=1}^{k}(\bar{x}_j - \overline{X})^2/(k-1)$은 귀무가설이 참일 경우 σ^2의 불편추정치가 된다. 여기서 $n\sum_{j=1}^{k}(\bar{x}_j - \overline{X})^2$을 급간자승합 또는 처리변동이라하고 SSB로 표시한다.

$$SSB = n\sum_{j=1}^{k}(\bar{x}_j - \overline{X})^2$$

예컨대 〈표 12 .1〉의 자료에서 SSB를 계산하면, 총평균 $\overline{X} = (16 + 18 + 20)/3 = 18$ 이므로 $SSB = 4(16-18)^2 + 4(18-18)^2 + 4(20-18)^2 = 32$이다.

즉 귀무가설이 참일 때, SSB가 새로운 모집단 분산 σ^2의 추정량이 되므로 불편추정치는 $32/2 = 16$이다.

2) 급내자승합 (SSW)

급내자승합은 각 수준별(또는 표본별) 평균을 중심으로 각 수준의 자료들이 각기 흩어져 있는 정도를 나타내며 잔차변동이라고도 한다. 급내자승합은 각 수준별 급내자승합을 더 함으로써 계산되는데, 각 수준별 급내자승합이 $\sum(x_{i1} - \bar{x}_1)^2$, $\sum(x_{i2} - \bar{x}_2)^2$, $\cdots$, $\sum(x_{ik} - \bar{x}_k)^2$ 이므로 급내자승합 SSW는 다음 식으로 계산된다.

$$SSW = \sum_{i=1}^{n}\sum_{j=1}^{k}(x_{ij} - \bar{x}_j)^2$$

예컨대 〈표 12 .1〉의 자료에서 SSW를 계산하면 다음과 같다

$$\sum_{i=1}^{4}(x_{i1} - \bar{x}_1)^2 = (15-16)^2 + (17-16)^2 + (14-16)^2 + (18-16)^2 = 10$$

$$\sum_{i=1}^{4}(x_{i2}-\bar{x}_2)^2=(15-18)^2+(20-18)^2+(18-18)^2+(19-18)^2=14$$

$$\sum_{i=1}^{4}(x_{i3}-\bar{x}_3)^2=(17-20)^2+(21-20)^2+(20-20)^2+(22-20)^2=14$$

즉, $SSW=\sum_{i=1}^{4}\sum_{j=1}^{3}(x_{ij}-\bar{x}_j)^2=10+14+14=38$이다.

그리고 각 수준별 급내자승합을 이용하여 모집단 분산 σ^2의 불편추정치를 계산할 수 있는데, 우선 수준별 급내자승합을 자유도로 나누면 다음과 같다. 즉,

$$S_1^{\ 2}=\frac{1}{n-1}\sum_{i=1}^{n}(x_{i1}-\bar{x}_1)^2,\ S_2^{\ 2}=\frac{1}{n-1}\sum_{i=1}^{n}(x_{i2}-\bar{x}_2)^2,\ \cdots,\ S_k^{\ 2}=\frac{1}{n-1}\sum_{i=1}^{n}(x_{ij}-\bar{x}_k)^2$$

이므로 $S_1^{\ 2}$, $S_2^{\ 2}$, $\cdots$, $S_k^{\ 2}$은 수준별 모분산 $\sigma_1^{\ 2}$, $\sigma_2^{\ 2}$, $\cdots$, $\sigma_k^{\ 2}$의 불편추정치가 된다.

분산분석의 가정에서 각 모집단의 분산은 동일($\sigma_1^{\ 2}=\sigma_2^{\ 2}=, \cdots, =\sigma_k^{\ 2}=\sigma^2$)하므로 $S_1^{\ 2}, S_2^{\ 2}, \cdots, S_k^{\ 2}$의 총합분산($S_p^{\ 2}$)으로 모집단 분산($\sigma^2$)을 추정할 수 있다.

$$S_p^{\ 2}=\frac{\sum(x_{i1}-\bar{x}_1)^2+\sum(x_{i2}-\bar{x}_2)^2+\cdots\cdots+\sum(x_{ik}-\bar{x}_k)^2}{k(n-1)}$$

$$=\frac{\sum_{i=1}^{n}\sum_{j=1}^{k}(x_{ij}-\bar{x}_j)^2}{k(n-1)}=\frac{SSW}{k(n-1)}$$

위 식의 총합분산 $S_p^{\ 2}$의 분자가 급내자승합이 된다.

〈표 12 .1〉의 예에서 $SSW=38$이므로 모집단 분산 σ^2의 불편추정치는 다음과 같다.

$$\frac{SSW}{k(n-1)}=\frac{38}{3(4-1)}=4.222$$

3) 총자승합 (TSS)

급내자승합과 급간자승합을 이용하여 모분산 σ^2에 대한 추정치를 앞에서 각각 구하였다. 귀무가설이 참이면 또 다른 방법으로 모집단 분산 σ^2의 추정치를 다음과 같이 계산할 수 있다.

$$\sum_{i=1}^{k}\sum_{j=1}^{n}\frac{(x_{ij}-\overline{X})^2}{(N-1)}$$

단, $N=nk$로 총관찰치 개수

위 식에서 분자를 총자승합 또는 총변동이라 하고 TSS로 표시한다. 예컨대 〈표 12 .1〉의 자료에서 $TSS=(15-18)^2+(15-18)^2+(17-18)^2+(17-18)^2(20-18)^2+\cdots\cdots+(20-18)^2+(19-18)^2+(22-18)^2=70$이다. 그러므로 앞에서 계산한 SSW, SSB의 값을 보면 TSS는 다음과 같은 관계가 성립된다.

$$TSS=SSB+SSW$$

즉, $70=32+38$이 된다. 따라서 SSW는 SSB와 TSS를 구한 후 $SSW=TSS-SSB$로 계산하고, 자유도 역시 TSS의 자유도 $(N-1)$과 SSB의 자유도 $(k-1)$을 이용하여 계산할 수 있다. 즉 SSW의 자유도는 $(N-1)-(k-1)$이므로 $N-k=nk-k=k(n-1)$이 된다.

지금까지 설명한 자승합과 이 값을 각 자유도로 나눈 평균평방(mean squares ; MS) 등을 표로써 나타낸 것이 분산분석표(ANOVA)이다. 표본크기가 동일한 경우의 분산분석표를 일반화시키면 〈표 12.4〉와 같다.

표 12.4 **표본크기가 동일한 분산분석표**

변인	자승합(SS)	자유도(df)	평균평방(MS)	$F-$비율
급간 급내	$SSB=n\sum(x_j-\overline{X})^2$ $SSW=\sum\sum(x_{ij}-\overline{x}_j)^2$	$k-1$ $N-k$	$MSB=SSB/(k-1)$ $MSW=SSW/(N-k)$	MSB/MSW
전체	$TSS=\sum\sum(x_{ij}-\overline{X})^2$	$N-1$		

〈표 12 .1〉의 자료를 이용하여 지금까지 계산한 통계값으로 분산분석표를 작성하면 〈표 12.5〉와 같다.

표 12.5 **표 12.1의 분산분석표**

변인	SS	df	MS	$F-$비율
급간	$SSB=32$	2	16	$16/4.22=3.79$
급내	$SSW=38$	9	4.22	
전체	$TSS=70$	11		

4) 가설설정 및 검정

분산분석에서 i번째 행과 j번째 열의 변량 x_{ij}를 다음 식으로 분할하였다.

$$x_{ij}=\overline{X}+(\bar{x}_j-\overline{X})+(x_{ij}-\bar{x}_j)=\overline{X}+\alpha_j+e_{ij}$$

위 식에서 $\alpha_j=\bar{x}_j-\overline{X}$, $e_{ij}=x_{ij}-\bar{x}_j$이고, $\bar{x}_j=\overline{X}+\alpha_j$가 된다. $\bar{x}_j$는 j번째 인자의 평균으로 j번째 개별 모집단의 평균 μ_j의 불편추정치가 된다. 그리고 $\overline{X}$는 전체 모집단의 평균으로 μ의 불편추정치가 된다. 따라서 귀무가설 $H_0: \mu_1=\mu_2=\cdots=\mu_k$란 조건 (즉, $\bar{x}_j$가 동일)을 만족시키면 $\alpha_1=\alpha_2=\cdots=\alpha_k$란 조건을(즉, $\bar{x}_j=\overline{X}+\alpha_j$에서 $\bar{x}_j$와 $\overline{X}$가 동일하므로) 만족시킨다. 그러므로 우리는 두 가지 형태의 가설을 설정할 수 있다.

$$\begin{cases} H_0: \mu_1=\mu_2=\mu_3=\cdots=\mu_k \\ H_\alpha: \mu_1\neq\mu_2\neq\mu_3\neq\cdots\neq\mu_k \end{cases} \qquad \begin{cases} H_0: \alpha_1=\alpha_2=\alpha_3=\cdots=\alpha_k \\ H_\alpha: \alpha_1\neq\alpha_2\neq\alpha_3\neq\cdots\neq\alpha_k \end{cases}$$

귀무가설이 참이면 두 개의 추정량 $SSW/(N-k)$와 $SSB/(k-1)$은 모집단 분산 σ^2의 불편추정치이고 비슷한 값을 갖게 된다. 따라서 두 개의 추정량을 비교하기 위해 다음과 같이 분산비율을 계산할 수 있다.

$$f=\frac{nS_{\bar{x}}^{\,2}}{S_p^{\,2}}=\frac{SSB/(k-1)}{SSW/(N-K)}$$

위 식의 f값은 분모 및 분자의 분산이 동일한 경우($\sigma_1^2=\sigma_2^2=\sigma^2$)로 자유도 $v_1=(k-1)$, $v_2=(N-K)$를 갖는 F분포를 한다. 따라서 분산분석은 각 모집단의 분산이 동일하다고 가정하므로 위의 식을 이용하여 검정통계량 f을 계산하고 F분포값을 임계치로 사용하여 통계분석한다. 그러므로 위의 f값이 1에서 약간 벗어나면 우연의 변동으로 돌릴 수 있으나, 1보다 충분히 크면 H_0의 타당성에 의심을 하게 된다. 즉, H_0가 참이 아니면 $nS_{\bar{x}}^2$은 σ^2을 큰 값으로 추정하여 f값이 충분히 크게 되어 H_0을 기각하게 된다.

그리고 유의수준 α는 F분포의 오른쪽 꼬리면적의 확률로 H_0의 기각영역이 된다. 즉, 유의수준 α가 오른쪽 단측검정의 확률로 적용되는 것은 검정하고자 하는 통계량 F비율이 어느 정도 큰 차이를 갖고 있는가를 검정하는 것이지 얼마나 적은 차이인가를 검정하는 것이 아니기 때문이다.

예 제 1

〈표 12.2〉의 자료를 이용하여 분산분석표를 작성하고 휘발유 A, B, C의 평균 주행거리에 차이가 없음을 $\alpha = 0.05$에서 검정하시오.

풀이

① $H_0: \mu_A = \mu_B = \mu_C$ $\qquad$ $H_\alpha: \mu_A \neq \mu_B \neq \mu_C$

② $TSS = (16.0-18)^2 + (18.0-18)^2 + (20.9-18)^2 + (15.3-18)^2 + (18.5-18)^2 + (20.4-18)^2 + (15.8-18)^2 + (17.4-18)^2 + (19.5-18)^2 + (16.9-18)^2 + (18.1-18)^2 + (19.2-18)^2 = 35.82$

$SSB = 4\{(16-18)^2 + (18-18)^2 + (20-18)^2\} = 32$

$SSW = 35.82 - 32 = 3.82$

③ ANOVA표는 다음과 같다.

변인	SS	df	MS	F−비율
급간	32	2	16	16/0.424=37.736
급내	3.82	9	4.22	
전체	35.82	11		

④ 자유도가 $v_1 = 2$, $v_2 = 9$이고, $\alpha = 0.05$이므로 임계치는 $F_{2,9,0.05} = 4.26$이다. 따라서 검정통계량인 분산비가 37.736으로 임계치보다 크므로 H_0가 기각된다. 그러므로 정유회사별 휘발유 제품의 평균 주행거리에는 유의적인 차이가 있음을 강력히 시사하고 있다.

■ ■ ■ ■

12.2.2 표본크기가 다른 경우

표본크기가 다른 경우 일원분석법의 일반적인 자료구조는 〈표 12.6〉과 같다.

표 12.6 표본크기가 다른 일원분석법의 자료배열

인자	N_1	N_2	N_3	……	N_k	
표본의 변량	x_{11}	x_{12}	x_{13}	……	x_{1k}	
	x_{21}	x_{22}	x_{23}	……	x_{2k}	
	$\vdots$	$\vdots$	$\vdots$	……	$\vdots$	
	$\vdots$	$\vdots$	$\vdots$	……	$\vdots$	
	$x_{n_1 1}$	$x_{n_2 2}$	$x_{n_3 3}$	……	$x_{n_k k}$	
합계	T_1	T_2	T_3	……	T_k	$T=\sum T_j$
평균	$\bar{x}_1$	$\bar{x}_2$	$\bar{x}_3$	……	$\bar{x}_k$	$\overline{X}=\frac{1}{k}\sum \bar{x}_j$

〈표 12.6〉은 인자의 수준이 k개(즉, $N_1, N_2, \cdots, N_k$)이고, 각 수준의 변량(또는 표본크기)이 각각 $n_1, n_2, \cdots, n_k$인 경우이다. 즉, 각 인자별 표본크기가 다른 경우로 총 표본크기는 $N=n_1+n_2+\cdots+n_k$이다. 따라서 총평균 $\overline{X}=\frac{1}{N}\sum_{j=1}^{k}\sum_{i=1}^{n_j}x_{ij}\left(\text{단}, N=\sum_{j=1}^{k}n_j\right)$이고, 각 수준(또는 표본)의 평균 $\bar{x}_j=\frac{1}{n}\sum_{i=1}^{n_j}x_{ij}$(단, $j=1, 2, 3, \cdots, k$)가 된다. 그리고 총자승합(TSS)과 급간지승합(SSB), 급내자승합(SSW)은 다음 식으로 표시된다.

$$\text{총자승합}(TSS)=\sum_{j=1}^{k}\sum_{i=1}^{n_j}(x_{ij}-\overline{X})^2$$

$$\text{급간자승합}(SSB)=\sum_{j=1}^{k}n_j(x_{ij}-\overline{X})^2$$

$$\text{급내자승합}(SSW)=\sum_{j=1}^{k}\sum_{i=1}^{n_j}(x_{ij}-\bar{x}_j)^2$$

총 표본크기 $N=\sum_{j=1}^{k}n_j$이므로 각 변량의 자유도는 TSS가 $(N-1)$, SSB가 $(N-k)$가 된다. TSS와 SSB는 다음 식으로 변경시킬 수 있으며, 이 식을 이용하여 자승합을 계산하는 것이 편리하다.

$$TSS = \sum_{j=1}^{k}\sum_{i=1}^{n_j}(x_{ij}-\overline{X})^2 = \sum_{j=1}^{k}\sum_{i=1}^{n_j}x_{ij}{}^2 - N\cdot\overline{X}^{\,2} = \sum_{j=1}^{k}\sum_{i=1}^{n_j}x_{ij}{}^2 - \frac{1}{N}\left(\sum_{j=1}^{k}\sum_{i=1}^{n_j}x_{ij}\right)^2$$

$$= \sum_{j=1}^{k}\sum_{i=1}^{n_j}x_{ij}{}^2 - \frac{T^2}{N}$$

$$SSB = \sum_{j=1}^{k}n_j(\bar{x}_j-\overline{X})^2 = \sum_{j=1}^{k}n_j\,\bar{x}_j\,\bar{x}_j + \sum_{j=1}^{k}n_j\,\overline{X}^2 - 2\,\bar{x}\sum_{j=1}^{k}n_j\,\bar{x}_j$$

$$= \sum_{j=1}^{k}T_j\bar{x}_j + N\cdot\overline{X}^{\,2} - 2\quad(N\cdot\ T/N) = \sum_{j=1}^{k}T_j(T_j/n_j) + N\cdot\overline{X}^{\,2} - 2N\cdot\ \overline{X}^{2}$$

$$= \sum_{j=1}^{k}T_j^2/n_j - T^2/N$$

위의 식을 이용하여 표본크기가 다른 경우의 ANOVA표를 만들면 다음과 같다.

변인	자승합(SS)	자유도(df)	평균평방(MS)	F 비율
급간 급내	$SSB = \sum T_j^2/n_j - T^2/N$ $SSW = TSS - SSB$	$k-1$ $N-k$	$MSB = SSB/(k-1)$ $MSW = SSW/(N-k)$	MSB/MSW
전체	$TSS = \sum\sum x_{ij}^2 - T^2/N$	$N-1$		

예 제 2

서울 근교 양계장에서 4개 품종의 닭을 6주간 사육 후 닭 품종 간 무게 증가량이 동일한지를 조사하고자 하였다. 각 품종의 닭을 임의로 선정하여 무게를 조사한 자료를 참조하여 닭 품종간의 무게 증가량이 동일하다고 할 수 있는가를 유의수준 1%에서 검정하시오.

인자	품종 Ⅰ	품종 Ⅱ	품종 Ⅲ	품종 Ⅳ
표본의 변량	74 65 72 69	75 78 74 76 72	56 55 53 52	57 60 65 70 68
합계	280	375	216	320

풀이

① $H_0 : \mu_1 = \mu_2 = \mu_3 = \mu_4$ $\qquad$ $H_\alpha : \mu_1 \neq \mu_2 \neq \mu_3 \neq \mu_4$

② $N = 18,\ K = 4,\ T = 1191,\ T^2/N = 78804.5$

$$TSS = 74^2 + 65^2 + 72^2 + 69^2 + 75^2 + \cdots 70^2 + 68^2 - 78804.5$$

$$SSB = \frac{280^2}{4} + \frac{375^2}{5} + \frac{216^2}{4} + \frac{320^2}{5} - 78804.5$$

$$= 79869 - 78804.5 = 1064.5$$

$$SSW = 1258.5 - 1064.5 = 194$$

③ ANOVA표는 다음과 같다.

변인	SS	df	MS	F 비율
급간	1064.5	3	354.83	25.60
급내	194	14	13.86	
전체	1258.5	17		

④ 자유도가 (3, 14)이므로 임계치는 $F_{3,14,0.01} = 5.56$이다. 따라서 검정통계량인 분산비가 25.60으로 임계치 5.56보다 크므로 H_0가 기각된다. 그러므로 닭 품종간의 무게 증가량이 유의적으로 다름을 강력히 시사하고 있다.

■ ■ ■ ■

12.3. 이원분석법

12.3.1 이원분석법의 개념

일원분석법은 하나의 인자를 분석대상으로 집단간 평균을 분석하는 통계기법이다. 즉, 일원분석법에서 설명한 자동차의 주행거리 실험은 운전자와 차종, 도로여건 등을 동일시하고 휘발유의 품종이란 단 하나의 인자에 의한 주행거리의 차이를 분석한 것이다.

그러나 〈표 12.7〉과 같이 휘발유의 품종 A, B, C별 주행거리가 다르고, 운전자 1, 2, 3, 4간 주행거리가 다를 수 있다. 즉, 휘발유의 품종이라는 인자뿐만 아니라 운전자란 인자에 대해서도 함께 종속변수(즉, l당 주행거리의 차이)를 분석할 수 있다. 이러한 통계분석 방법을 분산분석의 이원분석법(two-way analysis method)이라 한다.

표 12.7 **운전자 및 휘발유의 품종별 주행거리** (단위 : km/l)

운전자 \ 품종	A	B	C	운전자별 평균주행거리
1	15	15	17	15.67
2	17	20	21	19.33
3	14	18	20	17.33
4	18	19	22	19.67
품종별 평균 주행거리	16.00	18.00	20.00	18.00

이원분석법에서는 두 가지 요인에 대한 질문과 검증이 따르게 된다. 예컨대 〈표 12.7〉의 경우 운전자에 따라 l당 주행거리와 사람에 따른 l당 주행거리의 차이에 대한 질문과 검정이다.

이원분석법에서 두 개의 인자수준이 k개와 n개일 때 일반적인 자료구조는 〈표 12.8〉과 같다.

표 12.8 **이원분석법의 자료구조**

B인자 \ A인자	A_1	A_2	A_3	……	A_k	합 계(T_i)	행평균($\bar{y}_1$)
B_1	x_{11}	x_{12}	x_{13}	……	x_{1k}	T_1	$\bar{y}_1$
B_2	x_{21}	x_{22}	x_{23}	……	x_{2k}	T_2	$\bar{y}_2$
B_3	x_{31}	x_{32}	x_{33}	……	x_{3k}	T_3	$\bar{y}_3$
⋮	⋮	⋮	⋮		⋮	⋮	⋮
B_n	$x_{n_1 1}$	$x_{n_2 2}$	$x_{n_3 3}$	……	$x_{n_k k}$	T_n	$\bar{y}_n$
합 계(T_i)	T_1	T_2	T_3	……	T_k	T	
열평균($\bar{x}_i$)	$\bar{x}_1$	$\bar{x}_2$	$\bar{x}_3$	……	$\bar{x}_k$		$\overline{X}$(총평균)

〈표 12.8〉의 개개 관찰치 x_{ij}는 일원분석법과 같이 3개 부분으로 분할하여 선형방정식으로 표시할 수 있다.

$$x_{ij} = \overline{X} + (\bar{x}_j - \overline{X}) + (\bar{y}_i - \overline{X}) + (x_{ij} - \bar{x}_j - \bar{y}_i + \overline{X})$$

위 식에서 $(x_{ij} - \overline{X})$를 총변동, $(\bar{x}_j - \overline{X})$를 열간변동, $(\bar{x}_i - \overline{X})$를 행간변동, $(x_{ij} - \bar{x}_j - \bar{y}_i + \overline{X})$를 잔차변동이라 한다. 그리고 각 변동의 자승합은 다음과 같이 정리할 수 있다.

1) 총자승합(총변동의 자승합, total sum of squares : TSS)

$$TSS = \sum_{i=1}^{n}\sum_{j=1}^{k}(x_{ij}-\overline{X})^2 = \sum\sum x_{ij}^{\ 2} + N\cdot\overline{X}^2 - 2\ \ \sum\sum x_{ij}$$
$$= \sum\sum x_{ij}^{\ 2} + N\left(\frac{T^2}{N^2}\right) - 2\left(\frac{T}{N}\right)(T)\ (\because \overline{x} = \frac{T}{N}, \sum\sum x_{ij} = T)$$
$$= \sum\sum x_{ij}^{\ 2} - T^2/N$$

2) 행간자승합(행간변동의 자승합, sum of squares between rows : SSR)

$$SSR = \sum_{i=1}^{n}k(\overline{y}_{\,i}-\overline{X})^2 = \sum k\,\overline{y}_i\,\overline{y}_i + \sum k\overline{X}^{\,2} - 2\overline{X}\sum k\overline{y}_i$$
$$= \sum T_i\,\overline{y}_i + N\cdot\overline{X}^{\,2} - 2N\cdot\overline{X}^{\,2}$$
$$(\because \sum k\overline{y}_i = \sum T_i = T = N\cdot\overline{X}, \sum k\,\overline{X}^2 = N\cdot\overline{X}^{\,2})$$
$$= \sum\frac{T_i^{\ 2}}{k} - \frac{T^2}{N}(\because \overline{y}_{\,i} = \frac{T_i}{k}, \overline{X} = \frac{T}{N})$$

3) 열간자승합(열간변동의 자승합, sum of squrares between columns : SSC)

$$SSC = \sum_{j=1}^{k}n(\overline{x}_j-\overline{X})^2 = \sum n\overline{x}_j\ \overline{x}_j + \sum n\ \overline{X}^{\,2} - 2\overline{X}\sum n\quad_j$$
$$= \sum T_j\,\overline{x}_j + N\cdot\overline{X}^{\,2} - 2N\cdot\overline{X}^2(\because \sum n\overline{X}_j = \sum T_j = T = N\cdot\overline{X})$$
$$= \sum T_j^2/n - T^2/N(\because \overline{x}_{\,j} = T_j/n)$$

4) 잔차자승합(잔차변동의 자승합, sum of squrares due to error ; SSE)

$$SSE = \sum_{i=1}^{n}\sum_{j=1}^{k}(x_{ij}-\overline{x}_{\,j}-\overline{y}_{\,i}+\overline{X})^2\ = \sum\sum\left[(x_{ij}-\overline{y}_{\,i})-(\overline{x}_{\,j}-\overline{X})\right]^2$$
$$= \sum\sum x_{ij}^{\ 2} - \sum T_i^2/k - \sum T_j^2/n + \frac{3\,T^2}{N}$$
$$= SST - SSR - SSC$$

그리고 이들 각 자승합의 자유도는 다음과 같다.

$TSS = (N-1)$ 또는 $(nk-1)$, $SSR = (n-1)$, $SSC = (k-1)$,
$SSE = (k-1)(n-1)$

단, n : 행간 인자수준 k : 열간 인자수준 $N = n \times k$

각 변동의 자승합을 해당하는 자유도로 나누면 평균평방(mean squares: MS)값을 구할 수 있다. 이들 모든 변동의 관계를 요약하면 〈표 12.9〉와 같이 이원분산분석표를 얻을 수 있다

표 12.9 이원분산분석표

변인	자승합계(SS)	자유도(df)	평균평방(MS)	F−비율
행간	$SSR = \sum T_i^2/k - T^2/N$	$(n-1)$	$MSR = SSR(n-1)$	$F_a = MSR/MSE$
열간	$SSC = \sum T_j^2/n - T^2/N$	$(k-1)$	$MSC = SSC/(k-1)$	$F_b = MSC/MSE$
잔차	$SSE = SST - SSR - SSC$	$(n-1)(k-1)$	$MSE = SSE/(k-1)(n-1)$	
전체	$SST = \sum\sum x_{ij}^2 - T^2/N$	$N-1$		

예 제 3

〈표 12.7〉의 자료를 이용하여 분산분석표를 작성하시오.

풀이

① $T = 15 + 15 + 17 + \cdots + 18 + 19 + 22 = 216$이므로 $\dfrac{T^2}{N} = \dfrac{(216)^2}{12} = 3{,}888$이다.

② $SSR = \dfrac{1}{3}(47^2 + 58^2 + 52^2 + 59^2) - 3{,}888 = 31.333$

③ $SSC = \dfrac{1}{4}(64^2 + 72^2 + 80^2) - 3{,}888 = 32$

④ $TSS = 15^2 + 15^2 + 17^2 + \cdots + 18^2 + 19^2 + 22^2 - 3{,}888 = 70$

⑤ $SSE = TSS - SSR - SSC = 70 - 31.333 - 32 = 6.667$

⑥ 분산분석표는 다음과 같다.

변인	SS	df	MS	F−비율
행간	31.33	3	10.44	10.44/1.11=9.41
열간	32.00	2	16.00	16.00/1.11=14.41
잔차	6.67	6	1.11	
전체	70.00	11		

■ ■ ■ ■

12.3.2 가설설정 및 검정

이원분석법은 두 인자에 대한 차이분석이므로 가설은 인자별로 각각 설정하고 검정하게 된다. 각 관찰치 x_{ij}는 다음과 같이 나타낼 수 있다.

$$x_{ij} = \overline{X} + (\overline{x}_j - \overline{X}) + (\overline{y}_i - \overline{X}) + (x_{ij} - \overline{x}_j - \overline{y}_i + \overline{X}) = \overline{X} + A_i + B_j + e_{ij}$$

단, $\overline{X}$: 전체 표본집단 평균으로 μ의 불편추정치

A_i : $(\overline{y}_i - \overline{X})$로 i행에 기인된 효과(또는 차이)

B_j : $(\overline{x}_j - \overline{X})$로 j열에 기인된 효과(또는 차이

e_{ij} : 오차항으로 $N(0, \sigma^2)$의 분포

위 식에서 각 관찰치 x_{ij}는 A_i와 B_j의 효과에 크게 의존함을 알 수 있다. 따라서 가설의 설정은 i행에 기인하는 효과 A_i와 j열에 기인하는 효과 B_j에 관해 설정할 수 있다. 즉, 귀무가설을 H_a, H_b라 하고, 대립가설을 H_a', H_b'라 하면 다음과 같이 가설을 설정할 수 있다.

$$\begin{cases} H_a : a_1 = a_2 = a_3 = \cdots = a_n \\ H_a' : a_1 \neq a_2 \neq a_3 \neq \cdots \neq a_n \end{cases}$$

$$\begin{cases} H_b : b_1 = b_2 = b_3 = \cdots = b_k \\ H_b' : b_1 \neq b_2 \neq b_3 \neq \cdots \neq b_k \end{cases}$$

그리고 두 가지 가설의 검정통계량은 〈표 12.9〉의 이원분석표에서 F 비율값이 된다.

즉, i행에 기인하는 a_i의 검정통계량은 $F_a = MSR/MSE$이고, j열에 기인하는 B_j의 검정통계량은 $F_b = MSC/MSE$이다. 그리고 두 가지 검정통계량의 임계치는 각 검정통계량의 자유도가 다르므로, F_a의 임계치는 유의수준 α에서 자유도 $v_1 = (n-1)$, $v_2 = (n-1)(k-1)$의 F분포치$(F_{v_1, v_2, a})$이고, F_b의 임계치는 자유도 $v_1 = (k-1)$, $v_2 = (n-1)(k-1)$의 F분포치 $(F_{v_1, v_2, a})$가 된다. 따라서 검정통계량 F_a, F_b가 각 임계치 $F_{v_1, v_2, a}$보다 크면 귀무가설 H_a와 H_b가 기각된다.

예컨대 〈표 12.7〉의 자료를 유의수준 5%에서 휘발유의 품종별 주행거리에 차이가 있는지, 그리고 운전자별 l당 주행거리에 차이가 있는지를 검정하여 보자.

우선 가설을 설정하면 다음과 같이 두 가지를 설정할 수 있다.

① 운전자별 주행거리에 대한 가설(행간가설)

$$H_a : a_1 = a_2 = a_3 = a_4 \qquad H_a' : a_1 \neq a_2 \neq a_3 \neq a_4$$

② 휘발유 품종별 주행거리에 대한 가설(열간가설)

$$H_b : b_1 = b_2 = b_3 \qquad H_b' : b_1 \neq b_2 \neq b_3$$

그리고 〈표 12.7〉에 대한 검정통계량은 예제 3에서 이미 계산된 것으로 $F_a = 9.41$, $F_b = 14.41$가 된다. 이들 검정통계량의 임계치는 부록에서 구할 수 있는데, $F_{3,6,0.05} = 4.76$, $F_{2,6,0.05} = 5.14$가 된다. 따라서 두개의 검정통계량이 각 임계치보다 크므로 귀무가설 H_a와 H_b가 기각되고 대립가설 H_α와 H_b' 가 채택된다.

예 제 4

특용작물의 생육과정을 조사하기 위해 경기, 강원, 충남북, 전남북, 경남북 등 5개 지역에 실험표본 4개씩을 만들어서 특용작물을 심었다. 제 1 표본에는 비료를 $0kg$, 제 2 표본에는 $20kg$, 제 3 및 제 4 표본에는 각각 $40kg$ 및 $60kg$을 투여하였고, 가을에 가서 생산량을 조사하였다. 그 결과가 다음 표와 같을 때, 각 지역 간 또는 각 처리 표본간의 생산량에 차이가 있는지를 $\alpha = 5\%$ 유의수준에서 검정하시오.

풀이

① 총 표본지역 $N=20$, $T=\Sigma T_i=200$, $T^2/N=2,000$

지역 \ 투입량	$0kg$	$20kg$	$40kg$	$60kg$	지역평균($\overline{Y_i}$)
경 기(1)	12	20	13	11	$\bar{y}_1=14$
강 원(2)	2	14	7	5	$\bar{y}_2=7$
충남북(3)	8	17	13	10	$\bar{y}_3=12$
전남북(4)	1	12	8	3	$\bar{y}_4=76$
경남북(5)	7	17	14	6	$\bar{y}_5=11$
처리에 대한 평균($\overline{X_i}$)	$\bar{x}_1=6$	$\bar{x}_2=16$	$\bar{x}_3=11$	$\bar{x}_4=7$	총평균 $\overline{X}=10$

② 각 편차자승의 합은 다음과 같다.

$$TSS=\sum\sum x_{ij}^{\ 2}-T^2/N=12^2+20^2+13^2+11^2,\cdots,+7^2+17^2+14^2+6^2-2000=518$$

$$SSR=\sum T_i^2/k-T^2/N=\frac{1}{4}\{56^2+28^2+48^2+24^2+44^2\}-2,000=2,184-2,000=184$$

$$SSC=\sum T_j^2/n-T^2/N=\frac{1}{5}\{30^2+80^2+55^2+35^2\}-2,000=2,310-2,000-310$$

$$SSE=TSS-SSR-SSC=518-184-310=24$$

③ 각 편차의 자유도는 $SST=19$, $SSR=4$, $SSC=3$, $SSE=12$이다.

④ 분산분석표는 다음과 같다.

변인	SS	df	MS	$F-$비율
행간	184	4	46.0	46.0/2=23.0
열간	310	3	103.3	103.3/2=51.7
잔차	24	12	2.0	
전체	518	19		

⑤ 가설의 설정

ⓐ 지역간의 차이에 대한 가설

$H_a: a_1=a_2=a_3=a_4=a_5$ $\qquad H_a{}': a_1\neq a_2\neq a_3\neq a_4\neq a_5$

ⓑ 처리효과의 차이에 대한 가설

$H_b: b_1 = b_2 = b_3 = b_4$ $\qquad\qquad$ $H_b': b_1 \neq b_2 \neq b_3 \neq b_4$

⑥ 임계치의 결정

$F_a = F_{4,\,12,\,0.05} = 3.26, \quad F_b = F_{3,\,12,\,0.05} = 3.49$

⑦ 결론 : 검정통계량과 임계치의 관계가 다음과 같으므로 귀무가설이 기각된다.

ⓐ 지역 : 검정통계량=23.0 〉 임계치=3.26

ⓑ 처리 : 검정통계량=51.7 〉 임계치=3.49

따라서, 대립가설이 채택됨으로 지역과 비료효과 간에 각각 유의적인 차이가 있다고 할 수 있다.

■ ■ ■ ■

12.4. SPSS 통계분석

SPSS 분석 1

〈예제 2〉의 문제를 SPSS 통계패키지를 사용하여 분석하여 보자. 즉, 서울 근교 양계장에서 네 개 품종의 닭을 6주간 사육 후 닭 품종 간 무게 증가량이 동일한지를 조사하고자 하였다. 각 품종의 닭을 임의로 선정하여 무게를 조사한 자료가 다음과 같을 때, 닭 품종간의 무게 증가량이 동일하다고 할 수 있는가를 유의수준 1%에서 검정하시오.

인 자	품종 Ⅰ	품종 Ⅱ	품종 Ⅲ	품종 Ⅳ
표본의 변량	74 65 72 69	75 78 74 76 72	56 55 53 52	57 60 65 70 68
합 계	280	375	216	320

(1) 1열에 품종구분을, 2열에 각 품종의 무게자료를 입력시킨다.

(2) 메인메뉴에서 [분석]→[평균비교]→[일원배치 분산분석]→〈종속변수 창에 무게항목을 이동 〉→〈요인창에 품목구분 항을 이동〉→[계속]→[확인] 순서를 따르게 되면 다음과 같은 결과분석 창이 활성화 된다. 즉, 유의확률값이 유의수준보다 크면 대립가설이 기각되고 귀무가설이 채택된다.

일원배치 분산분석

ANOVA

무게

	제곱합	자유도	평균제곱	F	유의확률
집단-간	450000.000	1	450000.000	8.681	.009
집단-내	933100.000	18	51838.889		
전체	1383100.000	19			

결과해석

일원배치 분산분석표에서 F값이 8.681이고 유의확률값이 0.009이므로 유의수준 0.01보다 작으므로 대립가설이 채택된다. 즉 닭의 품종별 무게 증가량에 차이가 있다고 결론을 내릴 수 있다.

SPSS 분석 2

〈예제 4〉의 문제를 SPSS 통계패키지를 사용하여 분석하여 보자. 즉, 특용작물의 생육과정을 조사하기 위해 경기, 강원, 충남북, 전남북, 경남북 등 5개 지역에서 실험표본 4개씩을 만들어 특용작물을 심었다. 제 1 표본에는 비료를 $0kg$, 제 2 표본에는 $20kg$, 제 3 및 제 4 표본에는 각각 $40kg$ 및 $60kg$을 투여한 후 가을에 생산량을 조사하였다. 그 결과가 다음 표와 같을 때, 각 지역 간 또는 각 처리 표본간의 생산량에 차가 있는지를 $\alpha = 5\%$ 유의수준에서 검정하시오.

지역 \ 투입량	$0kg$(1)	$20kg$(2)	$40kg$(3)	$60kg$(4)
경 기(1)	12	20	13	11
강 원(2)	2	14	7	5
충남북(3)	8	17	13	10
전남북(4)	1	12	8	3
경남북(5)	7	17	14	6

(1) 1열에 지역구분을 2열에, 비료투입 구분을 3열에 생산량을 입력시킨다.

(2) 메인 메뉴창에서 [분석] → [일반선형모형] → [일변량] → 〈종속변수 창에 생산량항목을 이동 〉 → 〈모수요인 창에 지역구분과 비료투입구분 항을 이동〉 → [모형] → [일변량 : 모형] → [사용자정의] → 〈항 설정에서 주효과 선택〉 → 〈모형 창에 지역구분과 비료투입구분을 이동〉 → [계속] → [옵션] → [기술통계량] → 〈유의수준에 0.05 입력〉 → [계속] → [확인]순서를 따르게 되면 다음과 같은 결과분석 창이 활성화 된다. 즉, 유의확률값이 유의수준보다 크면 대립가설이 기각되고 귀무가설이 채택된다.

기술통계량

종속변수: 생산량

지역구분	비료량	평균	표준편차	N
1	1	12.00	.	1
	2	20.00	.	1
	3	13.00	.	1
	4	11.00	.	1
	전체	14.00	4.082	4
2	1	2.00	.	1
	2	14.00	.	1
	3	7.00	.	1
	4	5.00	.	1
	전체	7.00	5.099	4
3	1	8.00	.	1
	2	17.00	.	1
	3	13.00	.	1
	4	10.00	.	1
	전체	12.00	3.916	4
4	1	1.00	.	1
	2	12.00	.	1
	3	8.00	.	1
	4	3.00	.	1
	전체	6.00	4.967	4
5	1	7.00	.	1
	2	17.00	.	1
	3	14.00	.	1
	4	6.00	.	1
	전체	11.00	5.354	4
전체	1	6.00	4.528	5
	2	16.00	3.082	5
	3	11.00	3.240	5
	4	7.00	3.391	5
	전체	10.00	5.221	20

개체-간 효과 검정

종속변수: 생산량

소스	제 III 유형 제곱합	자유도	평균제곱	F	유의확률
수정된 모형	494.000[a]	7	70.571	35.286	.000
절편	2000.000	1	2000.000	1000.000	.000
지역구분	184.000	4	46.000	23.000	.000
비료량	310.000	3	103.333	51.667	.000
오차	24.000	12	2.000		
전체	2518.000	20			
수정된 합계	518.000	19			

a. R 제곱 = .954 (수정된 R 제곱 = .927)

결과해석

분산분석결과로 산출된 기술통계량 표를 보면 지역에 따른 평균과 비료량에 따른 평균 생산량에 차이가 있음을 알 수 있다. 개체 간 효과 검정표를 보면 지역구분의 F값이 23.000이고 유의확률이 0.000이며, 비료량의 F값은 51.667이고 유의확률이 0.000이므로 2가지 요인 모두 유의수준 0.05에서 통계적으로 유의하다 할 수 있다. 따라서 지역과 비료량에 따라 생산량에 차이가 있음을 알 수 있다.

SPSS 분석 3

〈SPSS 분석 2〉에서는 각 지역과 비료투입량에 따른 생육과정을 오직 하나의 관측치만을 표본으로 사용한 경우이다. 이 경우는 분산분석에서 주효과 검정만 가능한 경우이며 다음 자료와 같이 집단내의 관측치가 2개 이상인 경우는 주효과 검정과 함께 상호작용효과 검정이 가능하다.

지역 \ 투입량	$0kg$(1)	$20kg$(2)	$40kg$(3)	$60kg$(4)
경 기(1)	11,13,12,10	18,22,20,19	12,15,13,14	10,12,11,13
강 원(2)	4,3,2,5	14,15,13,12	8,9,7,8	5,8,5,6
충남북(3)	7,9,8,9	17,15,18,16	13,12,11,11	10,9,11,12
전남북(4)	3,2,1,3	12,13,10,11	8,9,8,10	3,5,4,5
경남북(5)	5,6,7,7	17,16,19,15	14,13,15,12	6,7,9,5

(1) 자료입력은 분석 2와 같이 한다.

(2) 메인 메뉴창에서 [분석] → [일반선형모형] → [일변량] → 〈종속변수 창에 생산량항목을 이동〉 → 〈모수요인창에 지역구분과 비료투입구분 항을 이동〉 → [모형] → [일변량 : 모형] → [사용자정의] → 〈항 설정에서 상호작용 선택〉 → 〈모형창에 지역구분, 비료투입구분 요인을 이동, 지역구분 * 비료투입구분 생성〉 → [계속] → [옵션] → [기술통계량] → 〈유의수준에 0.05 입력〉 → [계속] → [확인]순서를 따르게 되면 다음과 같은 결과분석 창이 활성화 된다. 즉, 유의확률값이 유의수준보다 크면 대립가설이 기각되고 귀무가설이 채택된다.

기술통계량

종속변수: 생육과정

지역	투입량	평균	표준편차	N
1	1	11.50	1.291	4
	2	19.75	1.708	4
	3	13.50	1.291	4
	4	11.50	1.291	4
	전체	14.06	3.714	16
2	1	3.50	1.291	4
	2	13.50	1.291	4
	3	8.00	.816	4
	4	6.00	1.414	4
	전체	7.75	3.958	16
3	1	8.25	.957	4
	2	16.50	1.291	4
	3	11.75	.957	4
	4	10.50	1.291	4
	전체	11.75	3.276	16
4	1	2.25	.957	4
	2	11.50	1.291	4
	3	8.75	.957	4
	4	4.00	1.155	4
	전체	6.63	3.931	16
5	1	6.25	.957	4
	2	16.75	1.708	4
	3	13.50	1.291	4
	4	6.75	1.708	4
	전체	10.81	4.792	16
전체	1	6.35	3.543	20
	2	15.60	3.202	20
	3	11.10	2.573	20
	4	7.75	3.143	20
	전체	10.20	4.724	80

개체-간 효과 검정

종속변수: 생육과정

소스	제 III 유형 제곱합	자유도	평균제곱	F	유의확률
수정된 모형	1665.800[a]	19	87.674	54.231	.000
절편	8323.200	1	8323.200	5148.371	.000
지역	583.675	4	145.919	90.259	.000
투입량	1015.900	3	338.633	209.464	.000
지역 * 투입량	66.225	12	5.519	3.414	.001
오차	97.000	60	1.617		
전체	10086.000	80			
수정된 합계	1762.800	79			

a. R 제곱 = .945 (수정된 R 제곱 = .928)

결과해석

분산분석결과에서 산출된 기술통계량 표를 보면 지역에 따른 평균과 비료량에 따른 평균 생산량에 차이가 있음을 알 수 있다. 개체 간 효과 검정표를 보면 지역구분의 F값이 90.259이고 유의확률이 0.000이며, 비료량의 F값은 209.464이고 유의확률이 0.000이다. 또한 (지역 * 투입량)의 F값은 3.414이고 유의확률이 0.001이다. 따라서 지역과 투입량의 2가지 요인 모두 유의수준 0.05에서 통계적으로 유의하다 할 수 있고, 상호작용 효과인 (지역 * 투입량)도 통계적으로 유의하다. 즉, 지역과 비료량의 차이와 두 요인의 상호작용에 따라 생산량에 차이가 있음을 알 수 있다.

연 습 문 제

12.1 다음의 분산분석표를 완성하시오.

변인	SS	df	MS	F
급간	192.7			
급내		16		
전체	320.4	22		

12.2 한 영농 시험장에서 세 가지 잡종 옥수수의 수확량을 비교하고자 한다. 각 품종을 6개 실험지역에서 재배하여 평당 수확량(단위 : kg) 을 조사하였다. 10% 유의수준에서 평당 평균생산량은 품종 간에 어떤 차이가 있는가?

품종	품종 A	품종 B	품종 C
수확량	87	83	53
	80	72	76
	75	65	62
	60	77	82
	91	88	76
	93	79	62

12.3 세 가지 유형의 단열재를 비교하기 위하여 건축업자가 각 단열재를 5회 사용하여 총 15개의 방을 지었다. 다음 표는 야간에 4시간이 경과한 후에 각 방의 기온 강하를 측정한 것이다. 단열재 간 기온변화에 유의적인 차이를 보이는가?

단열재	단열재 A	단열재 B	단열재 C
기온강하시간	16	10	15
	19	12	16
	18	20	20
	10	12	16
	17	14	13

12.4 다음 표는 확률추출된 직업별 직공들의 시간당 임금을 나타낸 것이다. 1%의 유의수준에서 직업별로 평균임금이 서로 다른 가를 검정하시오.

직업별	연관공	전기기술자	운전자	목수
시간당 임금	7.6 8.7 7.6	8.5 8.7 7.7 8.3 7.8	6.8 6.7 6.6 6.4	7.4 6.5 6.8
표본 평 균	7.83	8.20	6.63	6.90

12.5 세 가지 교육방식에 따른 차이점을 연구하기 위해 15명의 학생을 세 가지 교육방식에 임의로 배치한 후 일주일간 교육을 시켰다. 교육 후 교육방식의 차이를 조사하기 위해 특정 시험을 치른 결과 아래 표와 같이 나타났다. 교육방식에는 특정한 차이가 없다는 귀무가설을 5%유의수준에서 검정하시오.

교육방식	점수					총점	평균
A_1	86	79	81	70	84	400	80
A_2	90	76	88	82	89	425	85
A_3	82	68	73	71	81	375	75

12.6 한 연구소의 실험실에서 세 가지 제품(A, B, C)의 타이어를 비교 실험하기 위하여 각 제품에서 5개의 타이어를 임의로 선택하여 검사한 결과 다음 표와 같았다. 유의수준 5%에서 각 제품별 유의적 차이를 검정하시오.

제품종류	A	B	C
주행거리	32,000 35,000 41,000 31,000 36,000	34,000 27,000 36,000 30,000 27,000	37,000 29,000 41,000 37,000 38,000

12.7 어느 한 직공의 생산성이 일주일(5일) 동안 균등한 지를 검정하려고 한다. 직공에게는 알리지 않고 고용주가 다음 표에서 보는 바와 같이 18일간의 생산성을 조사하였다(생산성은 직공이 생산한 품목의 경상시장가격으로 측정하였다). 유의수준 5%에서 검정하시오.

요일	월	화	수	목	금
생산성	143 128 110	162 136 144 158	160 132 180 160 138	138 168 120	110 130 135
평균생산성	127	150	154	142	125

12.8 문제 12.5의 자료에서 15명의 학생을 임의로 배치하기 전, 학생들의 수학능력을 고려하여 다섯 가지 수준으로 학생들을 분류한 후 배치하여 성과측정을 하였더니 다음 표와 같았다. 각 능력 수준 간 또는 각 교육방법 간에 차이가 있는지 없는지를 5% 유의수준에서 검정하시오.

능력수준	교육 방법			합계 T_j	평균 $\overline{X}_j$
	A_1	A_2	A_3		
B_1	86	90	82	258	86.0
B_2	84	89	81	254	84.7
B_3	81	88	73	242	80.7
B_4	79	76	68	223	74.3
B_5	70	82	71	223	74.3
합계 T_k	400	425	375	전체 합계 T=1200	
평균 $\overline{X}_k$	80	85	75		총평균 $\overline{X}$=80.0

12.9 어느 기업에서 자사 제품이 판매되는 지역을 다섯 개로 나누고 판매원들을 연령별로 네 개의 그룹으로 분류하여 연간 매출액의 차이여부를 분석하기 위해 표본을 추출하여 조사하였다.

지역 \ 연령	C_1	C_2	C_3	C_4
R_1	33 25	45 34	40 33	36 30
R_2	30 19	34 14	34 17	24 29
R_3	21 12	29 21	30 19	21 18
R_4	28 29	32 37	32 24	31 30
R_5	36 25	37 34	40 26	31 29

조사 결과를 이용하여 다음의 가설을 5% 유의수준에서 검정하시오.

① 판매원의 연령에 따른 매출액의 차이는 없다.

② 지역별로 평균 매출액에는 차이가 없다.

CHAPTER

13 회귀분석과 상관분석

일상생활에서 주변의 여러 현상들이 서로 어떤 관계가 있음을 흔히 볼 수 있다. 키와 몸무게의 관계, 매출액과 광고비의 관계, 생산시간과 생산량의 관계, 공부한 시간과 성적과의 관계 등 대단히 많이 있다. 이러한 어떤 관계를 함수적 또는 통계적 관계로 표현할 수 있다면 해당분야에서 원인과 결과의 측면에서 관계는 매우 유익하게 활용할 수 있을 것이다.

이와 같이 상호 관계된 현상들을 변수로 지정하여 관련성을 파악하고 모형화하여 이들 현상들을 예측하는 통계적 방법이회귀분석 (regression analysis)이다. 그리고 회귀분석과 함께 변수들 사이의 관련성의 정도(또는 적합성)를 상관계수와 결정계수로 측정하여 파악하는 통계적 방법이 상관분석(correlation analysis)이다.

회귀분석은 두 변수들의 관계를 다루는 단순회귀분석(simple regression analysis)과 세 개 이상의 변수들의 관계를 다루는 다중회귀분석(multiple regression analysis)으로 구분된다. 본 장에서는 두 변수들의 관계가 선형적 관련성을 갖는 가장 간단한 단순회귀분석과 선형상관(linear correlation)을 다루고자 한다.

13.1. 회귀분석의 기초개념

원래 회귀(regression)라는 통계적 용어는 1886년 영국의 유전학자 칼톤(Francis Galton)이 가족의 유사성이라는 논문에서 사용되었다. 그 후 영국의 유명한 수리통계학자인 피어슨(Karl Pearson)이 또 다시 1,000명 이상의 가족에 대한 키를 조사한 결과 키가 큰 아버지를 가진 자식들의 평균 신장은 아버지의 평균 신장보다 작고, 키가 작은 아버지를 가진 자식들의 평균 신장은 아버지의 평균 신장보다 크게 되어, 키가 크고 작은 아이들의 신장은 모든 아이들의 평균 신장에 회귀(regression), 즉 복귀한다는 소위 칼톤의 범회귀법칙(Galton's law of universal regression)을 정립하게 되었다.

오늘날 회귀분석은 두 변수뿐만 아니라 여러 변수간의 회귀식의 적합은 물론 그 개념도 평균에서 더욱 구체적이고 정확한 정량식으로 분석하고 나아가 미래를 예측하는 수단으로 유용하게 활용되고 있다.

희귀분석의 간단한 예로 〈표 13.1〉은 가계소득과 소비지출간에 어떠한 관계가 있는가를 알기 위해 모집단으로부터 12가구를 표본으로 추출하여 가처분소득액 x와 소비지출액 y를 조사한 자료이다.

▌표 13.1 ▌ 가계 소비지출과 가처분소득 **(단위: 천원)**

가계(i)	1	2	3	4	5	6	7	8	9	10	11	12
가처분소득(x)	70	72	80	100	110	125	150	160	200	240	270	300
소비지출액(y)	50	60	72	125	90	125	130	132	170	190	180	230

〈표 13.1〉의 가처분소득 x와 소비지출액 y의 관계를 소비함수식으로 표시하면 $y_i = f(x_i)$이다.

만일 소득 x가 일정하게 증가함에 따라 소비지출 y도 일정하게 증가한다면 위의 식은 다음과 같이 직선식으로 나타낼 수 있다.

$$y_i = a + bx_i$$

이 때 변수 x와 y는 표본에서 조사된 관찰치이며, a와 b는 상수(constant)가 된다. 상수 a, b는 회귀분석에서 회귀계수(regression coefficient)라 하며, 관찰치 x, y는 경우에 따라 다음과 같이 여러 가지 이름으로 통칭되고 있다.

x 변수	y 변수
독립변수 (independent variable) 원인변수 (causual variable) 관리변수 (control variable) 설명변수 (explanatory variable)	종속변수 (dependent variable) 결과변수 (resulting variable) 반응변수 (responsive variable) 설명된 변수 (explained variable)

그리고 위의 식에서 $x = 0$이면 $y = a$가 되어, a는 직선식의 절편이 된다. 또한 상수 b는 회귀선의 기울기를 의미하는 것으로, x가 1단위(또는 1%) 증가할 때 y는 b단위(또는 b%) 증가함을 뜻한다. 그러나 만일 b의 부호가 $+$이면 x가 증가함에 따라 y도 증가하고, b의 부호가 $-$이면 x가 증가함에 따라 y는 감소한다는 것이다.

같은 이치로 절편 a의 부호가 $-$이면 도표상에서 원점 아래에 위치하고, a가 정(+)이면 원점의 위쪽에 위치함을 뜻한다. 이러한 내용들을 그래프로 그려보면 〈그림 13.1〉과 같다.

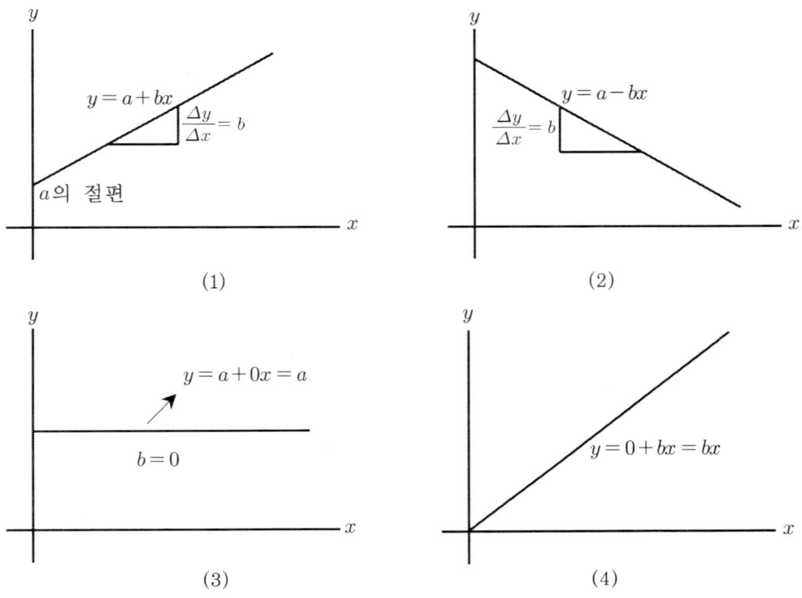

그림 13.1 회귀직선의 유형

〈그림 13.1〉은 개념적인 관측치들을 일반화시켜 직선화한 것으로, 실제적으로는 관측치들이 회귀선을 중심으로 주변에 많이 분포되어진다. 이와 같이 주어진 관측치들을 직교좌표상에 점으로 나타낸 것이 산점도 또는 산포도(scatter diagram)라고 하는데, 〈표 13.1〉의 자료로 산점도를 그리면 〈그림 13.2〉와 같다.

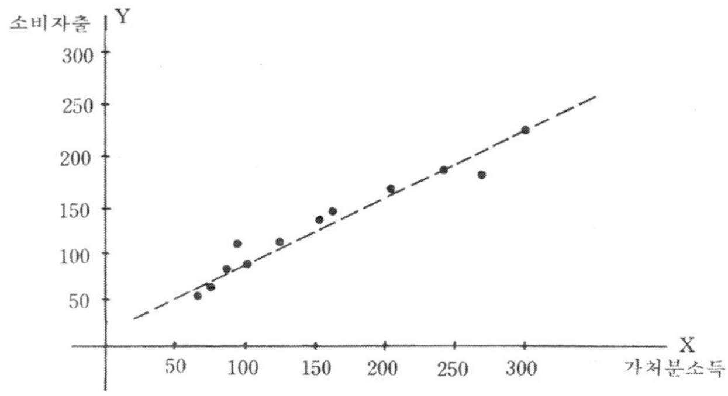

그림 13.2 소비지출과 가처분소득의 산점도

그리고 식 $y_i = a + bx_i$의 경우 x와 y는 표본의 관찰치를 나타내는 변수이고, a와 b는 미지의 상수이다. 미지수 a, b는 표본의 관찰치 x, y에 의한 두 개의 연립방정식으로 구할 수 있다. 따라서 방정식에서 두 상수 a, b 값을 알면 x에 따라 y를 예측할 수 있다. 즉 a, b 값을 구하여 x에 대한 y값을 예측하는 식은 다음과 같다.

$$\hat{y}_i = a + bx_i$$

위의 식을 표본의 회귀직선식이라 하는데, 우리의 관심은 표본에 대한 회귀식이 아니라 모집단의 회귀식이 된다. 모집단의 회귀식을 이론적 모형이라 하며 다음과 같이 표시한다.

$$\widehat{Y}_i = A + BX_i$$

13.2. 회귀모형의 가정

사회과학분야에서 대부분의 조사(survey)는 관심대상에 대한 모형화(modeling)를 위한 것이라 할 수 있다. 모형(model)이란 연구대상이 되는 집단 변수들의 관계를 수식으로 표현한 것으로, 집단 변수들의 관계가 함수적 관계(functional relation)일 때는 확정적 모형(deterministic model)이 되고, 변수들의 관계가 통계적 관계(statistical relation)일 때는 확률적 모형(probabilistic model)이 된다. 확률적 모형은 다시 확정적 부분과 임의의 오차부분으로 나누어지는데 회귀모형은 확률적 모형에 속한다. 즉, 앞 절의 예측 수식은 확정적 모형이나, 다음 수식과 같이 임의의 오차항(u_i)이 포함될 경우에는 확률적 모형이 된다.

> 모집단의 활률 모형 : $\widehat{Y_i} = A + Bx_i + \mu_i$
>
> 표본의 확률 모형 : $\hat{y}_i = a + bx_i + e_i$
>
> 단, μ_1 : 오차항 e_i : 잔차

가령, 어느 대학 특정학과 학생이 25명 있다. 이를 모집단으로 간주하고 그들의 신장과 체중을 조사한 결과 〈표 13.2〉와 같았다.

표 13.2 학생의 신장과 체중

평균신장 $(\overline{X}_i), cm$	체중 $(Y_i)\,kg$						
	Y_1	Y_2	Y_3	Y_4	Y_5	$\sum Y_i$	평균체중 $(\overline{Y}_i), kg$
160	38	40	42	44	46	210	42
161	39	42	44	46	49	220	44
162	41	43	46	48	52	230	46
163	44	46	48	49	53	240	48
164	45	47	50	52	56	250	50

표에서 볼 수 있듯이 평균신장이 160cm인 학생의 체중은 각각 38, 40, 42, 44, 46kg이고 평균체중은 42kg이다. 또한 평균신장에 162cm인 학생의 체중은 41, 43, 46, 48, 52kg이고, 평균체중은 46kg이다. 따라서 학생들의 신장과 체중간의 관계를 점산도로 나타내면 〈그림 13.3〉과 같다.

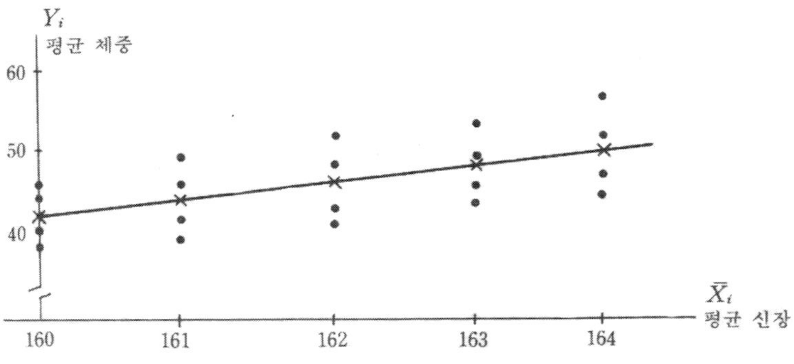

그림 13.3 학생의 신장과 체중의 점산도

〈그림 13.3〉에서 볼 수 있듯이 평균 신장 $\overline{X}_1$에 대한 Y의 예측치는 각 X값에 있어서 Y의 평균치, 즉 Y의 기대치 $E(Y)$(〈표 13.2〉에서 $\overline{Y}_i$값)를 통과한다. 예컨대 평균 신장 161cm일 때 Y의 예측치는 평균체중 44kg을 통과한다. 따라서 개개의 관찰치 Y_i는 그들의 평균치(또는 기대치, 예측치)로부터 어느 정도 떨어져 있게 된다. 이 때 기대치와 관측치의 차이를 오차(error)라 하며(표본에서는 잔차라 한다) 다음 식으로 표현된다.

$$
\begin{aligned}
Y_i &= E(Y) + [Y_i - E(Y)] \\
&= E(Y) + \mu_i \\
&= A + BX_i + \mu_i
\end{aligned}
$$

위 식에서 $(A + BX_i)$항은 확정적 부분이고 μ_i가 확률적 부분이므로 회귀모형은 확률모형이 되어 Y_i는 확률변수가 된다.

그런데 〈표 13.2〉에서 평균신장 $\overline{X}_i$에 대한 체중들의 관찰치 Y_i를 하나의 부집단이라고 볼 수 있는데, 〈표 13.2〉의 경우 모집단에는 5개의 부집단이 있고, 각 부집단은 5명의 학생으로 구성되어 있다. 이러한 부집단은 평균체중을 중심으로 각 체중들의 흩어짐을 나타내는데, 위의 식에서 오차항 μ_i의 분포와 같다. 부집단의 분포(μ_i)는 완전한 정규분포는 아니지만 거의 정규분포를 한다고 보아야 할 것이다. 왜냐하면 각 부집단에 있어서 Y의 관찰도수가 많으면 그들의 분포는 정규분포를 하기 때문이다.

예를 들면 우리나라 전체 대학생들의 신장과 체중을 조사한다고 하면 평균신장에 대한 개개의 체중분포는 〈그림 13.4〉에서 보는 바와 같이 정규분포를 하고 있을 뿐만 아니라 각 부집단의 분산도 같게 된다.

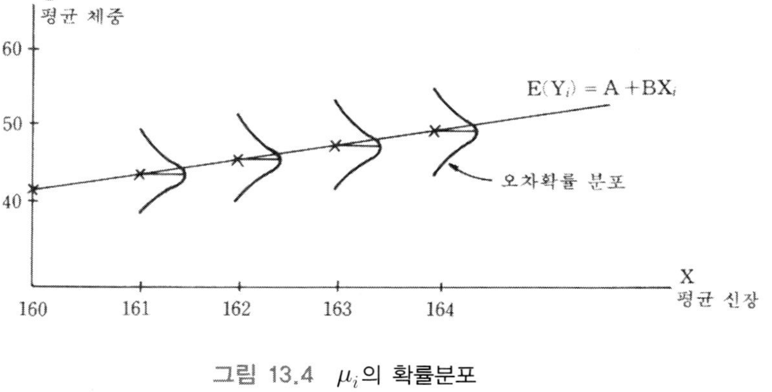

그림 13.4 μ_i의 확률분포

그러므로 회귀모형에서 오차항 μ_i의 가정은 다음과 같다.

❙ 오차항 μ_i의 가정 ❙

가정 1 모든 i에 대한 μ_i의 확률분포는 평균이 0이다.
즉, $E(\mu_i) = 0$이다.

가정 2 모든 i에 대한 μ_i의 분산은 동일하다.
즉, $Var(\mu_i) = E(\mu_i^{\,2}) = \sigma_\mu^{\,2}$이다.

가정 3 μ_i는 정규분포를 한다.
즉, $N(0,\ \sigma_\mu^{\,2})$이다.

가정 4 서로 다른 오차항과는 독립이다.
즉, $Cov(\mu_i,\ \mu_j) = 0$이다.

오차항 μ_i의 독립성, 즉 공분산이 0이라는 것은 오차항이 일정한 경향을 가지지 않고 흩어짐이 불규칙하다는 것으로 〈그림 13.5〉의 (a)와 같은 경우이다.

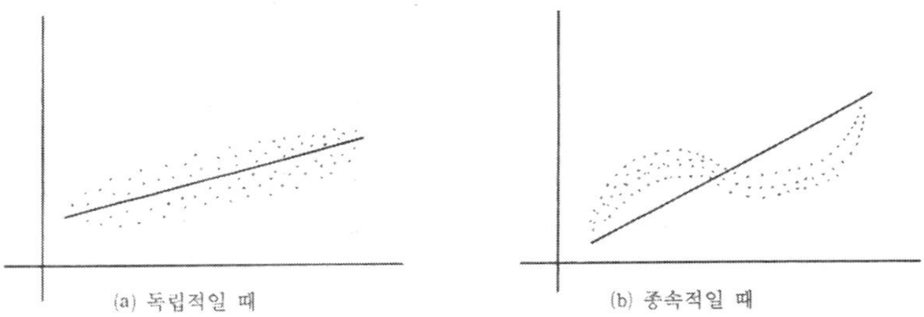

그림 13.5 오차항의 독립성과 종속성

그리고 오차항 μ_i가 확률변수이므로 μ_i를 포함하는 Y_i도 확률변수가 된다. 따라서 확률변수 Y_i의 확률분포를 알기 위해 기대치와 분산을 알아야한다. 즉, 다음 수식으로 계산할 수 있다.

$$
\begin{aligned}
E(Y_i) &= E(A + BX_i + \mu_i) = E(A) + E(BX_i) + E(\mu_i) \\
&= A + BX_i \ \ (\because E(\mu_i) = 0) \\
Var(Y_i) &= E\left[\{Y_i - E(Y_i)\}^2\right] = E\left[\{A + BX_i + \mu_i - A - BX_i\}^2\right] \\
&= E(\mu_i^{\,2}) = \sigma_\mu^{\,2}
\end{aligned}
$$

따라서 확률변수 Y_i는 오차항 μ_i의 일차함수이므로 μ_i가 정규분포이면 Y_i도 정규분포를 하게 된다. 따라서 Y_i는 정규분포이고, 평균 $E(Y_i) = A + BX_i$, 분산 $Var(Y_i) = \sigma_\mu{}^2$인 확률분포를 한다.

예 제 1

어느 재화에 대한 가격을 X라 하고 수요량을 Y라고 할 때, 두 변수 사이의 관계가 $Y_i = 24 - 2X_i + \mu_i$로 표시된다. 이때 모든 i에 대한 μ_i가 다음과 같은 확률분포를 이룰 때 Y_i의 점산도를 그리고 Y_i의 평균과 분산을 구하시오. 단, 재화의 가격 X를 2원, 4원, 6원, 8원, 10원일 때 수요량을 측정하시오.

μ_i	2	1	0	-1	-2
$P(\mu_i)$	0.2	0.2	0.2	0.2	0.2

풀이

재화의 가격에 대응하는 수요량은 일정한 확률분포를 이룬다. 예를 들면 재화의 가격 $X = 2$일 때, $Y_i = 18, 19, 20, 21, 22$이고, $X = 4$일 때, $Y_i = 14, 15, 16, 17, 18$이다. 그리고 수요량의 평균 $E(Y_i) = 24 - 2X_i$이므로 $X = 2$일 때 $E(Y_i) = 20$, $X = 4$일 때 $E(Y_i) = 16$이다. 마찬가지로 6원, 8원, 10원일 때의 수요량에 대해서도 확률분포를 구할 수 있는데, 이들을 요약하면 다음과 같다.

X_i	$E(Y_i)$	$E(Y_i) + \mu_i$	$Var(Y_i)$
2	20	18, 19, 20, 21, 22	10.0
4	16	14, 15, 16, 17, 18	10.0
6	12	10, 11, 12, 13, 14	10.0
8	8	6, 7, 8, 9, 10	10.0
10	4	2, 3, 4, 5, 6	10.0

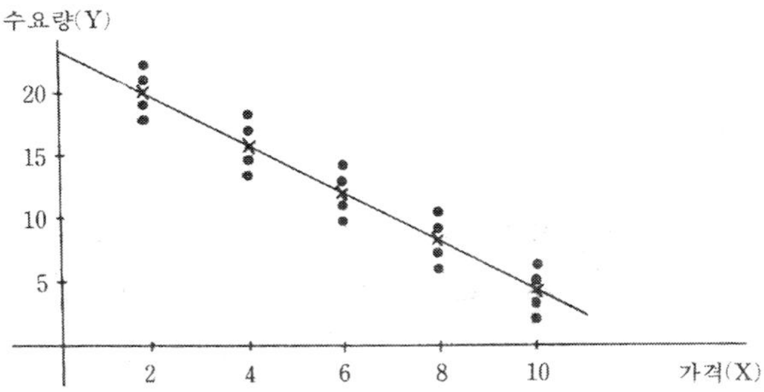

13.3. 회귀모형의 계수

회귀분석을 위한 모형구성은 대체로 다음 단계를 거친다.

❙ 회귀모형 구성단계 ❙

제 1단계 : 종속변수와 독립변수 사이의 관계를 규명한다.
제 2단계 : 두 변수의 관찰치로부터 표본의 회귀모형을 적합시킨다.
제 3단계 : 표본의 회귀모형에 대한 타당성을 검정한다.
제 4단계 : 표본의 회귀모형을 모집단의 회귀모형(이론적 모형)으로 적합시킨다.
제 5단계 : 회귀모형을 예측과 추정에 적용한다.

제 1단계에서 종속변수와 독립변수 사이에 어떤 관계가 있다면, 직선적인가 혹은 곡선적인가를 결정한다. 본 장에서는 선형회귀모형에 관한 설명으로 변수들의 관계가 직선인 경우만을 설명하고자 한다. 따라서 두 변수의 관계가 선형모형(linear model)이 적합하다고 판단되면 제 2단계로 넘어가 관찰치로부터 회귀모형을 적합시킨다. 여기에서 문제는 관찰치들이 나타내는 선형적인 추세 또는 경향을 가장 잘 반영하는 직선식을 구하는 것이다. 관찰치로부터 '가장 잘 들어맞는(적합한) 직선(the line of best fit)'을 구하는 방법에는 최소자승법(method of least squares)이 있다. 최소자승법은 각 관찰치 y_i와 추정치 $\hat{y}_1$간의 편차, 즉 $\sum(y_i - \hat{y}_1)^2$이 최소가 되도록 하여 직선식을 구하는 방법이다. 예컨대 독립변수 x와 종속변수 y가 선형적 관계에 있다면 회귀직선은 다음과 같이 표현된다.

$$\hat{y}_i = a + bx_i$$

이 때 독립변수 x_i의 관찰치가 $x_1, x_2, x_3, \cdots, x_n$ 이고, 종속변수의 관찰치 y_i가 $y_1, y_2, y_3, \cdots, y_n$ 일 때 y_i와 그의 예측치 $\hat{y}_1$의 관계는 일반적으로 〈그림 13.6〉과 같이 도시화된다.

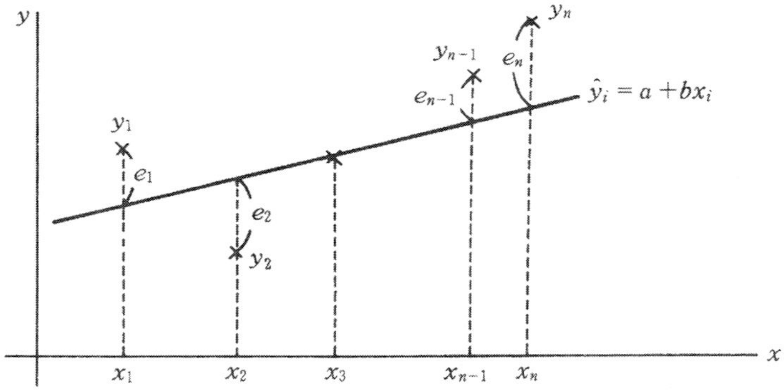

그림 13.6 관찰치 y_i와 $\hat{y}_i$간의 편차

〈그림 13.6〉에서 최소자승법은 관찰치 y_i와 그의 예측치 $\hat{y}_i$의 편차, 즉 $e_i^{\,2} = \sum (y_i - \hat{y}_i)^2$이 최소가 되게 하는 직선식의 상수 a, b를 구하는 방법이다. 이러한 방법으로 구한 직선식이 관찰치에 가장 잘 적합하다고 판단하는 것이다. 따라서 편차제곱의 합을 D라고 하면 다음과 같이 나타낼 수 있다.

$$D = \sum_{i=1}^{n} (y_1 - \hat{y}_i)^2 \text{이고} \quad D = \sum_{i=1}^{n} (y - (a + bx_i))^2 \text{ 이다.}$$

이 때 D가 최소가 되는 a, b의 값은 각 편미분 $\frac{dD}{da} = 0$, $\frac{dD}{db} = 0$의 근이므로, 이를 구하면 다음과 같은 정규방정식(normal equation)을 얻을 수 있다.

$$\sum_{i=1}^{n} y_i = na + b\sum_{i=1}^{n} x_i \qquad \sum_{i=1}^{n} x_i y_i = a\sum_{i=1}^{n} x_i + b\sum_{i=1}^{n} x_i^{\,2}$$

따라서 위의 식을 이용하여 행렬식으로 b를 구하면 다음과 같다.

$$b = \frac{n\sum x_i y_i - \sum x_i \sum y_i}{n\sum x_i^2 - (\sum x_i)^2} = \frac{\sum x_i y_i - n\bar{x}\,\bar{y}}{\sum x_i^2 - n\bar{x}^2}$$

그리고 상수 a는 $\sum_{i=1}^{n} y_i = na + b\sum_{i=1}^{n} x_i$를 n으로 나누면 $\bar{y} = a + b\bar{x}$ 가 되므로 다음 식과 같다.

$$a = \bar{y} - b\bar{x}$$

이와 같이 최소자승법에 의해 계산된 상수 a, b를 회귀방정식의 계수(coefficient of regression equation), 또는 간단히 회귀계수(regression coefficient)라 한다.

예 제 2

x, y 값이 다음과 같을 때 회귀방정식을 구하시오.

x	1	3	4	6	8	9	11
y	1	2	4	4	5	7	8

풀이

위 자료에 의거 $\sum x$, $\sum y$, $\sum xy$, $\sum x^2$를 구하면 다음과 같다.

x	y	xy	x^2
1	1	1	1
3	2	6	9
4	4	16	16
6	4	24	36
8	5	40	64
9	7	63	81
11	8	88	121
합계 : 42	31	238	328

$\bar{x} = 42/7 = 6$, $\bar{y} = 31/7 = 4.43$이므로 b는 다음과 같이 계산할 수 있다.

$$b = \frac{238 - 7(6)(4.43)}{328 - 7(6)^2} = \frac{238 - 186.06}{328 - 252} = \frac{51.94}{76} = 0.68$$

또한 a는 $a = 4.43 - 0.68(6) = 0.35$이므로, 회귀직선은 다음과 같다.

$$\hat{y}_i = 0.35 + 0.68x_i$$

■ ■ ■ ■

예 제 3

아래 표는 여학생 15명에 대한 키와 몸무게이다. 회귀계수 a, b를 구하고 x에 관한 y의 회귀직선식을 구하시오.

키(x_i)	155	156	157	158	159	160	161	162	163	164	165	166	167	168	169
몸무게(y_i)	48	49	49	50	54	57	57	58	59	58	59	60	57	58	62

풀이

위 자료에 의거 $x = 155$을 기준으로 $\sum x$, $\sum y$, $\sum xy$, $\sum x^2$을 구하면 다음과 같다.

x	x'	y	xy	x^2
155	0	48	0	0
156	1	49	49	1
157	2	49	98	4
158	3	50	150	9
159	4	54	216	16
160	5	57	285	25
161	6	57	342	36
162	7	58	406	49
163	8	59	472	64
164	9	58	522	81
165	10	59	590	100
166	11	60	660	121
167	12	57	684	144
168	13	58	754	169
169	14	62	868	196
합 계	105	835	6096	1015

그리고 $\bar{x} = 105/15 = 7$, $\bar{y} = 835/15 \fallingdotseq 55.67$이므로 b를 구하는 수식을 이용하여 b를 구할 수 있다.

$$b = \frac{6096 - 15(7)(55.67)}{1015 - 15(7)^2} = \frac{6096 - 5845.35}{1015 - 735} = \frac{250.65}{280} = 0.895$$

또한 a는 $a = 55.67 - 0.895(7) = 49.405$이므로, 회귀직선은 $\hat{y}_i = 49.405 + 0.895x_i$이다. 따라서 기준값 155을 적용하면 $\hat{y}_i = 49.405 + 2(x_i - 155) = -260.595 + 2x_i$ 이다.

■ ■ ■ ■

13.4. 결정계수에 의한 적합도 검정

우리는 앞 절에서 표본의 관찰치 x, y를 이용하여 회귀직선식을 구하였다. 그런데 문제는 표본의 회귀식이 관찰치에 잘 적합되었는지를 검정하여야 하고, 또한 표본의 회귀식이 모집단의 회귀식으로 잘 적합한지도 검정하여야 한다. 우선 전자의 검정은 결정계수에 의한 방법과 회귀식의 표준오차에 의한 방법이 있고 후자의 경우는 오차분석에 의한 검정방법이 있다. 본 장에서는 전자만을 설명하고자 한다.

회귀분석에 있어서 결정계수(coefficient of determination)는 회귀모형이 종속변수 y의 변동을 어느 정도로 잘 설명하는가를 보여주는 수치로 r^2으로 표현한다. 결정계수 r^2을 이해하기 위해서는 먼저 편차의 분할부터 이해해야 한다. 즉, 〈그림 13.7〉과 같이 x로서 y를 예측할 때 관찰치 y_i와 그의 평균 $\bar{y}$ 간의 변동, 그리고 y_i에 대한 예측치 $\hat{y}$ 간의 변동, 또한 평균 $\bar{y}$와 예측치 $\hat{y}_i$간의 변동 등 세 가지 변동으로 구분됨을 알 수 있다. 즉, 총 변동=설명 변동+불설명 변동으로 다음 식으로 표시할 수 있다.

$$(y_i - \bar{y}) = (\hat{y} - \bar{y}_i) + (y_i - \hat{y}_i)$$

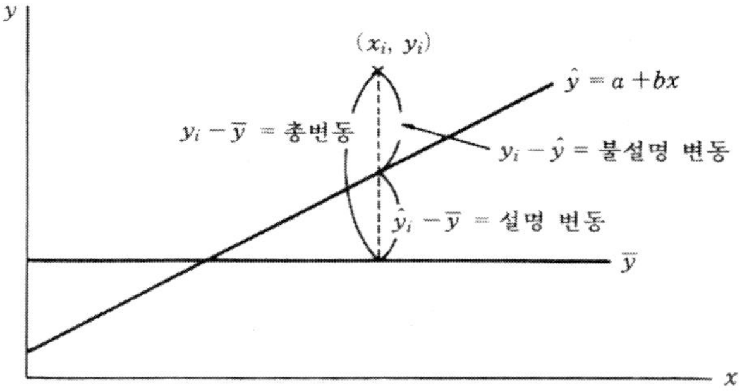

그림 13.7 결정계수의 각 변동요소

그리고 위 식의 각 변동을 자승하면 다음 식이 된다.

$$\sum(y_i - \bar{y})^2 = \sum(\hat{y} - \bar{y}_i)^2 + \sum(y_i - \hat{y}_i)^2$$

위 식의 좌변은 총변동의 자승합으로 총편차 자승합(total sum of square; TSS) 또는 전체변동이라 한다. 그리고 우측의 $\sum(\hat{y}_i - \bar{y})^2$항은 설명변동의 자승합으로 오차의 자승합(sum of squares errors; SSE) 또는 오차변동이라 한다. 따라서 결정계수 r^2은 종속변수 y의 총변동에서 회귀직선으로 설명되는 변동의 비율로 다음과 같이 두 가지 수식으로 구할 수 있다.

$$r^2 = \frac{\text{설명변동의 자승합}}{\text{총변동의 자승합}} = \frac{SSR}{TSS} = \frac{\sum(\hat{y}_i - \bar{y})^2}{\sum(y_i - \bar{y})^2}$$

$$r^2 = \frac{\text{불설명변동의 자승합}}{\text{총변동의 자승합}} = 1 - \frac{SSE}{TSS} = 1 - \frac{\sum(y_i - \hat{y})^2}{\sum(y_i - \bar{y})^2}$$

r^2의 크기는 0에서 1의(즉, $0 \le r^2 \le 1$) 수치를 갖으며, 〈그림 13.8〉에서 보는 바와 같이 만일 $r^2 = 1$이면 관찰치 y_i와 예측치 $\hat{y}_i$이 완전히 일치한 경우로 회귀직선이 완전히 적합되었다고 한다.

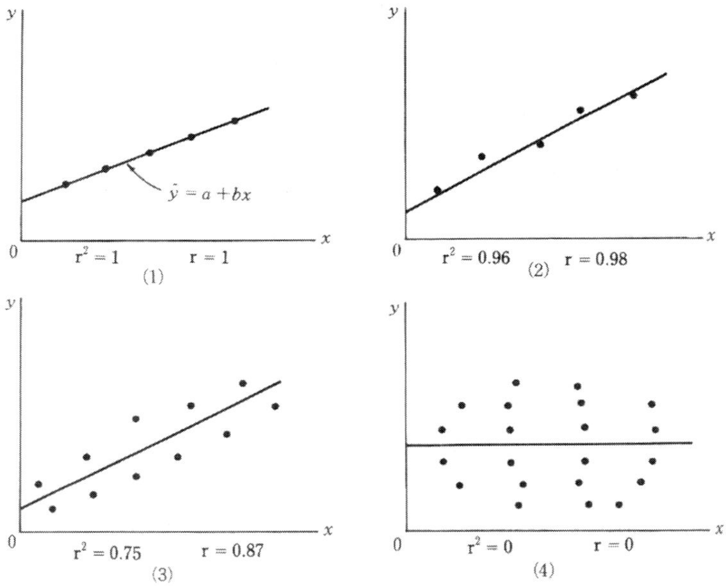

그림 13.8 결정계수의 크기와 적합도

반대로 $r^2 = 0$이면 독립변수 x와 종속변수 y간의 함수관계가 0이므로 x로서 y를 적합시킬수 없다. 이와 같이 결정계수는 회귀직선의 적합도가 좋은지 나쁜지를 판정하는 하나의 기준이 되며, 일반적으로 $r^2 = 0.7$이상이면 회귀직선식의 적합도가 비교적 타당하다고 보고 있다.

예 제 4

어느 대학에서는 대입 수능고사 성적이 우수하면 대학 1학년 성적도 우수하다고 하였다. 이들 관계를 조사하기 위해 2학년 학생 중에서 8명을 표본으로 선정하여 대입 수능고사 성적과 대학 1학년 성적을 조사하였다. 다음 물음에 답하시오.

수능고사 성적	480	490	510	510	530	550	610	640
1학년 성적	2.7	2.9	3.3	2.9	3.1	3.0	3.2	3.7

① 수능고사 성적과 대학 1학년 성적관계를 회귀직선식으로 적합하시오.

② 각 편차를 분석함과 동시에 그림으로 설명하시오.

③ 결정계수 r^2을 계산하고 r^2에 대한 의의를 설명하고 적합도 여부를 설명하시오.

풀이

수능고사 성적을 독립변수(x)로, 대학성적을 종속변수(y)로 하면 x와 y간에는 직선관계가 있음을 알 수 있다.

① 회귀계수 a, b를 구하기 위해 xy, x^2을 구하면 아래 표와 같고, $\bar{x} = 540, \bar{y} = 3.1$이다.

x	y	xy	x^2
480	2.7	1,296	230,400
490	2.9	1,421	240,100
510	3.3	1,683	260,100
510	2.9	1,479	260,100
530	3.1	1,643	280,900
550	3.0	1,650	302,500
610	3.2	1,952	372,100
640	3.7	2,368	409,600
4,320	24.8	13,492	2,355,800

그러므로 $b = \dfrac{\sum x_i y_i - n\bar{x}\,\bar{y}}{\sum x_i^2 - n\bar{x}^2} = \dfrac{13,492 - 8(540)(3.1)}{2,355,800 - 8(540)} = \dfrac{100}{23,000} = 0.00435$이고

$a = \bar{y} - b\bar{x} = 3.1 - 0.00435(540) = 3.1 - 2.35 = 0.75$이다.

따라서 회귀직선식은 다음과 같다.

$$\hat{y}_i = 0.75 + 0.00435x_i$$

② 편차의 분할

x_i	y_i	$\hat{y}_i$	$(y_i - \bar{y})$	$(\hat{y}_i - \bar{y})$	$(y_i - \hat{y}_i)$
480	2.7	2.839	−0.4	−0.261	−0.139
490	2.9	2.883	−0.2	−0.217	0.017
510	3.3	2.970	0.2	−0.130	0.330
510	2.9	2.970	−0.2	−0.130	−0.070
530	3.1	3.057	0	−0.043	0.043
550	3.0	3.144	−0.1	0.044	−0.144
610	3.2	3.405	0.1	0.305	−0.205
640	3.7	3.535	0.6	0.435	0.165
4,320	24.8	24.800	0	0.003	−0.003

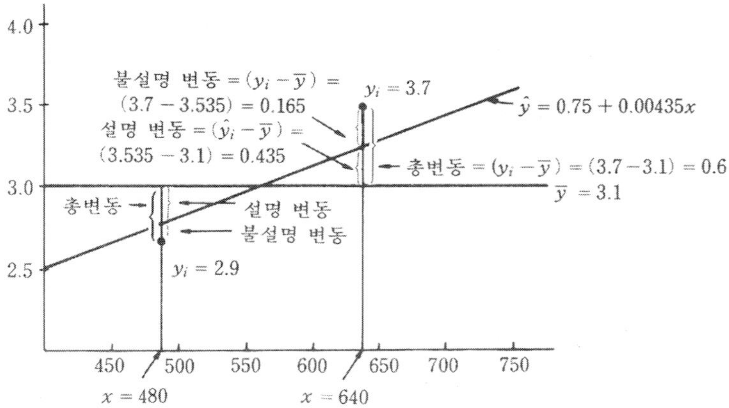

③ 결정계수 r^2의 계산 : 각 변동의 자승합을 구하면 다음과 같다.

y_i	$\bar{y}$	$\hat{y}_i$	$(y_i-\bar{y})^2$	$(\hat{y}_i-\bar{y})^2$	$(y_i-\hat{y}_i)^2$
2.7	3.1	2.839	0.16	0.068	0.019
2.9	3.1	2.883	0.04	0.047	0
3.3	3.1	2.970	0.04	0.017	0.109
2.9	3.1	2.970	0.04	0.002	0.005
3.1	3.1	3.054	0	0.002	0.002
3.0	3.1	3.144	0.01	0.093	0.021
3.2	3.1	3.405	0.01	0.189	0.042
3.7	3.1	3.535	0.36		0.027
24.8	24.8	24.800	0.66	0.435	0.225

따라서 $r^2 = \dfrac{SSR}{TSS} = \dfrac{\sum(\hat{y}_i-\bar{y})^2}{\sum(y_i-\bar{y})^2} = \dfrac{0.435}{0.66} = 0.66$

또는 $r^2 = 1-\dfrac{SSE}{TSS} = 1-\dfrac{\sum(y_i-\hat{y}_i)^2}{\sum(y_i-\bar{y})^2} = 1-\dfrac{0.225}{0.66} = 1-0.34 = 0.66$이다.

즉, $r^2 = 0.66$은 독립변수인 수능고사 성적(x)으로 종속변수(y)인 대학 2학년 성적을 적합시킬 때 66%는 수능고사 성적이 대학성적을 적합시키지만 나머지 34%는 x로서 y의 예측치를 적합시키는데 기여하지 못하였다고 말할 수 있다. 따라서 $r^2 = 0.66$의 회귀직선식은 아주 잘 적합되었다고 볼 수는 없다.

그리고 TSS와 SSR, SSE는 다음 식으로 정리할 수 있고, 이 식들을 이용하여 결정계수를 간단히 구할 수 있다.

(1) $TSS = \sum(y_i - \bar{y})^2 = \sum y_i^2 = 2\sum y_i \bar{y} + \sum \bar{y}^2$

$= \sum y_i^2 - n\bar{y}^2$

(2) $SSE = \sum(y_i - \hat{y}_i)^2 = \sum(y_i - a - bx_i)^2 = \sum e_i^2$

$= \sum e_i(y_i - a - bx_i)(\because y_i = a + bx_i + e_i)$

$= \sum e_i y_i - a\sum e_i - b\sum e_i x_i$

여기서 $D = \sum_{i=1}^{n}(y - (a + bx_i))^2$를 a, b에 대해 편미분하여 0으로 놓으면,

$dD/da = \sum(y_i - a - bx) = 0$는 $\sum e_i = 0$이고, $dD/da = \sum(y_i - a - bx_i)x_i = 0$는 $\sum e_i x_i$=0이다. 따라서 SSE는 다음과 같이 정리된다.

$SSE = \sum e_i y_i = \sum y_i(y_i - a - bx_i)$

$\sum y_i^2 = a\sum y_i - b\sum x_i y_i$

(3) SSR은 $TSS - SSE$ 또는 다음 식으로 정리된다.

$SSR = \sum(\hat{y}_i - \bar{y}_i)^2 = \sum(a + bx_i - a - \frac{b}{n}\sum x_i)^2$

$= \sum(bx_i - \frac{b}{n}\sum x_i)^2 = \sum(bx_i - b\bar{x})^2 = b^2\sum(x_i - \bar{x})^2$

여기서 $b = \sum(x_i - \bar{x})(y_i - \bar{y}) / \sum(x_i - \bar{x})^2$이므로

$b^2\sum(x_i - \bar{x})^2 = b\sum(x_i - \bar{x})(y_i - \bar{y})$가 된다. 따라서 SSR은 다음과 같다.

$SSR = b^2\sum(x_i - \bar{x})^2 = b^2\sum(x_i - \bar{x})(y_i - \bar{y})$

$= b^2(\sum x_i^2 - n\bar{x}^2)$

■ ■ ■ ■

예 제 5

표본을 관찰한 결과 종속변수 y와 독립변수 x의 관계가 아래와 같이 정리되었다.

$\sum x_i = 3,600$	$\sum x_i^2 = 67,200$
$\sum y_i = 1,200$	$\sum y_i^2 = 8,097$
n(표본크기) = 200	$\sum x_i y_i = 20,400$

① 회귀방정식을 구하시오.

② TSS, SSR, SSE, 그리고 r^2을 구하시오.

풀이

$\bar{x} = 3,600/200 = 18, \quad \bar{y} = 1,200/200 = 6$

① 회귀방정식 $\hat{y}_i = a + b\hat{x}_i$에서 a, b를 구하면,

$$b = \frac{\sum x_i y_i - n\bar{x}\,\bar{y}}{\sum x_i^2 - n\bar{x}^2} = \frac{20,400 - 200(18)(6)}{67,200 - 200(18)^2} = \frac{-1,200}{2,400} = -0.5$$

$$a = \bar{y} - b\bar{x} = 6 - (-0.5)(18) = 6 + 9 = 15$$

그러므로 회귀방정식은 다음과 같다.

$$\hat{y}_i = 15 - 0.5x_i$$

② i) $TSS = \sum y_i^2 - n\bar{y}^2 = 8,097 - 200(b)^2 = 8,097 - 7,200 = 897$

ii) $SSE = \sum y_i^2 - a\sum y_i - b\sum x_i y_i$

$$= 8,097 - 15(1,200) - (-0.5)(20,400)$$
$$= 8,097 - 18,000 + 10,200 = 297$$

iii) $SSR = TSS - SSE = 897 - 297 = 600$

또는 $SSR = b^2(\sum x_i^2 - n\bar{x}^2) = (-0.5)^2(67,200 - 200(18)^2)$

$$= (0.25)(67,200 - 64,800) = 600$$

iv) $r^2 = \frac{SSR}{TSS} = \frac{600}{897} = 0.6689$

또는 $r^2 = 1 - \frac{SSE}{TSS} = 1 - \frac{297}{897} = 1 - 0.3311 = 0.6689$

■ ■ ■ ■

13.5. 표준편차에 의한 적합도 검정

통계집단에서 표준편차가 작으면 집단의 변량들은 평균을 중심으로 밀집되어 있고, 반대로 표준편차가 크면 변량들은 평균을 중심으로 멀리 떨어져 있다. 같은 이치로 회귀분석에서 회귀직선에 대한 표준오차가 적으면 관찰치들은 회귀선을 중심으로 밀접하게 분포되어 있고, 반대로 표준오차가 크면 회귀선을 중심으로 관찰치가 멀리 산재되어

있다. 따라서 회귀직선에 대한 표준오차가 적으면 관찰치 y로서 예측치 $\hat{y}$을 잘 적합할 수 있고, 표준오차가 크면 관찰치로서 예측치를 잘 적합할 수 없다.

〈그림 13.9〉는 이를 설명하기 위한 것으로 (a)의 그림은 회귀선에 대한 표준오차가 (b)의 그림에 비하여 상대적으로 작아서 예측치 $\hat{y}_i = a + bx_i$는 관찰치에 잘 적합되었다고 할 수 있다. 그러나 (b)는 회귀선을 중심으로 관찰치가 멀리 산재되어 있어 회귀선의 적합도가 떨어진다고 볼 수 있다. 따라서 회귀선에 대한 표준오차를 측정하여 적합도를 검정할 수 있다.

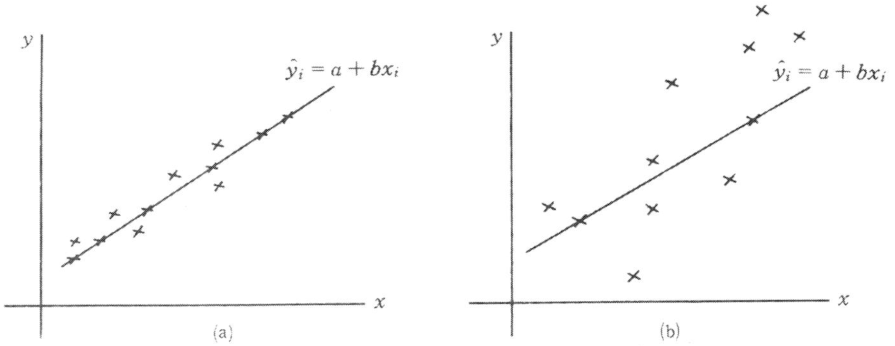

그림 13.9 회귀선의 표준오차크기

회귀선에 대한 표준오차는 다음 식으로 계산할 수 있다.

$$S_e = \sqrt{\frac{\sum (y_i - \hat{y})^2}{n-2}} = \sqrt{\frac{SSE}{n-2}}$$

위의 식에서 각 관찰치 y_i와 회귀직선값 $\hat{y}$ 사이의 편차를 계산하기 위해 $SSE = \sum y_i^2 - a\sum y_i - b\sum x_i y_i$을 이용하면 다음 식을 얻을 수 있다.

$$S_e = \sqrt{\frac{\sum {y_i}^2 - a\sum y_i - b\sum x_i y_i}{n-2}}$$

위의 식에서 표준편차 S_e를 계산할 때 표준편차를 자유도 $(n-2)$로 나눈 것은, 예측치 $\hat{y}$을 구하기 위해 두 개의 모수를 추정하기 때문이다.

예 제 6

〈예제 3〉의 자료를 사용하여 표준오차에 의한 적합도를 검정하고 그림으로 표시하시오.

풀이

〈예제 3〉에서 회귀직선식은 $\hat{y}_i = 0.75 + 0.00435x_i$이었고, 총 편차자승합은

$SST = SSR + SSE$이므로 $0.66 = 0.435 + 0.225$이였다. 그러므로

$S_e = \sqrt{\dfrac{SSE}{n-2}} = \sqrt{\dfrac{0.225}{6}} = 0.194$이다. 그리고 이를 그림으로 표시하면 다음과 같다.

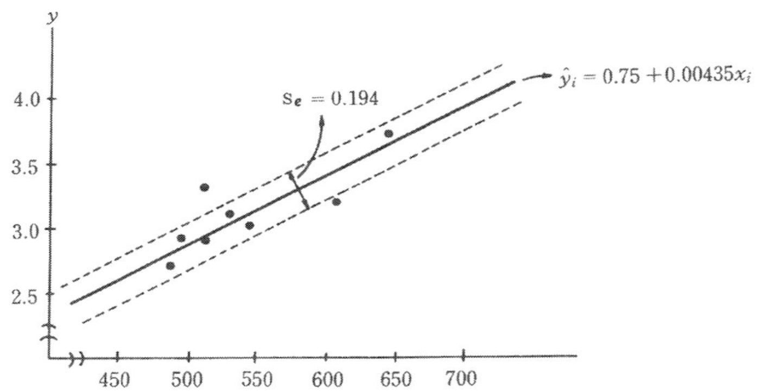

회귀직선식 $\hat{y}_i = 0.75 + 0.00435x_i$를 중심으로 일 표준편차 $S_e = 0.194$로 그 분포는 다소 크다고 할 수 있다. 그러나 회귀선을 중심으로 일 표준편차의 범위 내에서 총관찰치 8개 중 6개가 있으므로 그 비율은 75%가 된다. 그러므로 회귀직선식으로 아주 잘 적합되었다고 볼 수 없지만 회귀직선식으로서 적합도는 비교적 양호하다고 볼 수 있다.

■ ■ ■ ■

13.6. 상관분석

상관분석(correlation analysis)은 두 변수가 얼마나 밀접한 관계를 가지고 있는가를 측정하는 통계적 방법으로 결정계수(coefficient of determination)와 상관계수(coefficient of correlation)를 이용하여 분석한다. 결정계수는 앞 절(13.4절)에서 설명하였으며 r^2으로 표시하였다. 여기서는 결정계수의 제곱근인 상관계수 r에 대하여 설명하고자 한다.

상관계수 r의 범위는 ± 1의 범위 내에 존재하며, r의 정도에 따라서 $r=-1$이면 완전 부의 상관관계, $r=1$이면 완전 정의 상관관계, $r=0$이면 무상관관계, $r>0$이면 정의 상관관계, $r<0$이면 부의 상관관계로 앞 절(13.4절)의 〈그림 13.8〉과 같다.

이와 같이 상관분석은 임의의 두 표본에서 인과관계가 성립하지 않지만 두 표본 간에 어떠한 관계의 정도가 있는지를 계측하는데 이용된다. 아울러 표본의 상관계수로 모집단의 상관계수를 추정할 수 있다.

1) 상관계수

상관계수 r을 피어슨의 상관계수(pearson product-moment correlation coefficient)라고 하며 회귀식의 기울기 b와 마찬가지로 두 변수 x, y 사이의 선형관계의 정도를 측정하는데 사용된다. 상관계수는 회귀식의 기울기 b와 유사하나 두 변수(x, y)의 측정단위에 영향을 받지 않고, 측정범위가 -1에서 $+1$사이의 값을 갖는 것이 다르다. 그러나 r과 b는 모형의 유용성에 관한 정보를 제공하는 것과 계산식도 유사한 점이 많다. 우선 상관계수의 계산식을 보면 다음과 같다.

$$r=\frac{\sum_{i=1}^{n}(x_i-\bar{x})(y_i-\bar{y})}{\sqrt{\sum_{i=1}^{n}(x_i-\bar{x})^2\sum_{i=1}^{n}(y_i-\bar{y})^2}}$$

위의 식과 회귀계수 b의 계산식에서 분자는 두 식이 모두 같고 분모만 다르다. 따라서 r과 b는 항상 같은 부호를 가지게 된다. 위의 상관계수식은 계산상의 편의를 위해 통상 다음 식을 많이 사용된다.

$$r=\frac{n\sum_{i=1}^{n}x_iy_i-\sum_{i=1}^{n}x_i\sum_{i=1}^{n}y_i}{\sqrt{\left[n\sum_{i=1}^{n}x_i^2-\left(\sum_{i=1}^{n}x_i\right)^2\right]\left[n\sum_{i=1}^{n}y_i^2-\left(\sum_{i=1}^{n}y_i\right)^2\right]}}$$

또한 상관계수 r은 x와 y의 공분산 $Cov(x, y)$와 x, y의 표준편차 S_x, S_y를 이용하여 다음 식으로도 구할 수 있다.

$$r = Cov(x, y)/S_x \cdot S_y$$

위의 식에서 공분산은 $Cov(x, y) = r \cdot S_x \cdot S_y$와 같이 정의된다.

2) 상관계수에 관한 주의

(1) $-1 \le r \le +1$:

r의 범위는 -1부터 $+1$까지의 수이다. r이 정(+)일 때는 X가 증가하면 Y도 증가하는 경향이 있으며, r이 부(−)일 때는 그 역이다. r이 ± 1과 같을 때에는 완전상관이라고 한다. 이때 회귀직선 주위의 관측치의 분산은 0이며 모든 관측치는 회귀직선상에 있다. 따라서 X가 정해지면 Y는 오차없이 결정된다. 그리고 r이 $+1$에 가깝거나 -1에 가까울 때는 X와 Y의 관계가 밀접함을 나타내고, 반대로 r이 0에 가까울 때는 X와 Y와의 관계가 작음을 의미한다. 따라서 r은 X와 Y간의 상관의 정도와 방향을 표시한다.

(2) r은 무명수로서 X나 Y의 단위와는 관계없다. 즉, X가 길이(cm), Y가 무게(kg)일 때에도 r은 하나의 무명수이다.

(3) 상관계수는 두 변수 X, Y의 상호 관련도를 나타낸 것으로 X, Y 중 어느 변수를 주로 하거나 종으로 하여도 관계가 없다. 예를 들면 길이를 X, 무게를 Y로 할 때나 반대로 길이를 Y, 무게를 X로 하여도 r값은 변하지 않는다.

(4) 상관계수는 직선적 회귀에 관한 관련의 정도를 표시한다. 예를 들면 〈표 13.6〉의 (X, Y)는 〈그림 13.10〉의 반원 $Y = +\sqrt{25 - X^2}$ 상에 있다. 따라서 X가 결정되면 Y는 완전하게 결정되지만 $\overline{X} = 0$, $\sum XY = 0$이므로 상관계수 $r = 0$이다. 이와 같이 X와 Y간에는 결정적인 관계가 존재함에도 불구하고 그 관계가 직선적 회귀가 아닐 때는 의미가 없다.

| 표 13.6 | $Y=\sqrt{25-X^2}$ **의 상관계수의 계산**

X	Y	XY
5	0	0
4	3	12
3	4	12
0	5	0
-3	4	-12
-4	3	-12
-5	0	0
0	19	0

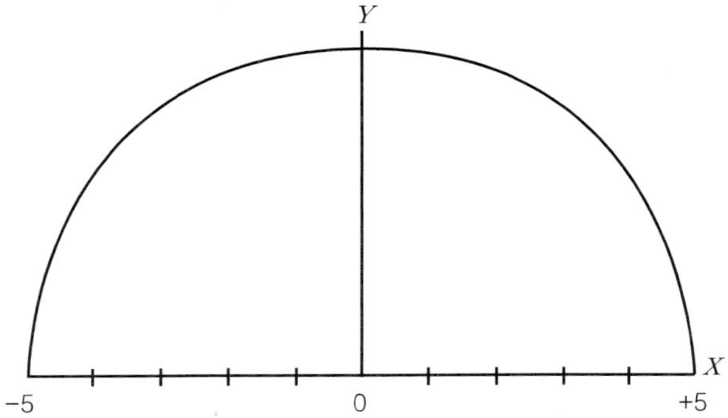

그림 13.10 $Y=\sqrt{25-X^2}$

(5) 상관계수는 X와 Y간의 인과관계를 반드시 표시하는 것은 아니다. 예를 들면 봉급생활자의 총소득과 국내 주류소비량 간에 높은 상관관계가 있다 해도 단순히 총 소득이 증대하였다. 주류소비량이 증가하였다고 결론을 내릴 수 없다. 왜냐하면 총소득과 주류소비량의 관계에서 경제적 상황인 인플레현상과 곡물생산추이등을 함께 고려하여 결론을 내려야 하기 때문이다.

(6) 편상관계수 :

변량 W가 X, Y의 두 변수에 각각 의존하고 있는 경우, W의 각 변수에 대한 의존도는 편상관계수로 계산한다. 편상관계수에 대한 설명은 복잡하지만 그 근본은 위에서 설명한 두 변량 X, Y간의 상관계수의 확장 개념이다.

예제 7

어느 대기업에서 임원 100명 중 10명을 표본으로 선정하여 임원의 IQ와 부인의 IQ를 조사한 결과가 다음 표와 같다. 상관계수 r을 구하고, r은 구체적으로 무엇을 뜻하는가?

임원의 IQ(x_i)	112	123	142	125	122	157	127	118	134	120
부인의 IQ(y_i)	116	119	136	131	117	148	136	117	130	110

풀이

① r계산 : 상관계수식을 이용하기 위하여 $\sum x_i y_i,\ \sum x_i^2,\ \sum y_i^2$을 구하면 다음 표와 같다.

x	y	f	xy	x^2	y^2
112	116	1	12,992	12,544	13,456
123	119	1	14,637	15,129	14,161
142	136	1	19,312	20,164	18,496
125	131	1	16,375	15,625	17,161
122	117	1	14,274	14,884	13,689
157	148	1	23,236	24,649	21,904
127	136	1	17,272	16,129	18,496
118	117	1	13,806	13,924	13,689
134	130	1	17,420	17,956	16,900
120	110	1	13,200	14,400	12,100
1,280	1,260	10	162,524	165,404	160,052

따라서 표의 결과치를 식에 대입하면 다음과 같이 r값을 계산할 수 있다.

$$r = \frac{10 \times 162,524 - 1,280 \times 1,260}{\sqrt{10 \times 165,404 - (1,280)^2}\ \sqrt{10 \times 160,052 - (1,260)^2}}$$

$$= \frac{12,440}{125.05 \times 113.7} = 0.87$$

② r의 뜻 : r=0.87이라 함은 x와 y의 두 변수간의 관계의 정도가 87%라는 것을 뜻한다. 다시 말하면 기업체 임원의 IQ와 그들 부인 IQ와의 밀접도는 87%의 관계를 갖고 있다고 볼 수 있다. 따라서 이를 그림으로 그리면 다음과 같다.

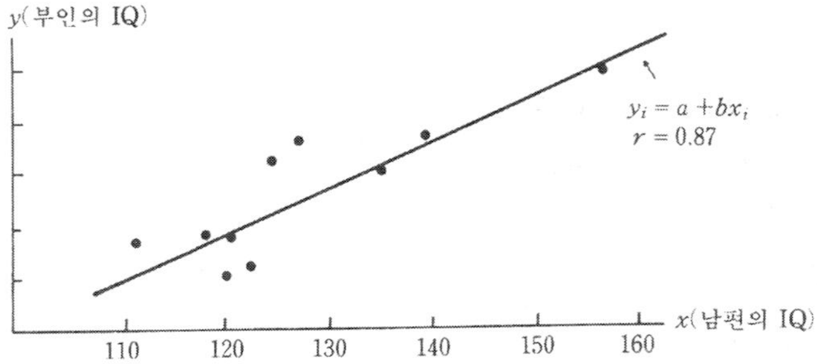

그림에서 보는 바와 같이 x와 y는 정의 상관관계에 있으며, 그 관계의 정도는 구체적으로 0.87이다. 그러나 이 경우 x와 y에 있어서 어느 변수가 원인변수이고 결과변수인지를 구분할 수 없어 인과관계는 규정할 수 없다.

■ ■ ■ ■

13.7. 다중회귀분석

우리는 두 변수 간에 존재하는 어떤 관계(함수적 관계, 통계적 관계)를 추정하고 검정하는 단순회귀분석에 대하여 공부하였다. 그러나 단순회귀분석은 실제로 변수간의 관계를 분석하는데 있어 충분하지가 않다. 왜냐하면 흔히 종속변수의 움직임은 두 개 이상의 독립변수에 의해 설명되는 경우가 많기 때문이다. 예를 들어 광고비와 매출액의 관계에서 종속변수인 매출액은 광고비뿐만 아니라 제품의 가격과 계절적 요소, 국내·외적 경기 등 여러 독립변수들에 의해 결정되기 때문이다.

이와 같이 두 개 이상의 독립변수와 종속변수들 사이에 존재하는 어떤 관계의 회귀모형을 다중회귀모형(multiple regression models) 또는 중회귀모형이라 하며, 이때 회귀모형에 존재하는 변수들 사이의 관계를 추정하고 검정하는 분석기법을 다중회귀분석(multiple regression analysis) 또는 중회귀분석이라 한다.

다중회귀분석도 단순회귀분석과 같이 관측치에 적합한 모형을 결정하고 결정된 모형의 유용성 검정, 그리고 독립변수에 의한 종속변수의 예측 등을 공부한다. 아울러 단순회귀분석의 제반 이론들이 다중회귀분석에 그대로 적용되거나 연장된다.

13.7.1 다중회귀분석의 기초개념

종속변수 Y가 k개의 독립변수 $X_1, X_2, \cdots, X_k$와 어떤 관계를 갖고 있고, 이 관계가 선형(linear)이고 오차항(random error) μ_i를 포함한다면 n개의 표본관찰에 의한 다중회귀모형(multiple regression model)은 다음과 같다.

$$Y_i = A + B_1 X_{1i} + B_2 X_{2i} + \cdots + B_k X_{ki} + \mu_i$$
$$\text{단, } i = 1, 2, 3, \cdots, n$$

위의 식에서 독립변수 X_i의 계수 B_i는 다른 독립변수들이 고정되어 있을 때 독립변수 X_i가 1단위 증가할 때 이에 따른 종속변수 Y_i의 변동폭을 나타낸다. 그리고 A는 회귀모형의 절편으로 X_i가 모두 0일 때 Y분포의 평균이다.

다중회귀모형도 앞 절에서 설명한 단순회귀모형의 가정들을 근본적으로 내포하므로 다중회귀모형의 기본 가정은 다음과 같이 설정된다.

다중회귀모형의 기본 가정

(1) 오차항 μ_i의 기대값은 0이다.
즉, $E(\mu_i) = 0$이다.
(2) 오차항 μ_i의 분산은 동일한 분산을 갖는다.
즉, $Var(\mu_i) = E(\mu_i^2) = \sigma_\mu^2$이다.
(3) 오차항 μ_i는 상호독립이다.
즉, $Cov(\mu_i, \mu_j) = E(\mu_i \mu_j) = 0$이다.(단, $i \neq j$).
(4) 오차항 μ_i는 평균이 0, 분산이 σ_μ^2인 정규분포를 한다.
즉, $N(0, \sigma_\mu^2)$이다.
(5) 독립변수 X_i는 확정적 변수(비확률적 변수)이다.

이러한 다중회귀모형의 가정에서 독립변수 X_i가 비확률적이고, 오차항 μ_i의 기대값이 0이므로 다중회귀모형의 기대값은 다음과 같다.

$$E(Y_i) = A + B_1 X_1 + B_2 X_2 + \cdots + B_k X_k$$

위 식에서 $X_1, X_2, \cdots, X_k$는 다중회귀모형변수 $X_{1i}, X_{2i}, \cdots, X_{ki}, \cdots, X_{ki}$의 기대치이므로,

다중회귀모형의 변수간의 평균적인 관계를 나타낸다. 따라서 위의 식을 모집단 회귀선(population regression line)이라 부르고, $A, B_1, B_2, \cdots, B_k$를 회귀모수(regression parameter)라고 부른다. 그리고 다중회귀모형의 분산은 다음과 같다.

$$Var(Y_i) = Var(\mu_i) = \sigma_u^2$$

그러므로 다중회귀모형의 종속변수 Y_i는 평균이 0이고, 분산이 σ_μ^2인 정규분포를 이룬다. 다중회귀모형의 적합과정도 단순회귀모형의 적합과정과 동일하다.

- 제 1단계 : 변수들 간의 관계를 규명한다.
- 제 2단계 : 관찰치로부터 회귀계수를 적합시킨다.
- 제 3단계 : 회귀모형의 타당성을 검정한다.
- 제 4단계 : 모집단 회귀모형으로 적합시킨다.
- 제 5단계 : 회귀모형을 예측과 추정에 이용한다.

다중회귀모형은 변수들의 관계가 선형인 경우뿐만 아니라 비선형인 경우에도 변수들의 관계를 약간만 수정시킬 경우 직선의 관계뿐만 아니라 다양한 여러 관계(2차모형, 로그모형 등)로 변형시켜 적용시킬 수 있다.

13.7.2 다중회귀모형의 계수

다중회귀분석에서 회귀식을 추정하는 방법은 단순회귀분석과 동일하게 최소자승법을 이용한다. 그러나 단순회귀분석과 달리 다중회귀분석은 계산이 아주 복잡하여 독립변수가 세 개 이상인 경우에는 수작업으로 계산하는 것이 거의 불가능하다. 따라서 다중회귀분석의 회귀계수를 추정하거나 다른 통계적 계산은 컴퓨터를 이용한 통계패키지(SPSS, SAS 등)의 활용이 보편화되어 있다. 따라서 본서에서는 설명의 편의를 위해 종속변수 Y가 두 개의 설명변수 X, W의 선형적 관계를 가지고 있다고 가정한다.

이러한 가정 하에서 Y, X, W에 대한 n개의 표본관찰치가 주어졌다고 하면 다중회귀모형은 다음과 같다.

$$Y_i = A + BX_i + CW_i + \mu_i$$

위의 식은 모집단 회귀선(population regression line)이며, A, B, C는 회귀모수

(regression parameter)라 한다. 표본회귀선(sample regression line)은 다음 식과 같이 소문자로 표현하며,

$$y_i = a + bx_i + cw_i + e_i$$

여기서 a, b, c를 회귀계수(regression coefficient), e_i를 잔차(residual)라 한다. 표본회귀식 y_i을 추정하기 위해서는 표본 관찰치를 이용하여 회귀계수 a, b, c값을 구하여야 한다. 회귀계수 a, b, c를 구하는 방법은 단순회귀에서와 같이 최소자승법(least squares method)을 이용한다. 즉, 잔차자승의 합 $\sum e_i^2$이 최소가 되도록 하여 회귀계수 a, b, c를 계산하는데, 잔차자승의 합 $\sum e_i = 0$을 다음과 같이 계산된다.

$$\sum e_i^2 = \sum (y_i - a - bx_i - cw_i)^2 = 0$$

최소자승법에 의한 회귀계수 a, b, c는 각각의 편미분을 0으로 놓은 다음 그 해를 구함으로써 얻을 수 있다. 따라서 a, b, c에 대한 편미분은 다음과 같다.

$$\frac{d\psi}{da} = \sum (y_i - a - bx_i - cw_i) = 0 \qquad \frac{d\psi}{db} = \sum (y_i - a - bx_i - cw_i)x_i = 0$$

$$\frac{d\psi}{dc} = \sum (y_i - a - bx_i - cw_i)w_i = 0$$

위의 식을 다음과 같이 정리할 수 있다.

$$\begin{aligned}
&\sum y_i = an + b\sum x_i + c\sum w_i \\
&\sum y_i x_i = a\sum x_i + b\sum x_i^2 + c\sum x_i w_i \\
&\sum y_i w_i = a\sum w_i + b\sum x_i w_i + c\sum w_i^2 \\
&\sum e_i = 0,\ \sum e_i x_i = 0,\ \sum e_i w_i = 0
\end{aligned}$$

위의 식을 이용하여 회귀계수 a, b, c를 구하기 위해, 첫 번째 식을 n으로 나누면 $\bar{y} = a + b\bar{x} + c\bar{w}$가 되어 a는 다음과 같다.

$$a = \bar{y} - b\bar{x} - c\bar{w}$$

그리고 회귀계수 b, c는 두 번째 식과 세 번째 식에서 상수 a항을 소거시켜 b, c항으로 연립방정식을 유도하여 구한다. 즉, 다음 결과 식을 얻는다.

$$\sum x_i y_i - \bar{x}\sum y_i = b(\sum x_i^2 - \bar{x}\sum x_i) + c(\sum x_i w_i - \bar{x}\sum w_i)$$
$$\sum w_i y_i - \bar{w}\sum y_i = b(\sum x_i w_i - \bar{w}\sum x_i) + c(\sum w_i^2 - \bar{w}\sum w_i)$$

여기서 $\sum x_i^2 - \bar{x}\sum x_i = \sum(x_i - \bar{x})^2$과 $\sum x_i w_i - \bar{x}\sum w_i = \sum(x_i - \bar{x})(w_i - \bar{w})$의 관계를 적용하여 위의 식은 다음과 같이 정리할 수 있다.

$$\sum(x_i - \bar{x})(y_i - y) = b\sum(x_i - \bar{x})^2 + c\sum(x_i - \bar{x})(w_i - \bar{w})$$
$$\sum(w_i - \bar{w})(y_i - \bar{y}) = b\sum(w_i - \bar{w})(x_i - \bar{x}) + c\sum(w_i - \bar{w})^2$$

또한 $(x_i - \bar{x}) = \tilde{x}_i$, $(y_i - \bar{y}) = \tilde{y}_i$, $(w_i - \bar{w}) = \tilde{w}_i$라 하면 위의 식은 다음과 같이 정리된다.

$$\sum \tilde{x}_i \tilde{y}_i = b\sum \tilde{x}_i^2 + c\sum \tilde{x}_i \tilde{w}_i \qquad \sum \tilde{w}_i \tilde{y}_i = b\sum \tilde{w}_i \tilde{x}_i + c\sum w_i^2$$

위의 식을 연립방정식으로 풀어 b, c를 구하면 다음과 같은 식을 얻는다.

$$b = \frac{\sum \tilde{w}_i^2 \sum \tilde{x}_i \tilde{y}_i - \sum \tilde{w}_i \tilde{y}_i \sum \tilde{x}_i \tilde{w}_i}{\sum \tilde{x}_i^2 \sum \tilde{w}_i^2 = (\sum \tilde{x}_i \tilde{w}_i)^2} \qquad c = \frac{\sum \tilde{x}_i^2 \sum \tilde{y}_i \tilde{w}_i - \sum \tilde{x}_i \tilde{w}_i \sum \tilde{y}_i \tilde{x}_i}{\sum \tilde{x}_i^2 \sum \tilde{w}_i^2 = (\sum \tilde{x}_i \tilde{w}_i)^2}$$

이와 같이 다중회귀분석의 회귀계수를 구하는 공식은 단순회귀분석과 달리 매우 복잡한데, 이들 공식들을 일일이 기억할 필요는 없다. 왜냐하면 이러한 복잡한 통계분석들은 전산화가 되어 있어 이용자들이 스스로 계산할 필요가 없기 때문이다. 그러나 주어진 자료를 이용한 공식의 활용방법과 이해, 그리고 계산된 추정치의 해석능력 등을 높이기 위해 계산과정의 이해는 매우 중요하다 하겠다.

예 제 8

H제약회사는 신약의 판매량을 예측하고자 한다. 회사의 경영진은 신약의 수요 y_i는 광고비 x_i와 약효 w_i에 의해 가장 큰 영향을 받는다고 믿고 있다. 과거 신약을 개발하여 판매한 경우의 판매액과 TV광고비, 그리고 약효 등에 관한 자료를 정리한 결과가 다음과 같다. 선형회귀모형 $y_i = a + bx_i + cw_i$를 구하고, 판매액을 증가시키기 위해서는 TV 광고비와 약효 중 어느 것이 더 효과적인가를 판단하시오.

판매액(y_i)	40	43	45	50	55	65	70	75	70	80	$\sum y_i = 600$
TV광고비(x_i)	100	150	200	300	350	400	500	600	650	700	$\sum x_i = 4{,}000$
약효 (w_i)	33	35	34	35	34	36	35	36	35	37	$\sum w_i = 350$

풀이

주어진 자료에서 $\bar{y} = 600/10 = 60$, $\bar{x} = 4{,}000/10 = 400$, $\bar{w} = 350/10 = 35$를 계산할 수 있다. 그러므로 회귀계수 a, b, c를 구하기 위한 기본 계산은 다음과 같다.

n	y_i	x_i	w_i	$\tilde{y}_i^2$	$\tilde{x}_i^2$	$\tilde{w}_i^2$	$\tilde{y}_i\tilde{x}_i$	$\tilde{y}_i\tilde{w}_i$	$\tilde{x}_i\tilde{w}_i$
1	40	100	33	400	90,000	4	6,000	40	600
2	43	150	35	289	62,500	0	4,250	0	0
3	45	200	34	225	40,000	1	3,000	15	200
4	50	300	35	100	10,000	0	1,000	0	0
5	55	350	34	25	2,500	1	250	5	50
6	65	400	36	25	0	0	0	5	0
7	70	500	35	100	10,000	0	1,000	0	0
8	75	600	36	225	40,000	1	3,000	15	200
9	77	650	35	289	62,500	0	4,250	0	0
10	80	750	37	400	122,500	4	7,000	40	700
합계	600	4,000	350	2,078	440,000	12	29,750	120	1,750

그러므로 b와 c, 그리고 a는 다음과 같이 계산된다.

$$(1)\ b = \frac{(12)(29{,}750) - (120)(1{,}750)}{(440{,}000)(12) - (1{,}750)^2} = \frac{357{,}000 - 210{,}000}{5{,}280{,}000 - 3{,}062{,}500}$$

$$= \frac{147,000}{2,217,500} = 0.0663$$

$$(2)\ c = \frac{(440,000)(120) - (1,750)(29,750)}{2,217,500} = \frac{52,800,000 - 52,062,500}{2,217,500}$$

$$= \frac{737,500}{2,217,500} = 0.3326$$

$$(3)\ a = 60 - (0.0663)(400) - (0.3326)(35) = 60 - 26.52 - 11.641$$

$$= 21.839$$

그러므로 다중회귀방정식은 다음과 같다.

$$y_i = 21.839 + 0.0663x_i + 0.3326w_i$$

따라서 신약 판매액은 TV광고비 x와 약효 w와 모두 정(+)의 효과가 있다고 할 수 있다. 특히 본 예제에서 b 〈 c 이므로 광고보다는 좋은 품질의 신약이 판매 촉진에 더 많은 효과를 나타낸다고 할 수 있다. 즉, 판매촉진을 위해서는 광고비의 지출보다는 약효 향상을 위해 노력하는 것이 보다 효과적이라 할 수 있다.

■ ■ ■ ■

13.7.3 다중회귀선의 적합도 검정

단순회귀분석에서 회귀선의 적합도(goodness of fit)를 검정하기 위해 결정계수 r^2과 표본의 표준오차를 이용하였다. 다중회귀분석에서도 적합도 검정을 위해 이들 통계치를 이용하여 검정한다. 우선 결정계수 r^2은 단순회귀분석과 같이 종속변수 y_i의 총변동과 회귀모형에 의해 설명되는 변동과의 비율로 표현된다.

$$\sum(y_i - \bar{y})^2 = \sum(y_i - \hat{y})^2 + \sum(\hat{y} - \bar{y})^2$$

즉, $\sum(y_i - \bar{y})^2$은 총변동 SST가 되고, $\sum(y_i - \hat{y})^2$은 잔차변동 SSE가 되며, $\sum(\hat{y} - \bar{y})^2$은 회귀변동 SSR이 된다. 따라서 결정계수 r^2은 다음 식으로 계산된다.

$$r^2 = \frac{SSR}{SST} = 1 - \frac{SSE}{SST}$$

일반적으로 r^2은 SSE를 이용하여 계산하는 것이 편리하고, SSR을 이용할 경우

$(SST-SSE)$로 계산한 후 r^2을 구한다. SSE를 이용하여 r^2을 계산할 경우 우선 $\sum e_i^2$을 구하여야 한다.

즉, $SSE=\sum(y_i-\hat{y}_i)^2=\sum e_i^2=\sum e_i(y_i-a-bx_i-cw_i)$
$=\sum e_iy_i-a\sum e_i-b\sum e_ix_i-c\sum e_iw_i$ 이다. 다시 $\sum e_i=0$, $\sum e_ix_i=0$, $\sum e_iw_i=0$의 관계를 적용하면 $SSE=\sum {e_i}^2=\sum e_iy_i$가 되므로 SSE는 다음 식으로 계산된다.

$$SSE=\sum e_i^2=\sum y_i(y_i-a-bx_i-cw_i)=\sum y_i^2-b\sum x_iy_i-a\sum y_i-c\sum w_iy_i$$

위의 식이 단순회귀분석 SSE와 다른 점은 마지막 항 $c\sum w_iy_i$가 추가된 점이다. 또한 SSE는 다음 식으로도 계산된다.

$$\begin{aligned}SSE=\sum e_i^2 &=\sum(y_i-\bar{y})^2-b\sum(x_i-\bar{x})(y_i-\bar{y})-c\sum(w_i-\bar{w})(y_i-\bar{y})\\&=\sum {\tilde{y}_i}^2-b\sum\tilde{x}_i\tilde{y}_i-c\sum\tilde{w}_i\tilde{y}_i\end{aligned}$$

이와 같이 잔차자승합 SSE는 개별잔차 e_i를 모두 구하지 않고 회귀계수 a, b를 구할 때 사용한 자료로부터 계산할 수 있어 r^2의 계산이 편리하다.

SSE는 다음과 같다.

$SSE=\sum e_i^2=\sum(y_i-\hat{y}_i)^2=\sum[(y_i-\bar{y})-(\hat{y}-\bar{y})]^2$ 에서 $\bar{y}=a+b\bar{x}+c\bar{w}$ 이고 $\hat{y}_i=a+bx_i+cw_i$이므로

$\hat{y}_i-\hat{y}=(a+bx_i+cw_i)-(a+b\bar{x}+c\bar{w})=b(x_i-\bar{x})+c(w_i-\bar{w})$이다. 따라서

$$\begin{aligned}SSE&=\sum[(y_i-\bar{y})-b(x_i-\bar{x})-c(w_i-\bar{w})]^2=\sum(\tilde{y}_i-b\tilde{x}_i-c\tilde{w}_i)^2\\&=\sum e_i(\tilde{y}_i-b\tilde{x}_i-c\tilde{w}_i)=\sum e_i\tilde{y}_i-b\sum e_i\tilde{x}_i-c\sum e_i\tilde{w}_i=\sum e_i\tilde{y}_i\\&=\sum(\tilde{y}_i-b\tilde{x}_i-c\tilde{w}_i)\tilde{y}_i=\sum{\tilde{y}_i}^2-b\sum\tilde{x}_i\tilde{y}_i-c\sum\tilde{y}_i\tilde{w}_i\\&=\sum(y_i-\bar{y})^2-b\sum(x_i-\bar{x})(y_i-\bar{y})-c\sum(y_i-\bar{y})(w_i-\bar{w})\end{aligned}$$

이다. 그리고 또 다른 방법은

$$SSE = \sum(\widetilde{y}_i - b\widetilde{x}_i - c\,\widetilde{w}_i)^2$$
$$= \sum\widetilde{y}_i^{\,2} + b^2\sum\widetilde{x}_i^{\,2} + c^2\sum w_i^2 - 2b\sum\widetilde{y}_i\,\widetilde{x}_i + 2bc\sum\widetilde{x}_i\widetilde{w}_i - 2c\sum\widetilde{y}_i\,\widetilde{w}_i$$

인데 280쪽 두 수식에서 각각 b와 c를 곱한 값

$b^2\sum\widetilde{x}_i^{\,2} + bc\sum\widetilde{x}_i\widetilde{w}_i = b\sum\widetilde{x}\,\widetilde{y}$, $bc\sum\widetilde{x}_i\widetilde{w}_i + c^2\sum\widetilde{w}_i^{\,2} = c\sum\widetilde{w}_i\widetilde{y}_i$을 대입하여 정리하면 다음과 같다.

$$SSE = \sum\widetilde{y}_i^{\,2} + b\sum\widetilde{x}_i\,\widetilde{y}_i + c\sum\widetilde{w}_i\widetilde{y}_i - 2b\sum\widetilde{y}_i\,\widetilde{x}_i - 2c\sum\widetilde{y}_i\widetilde{w}_i$$
$$= \sum\widetilde{y}_i^{\,2} - b\sum\widetilde{x}_i\,\widetilde{y}_i - c\sum\widetilde{y}_i\widetilde{w}_i$$

그리고 적합도 검정을 위한 또 한 가지 방법으로 단순회귀분석에서와 같이 회귀식의 표준오차(standard error of regressions)를 활용하는 방법이 있다. 단순회귀분석에서 오차항의 분산 σ_μ^2에 대한 불편추정치를 잔차분산(residual variance)이라 부르고 $S_e^2 = \dfrac{\sum(y_i - \hat{y})^2}{n-2} = \dfrac{SSE}{n-2}$으로 계산하였다. 다중회귀분석에서는 잔차분산이 다음 식으로 계산된다.

$$S_e = \sqrt{\frac{SSE}{n-k-1}} = \sqrt{\frac{\sum e_i^2}{n-k-1}}$$

위 식에서 k는 독립변수의 개수이다. 그리고 잔차분산 S_e^2의 제곱근 S_e를 회귀의 표준오차라 하며 다음 식으로 계산된다.

$$S_e^2 = \frac{SSE}{n-k-1} = \frac{\sum e_i^2}{n-k-1}$$

예 제 9

〈예제 8〉의 자료를 이용하여 SSE, r^2, S_e^2, S_e를 각각 구하시오.

풀이

〈예제 8〉에서 $\sum\tilde{y}_i^{\,2} = 1,350$, $\sum\tilde{x}_i^{\,2} = 280,000$, $\sum\tilde{w}_i^{\,2} = 24$, $\sum\tilde{x}_i\tilde{y}_i = -500$,

$b = 0.0689$, $c = 0.6028$, $k = 2$를 얻을 수 있다.

따라서 $SSE = \sum\hat{y}_i^{\,2} - b\sum\tilde{x}_i\tilde{y}_i - c\sum\tilde{y}_i\tilde{w}_i$ 이므로

$$SSE = 1,350 - (0.0689)(19,000) - (0.6028)(-20) = 1,350 - 1,309.1 + 12.056$$
$$= 52.956$$

그러므로 $r^2 = 1 - \dfrac{SSE}{SST} = 1 - \dfrac{52,956}{1,350} = 1 - 0.03923 = 0.9608$

그리고 $S_e^2 = \dfrac{SSE}{n-k-1} = \dfrac{52,956}{7-3} = 13.239$

$S_e = \sqrt{\dfrac{SSE}{n-k-1}} = \sqrt{13.239} = 3.6385$이다.

■ ■ ■ ■

13.8. 회귀분석의 검토사항

회귀분석의 실제적용에 있어서는 때때로 여러 가지 문제점에 직면하는 경우가 많다. 예컨대 수집된 자료들이 회귀분석의 기본 가정인 정규성, 독립성, 등분산성을 만족하는지?, 또한 다중회귀분석에서 독립변수들간의 상관관계인 다중공선성(multi-collinearity)의 문제가 없는지? 그리고 독립변수의 유형에 따라 더미변수(dummy variables)를 도입해야 하는지? 등의 문제가 있다. 이러한 문제점들에 대한 검토사항은 다음과 같다.

1) 오차항의 정규성

회귀모형의 가정인 정규성, 독립성, 등분산성을 검토할 때 가장 많이 사용하는 것이 잔차분포의 검토이다. 회귀모형의 정규성은 실제치 y_i와 추정치 $\hat{y}_i$간의 차 $e_i = (y_i - \hat{y}_i)$가 평균 0을 중심으로 고르게 분포되어 있는지를 검정하는 것이다.

따라서 잔차들의 전반적인 추세를 보기 위해 〈그림 13.11〉과 같이 x축을 여러 등급으로 나누고 각 등급에 속하는 잔차의 수를 세어 점도표(dot-diagram)를 작성하면 정규성을 개략적으로 대략 검토할 수 있다

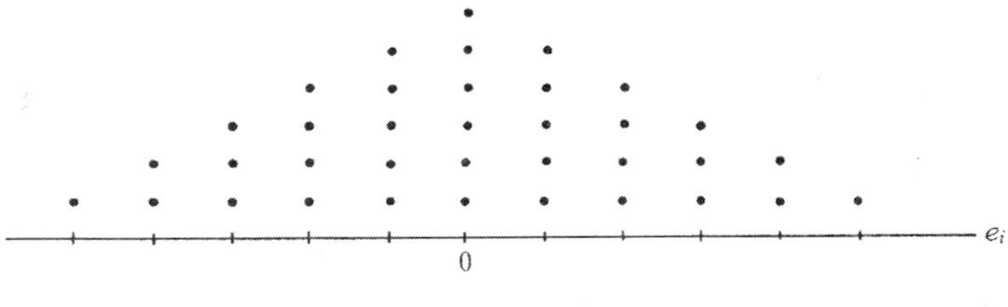

그림 13.11 잔차의 점도표

또한 실제치와 회귀선의 관계가 〈그림 13.12〉의 형태를 보일때, (b)와 (c)는 정규성을 만족시키지 못한다. 즉, (b)는 $E(e_i)=0$의 가정이 충족되지 않고 (c)는 일정한 분산을 갖는다는 가정이 충족되지 않은 경우이다.

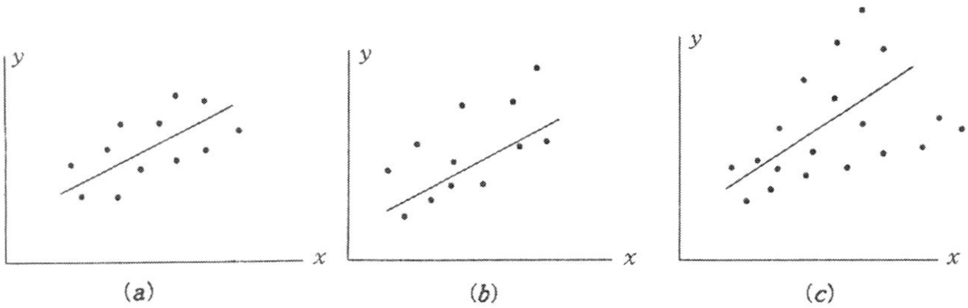

그림 13.12 회귀선과 실제치의 분포

정규성의 가정이 성립되지 않을 경우에는 모수의 추정과 검정에 있어서 정규분포와 관련된 표본분포($t-$분포, $F-$분포, χ^2-분포)를 사용할 수 없기 때문에 수집된 자료를 변형시키거나 새로운 독립변수를 추가시키는 방법 등을 고려하여야 한다.

2) 오차항의 등분산성

잔차 $e_i=(y_i-\widetilde{y_i})$의 추정값인 $\hat{y}_i$에 대하여 산점도를 그리면 오차항의 등분산성이란 가정을 검토할 수 있다.

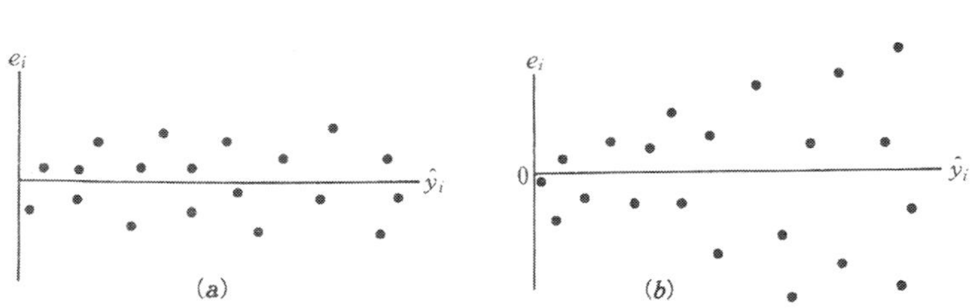

그림 13.13 등분산성에 대한 산점도

〈그림 13.13〉의 (a)는 e_i들이 0을 중심으로 상,하로 고르게 분포되면서 수평대를 형성하고 있어 잔차 e_i들이 등분산성을 충족시키나, 반대로 (b)의 경우는 $\hat{y}_i$값이 클수록 e_i의 분산도 증가하고 있어 등분산성의 가정이 충족되지 않는다. 〈그림 13.13〉의 (b)는 〈그림 13.12〉의 (c)와 같이 회귀선을 중심으로 실제치들이 점점 넓은 폭으로 분포되어 있는 경우이다.

3) 오차항의 독립성

회귀분석을 위한 자료가 일정한 시간간격을 두고 연속적으로 분포될 때가 있다. 이때에는 잔차 e_i들이 서로 독립적이지 못하고 자기상관(auto correlation)일 가능성이 높다. 자기상관은 어느 시점의 잔차가 양수(음수)이면 다음 시점의 잔차도 양수(음수)일 가능성이 클 때 발생한다. 〈그림 13.14〉의 (a)는 시간의 순서에 따라 잔차가 무작위적으로 나타나 0을 중심으로 수평대를 이루면 독립성을 인정할 수 있으나, (b)와 같이 시간이 흐름에 따라 잔차들이 일정한 경향을 갖고 있을 때는 독립성이 인정되지 않는다.

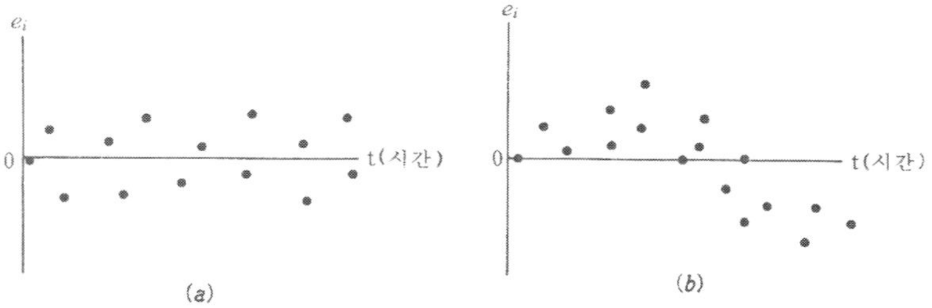

그림 13.14 오차항의 독립성 산점도

이와 같이 잔차가 시간과 상관될 때 잔차 e_i간에는 계열상관(serial correlation) 또는 자기상관이 존재한다고 한다. 이론적으로 오차항의 독립성을 검정하는 방법은 Durbin과 Watson이 제안한 방법이 널리 사용되고 있다. Durbin－Watson의 검정통계량은 다음 식으로 계산된다.

$$DW = \frac{\sum_{t=2}^{n}(e_t - e_{t-1})^2}{\sum_{t=1}^{n} e_t^2}$$

DW는 표본의 크기 n과 독립변수의 수 k에 따라 변하는 통계량이다. DW는 잔차들

간에 양의 상관관계가 있는 경우 e_t와 e_{t-1}은 서로 비슷한 값을 갖게 되어 DW값이 작아진다. 반대로 잔차들이 음의 상관관계가 있을 경우에는 e_t와 e_{t-1}은 서로 반대의 값을 갖게 되어 DW값이 커지게 된다. 따라서 완전한 양의 상관관계가 있을 경우에는 $e_t = e_{t-1}$이 되어 위의 식에서 분자가 0이 되므로 DW는 0이 된다. 그리고 완전한 음의 상관관계가 있을 경우에는 $e_t = -e_{t-1}$(즉, $e_t + e_{t-1} = 2e_t$)가 되어 DW는 4의 값이 된다. 따라서 자기상관을 DW로 검정할 경우 〈그림 13.15〉의 판단표를 이용한다.

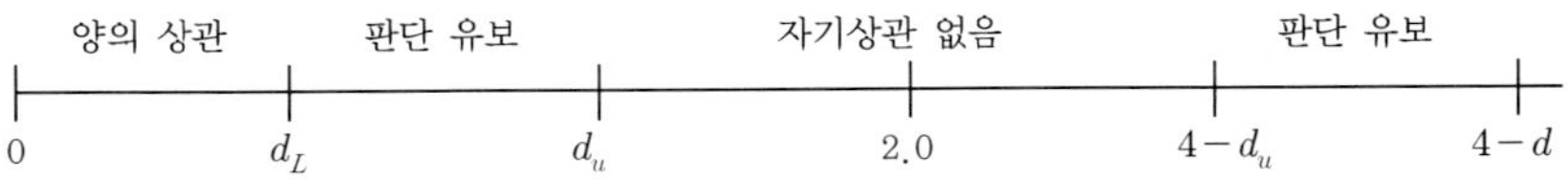

그림 13.15 DW 판단표

〈그림 13.15〉의 d_u와 d_L은 유의수준 α, 표본크기 n, 독립변수의 수 k에 의해 정해지는 것으로 [부록 IX]의 DW검정표에서 구한다.

예컨대 $\alpha = 0.05$, $n = 15$, $k = 2$이고 $\sum(e_t - e_{t-1})^2 = 185$, $\sum e_t^2 = 112$일 때 자기상관계수를 계산하면 다음과 같다. 즉, $DW = 185/112 = 1.6518$이고, d_u, d_L은 [부록 IX]에서 $n = 15$, $k = 2$일 때 $d_u = 1.54$, $d_L = 0.95$이다. 따라서 DW값 1.6518이 〈그림 13.15〉의 DW 판단표에서 $d_u = 1.54$와 2.0 사이에 존재하므로 자기상관이 없다고 판단할 수 있다.

4) 다중공선성

다중공선성(multi-collinearity)이란 다중회귀모형의 독립변수가 그 일부 또는 모두가 서로 높은 상관관계를 갖고 있을 때 발생된다. 다중회귀모형에서 다중공선성의 관계가 클수록 회귀모수의 추정치 분산이 크게 되어 추정치의 신뢰성이 떨어지는 결과를 가져온다. 다중공선성의 문제에 부딪히면 상관관계가 가장 높은 변수부터 모형에 포함시키는 단계적 회귀(step-wise regression)방법을 사용할 수 있고, 또한 상관관계가 있는 변수들을 조정하여 사용하는 방법이 있다. 예컨대 가격과 가처분소득이 수요량에 미치는 영향을 분석하기 위해 수요방정식을 $y_t = a + bx_t + cw_t + e_t$와 같이 설정하였다고 하자.

수요방정식에서 x_t를 가격, w_t를 소득이라 하면 x_t와 w_t는 모두 경기순환을 반영하는 변수들로 서로 높은 상관관계를 가지고 있다. 이 경우에는 수요량을 가장 잘 설명하는 변수(예컨대 결정계수가 큰 변수)만을 모형에 포함시키는 방법과 횡단면 자료(cross-section data)로 되어 있는 수요에 대한 소득의 영향을 측정한 다음에 시계열 자료에 대해 조건부 회귀분석을 적용하여 가격의 영향을 측정하는 방법이 있다.

5) 더미변수의 도입

독립변수는 일반적으로 양적변수와 질적변수로 구분할 수 있다. 즉, 양적변수는 인구, GNP, 판매액 등 숫자로 크기를 나타낼 수 있는 변수이고, 질적변수는 색깔, 교육수준, 품질수준 등 숫자로 크기를 나타낼 수 없는 변수이다.

회귀모형은 주로 양적변수를 독립변수로 하여 회귀분석을 한다. 질적변수를 사용하거나 질적변수와 양적변수를 혼합하여 회귀분석할 경우 더미변수(dummy variables)를 사용하여야 한다. 또한 독립변수에 크게 영향을 미치는 주변여건의 변화를 반영시켜 회귀분석하고자 할 때에도 더미변수가 필요하다.

예컨대 백화점의 월간 총매출액은 세일기간이 포함된 달과 그렇지 않은 달에 따라 크게 다르다. 그러므로 세일기간이 포함된 달과 그렇지 않는 달을 구분하여 회귀방정식을 추정하여야 한다.

백화점의 월 매출액 y와 광고비 x와의 관계가 다음과 같을 때,

$$y = a_0 + bx + \mu \text{(세일기간이 포함된 월매출액 회귀방정식)}$$

$$y = a_1 + bx + \mu \text{(평상시 월매출액 회귀방정식)}$$

두 식의 절편은 $a_0 > a_1$의 관계가 성립된다. 즉, 세일기간이 포함된 달의 월 매출액 y가 높기 때문이다. 그리고 직선의 기울기(광고비 효과)는 b로서 동일하다고 가정한다.

이와 같이 동일한 종속변수에 대한 회귀식이 두 종류로 구분되면 월별 판매액의 추정도 두 가지 회귀방정식을 번갈아서 사용해야 한다. 그러나 더미변수를 이용하면 하나의 회귀방정식으로 가능하다. 즉, 더미변수 D를 도입하여 회귀방정식을 만들면 다음과 같다.

$$y = a_1 + bx + aD + u$$

그러므로 위의 식에서 더미변수 $D = 0$이면 $y = a_1 + bx + u$가 되어 평상시 달의 회귀식이 되고, $D = 1$이면 $y = a_1 + a + bx + u$로 세일기간이 포함된 달의 회귀식이 된다. 여기서 $(a_1 + a)$는 세일기간이 포함된 달의 y축 절편으로 $a_0 = (a_1 + a)$가 된다. 즉, 세일기간이 포함된 달의 판매액이 평상시의 달보다 a만큼 위로 이동한 형태가 된다.

13.9. SPSS 통계분석

SPSS 분석 1

〈예제 3〉의 문제를 SPSS 통계패키지로 분석하여 보자. 즉, 다음 표와 같이 여학생 15명에 대한 키와 몸무게 자료를 사용하여 회귀계수 a, b를 구하고 x에 관한 y의 회귀직선식과 결정계수 r^2를 구하여 보자.

키(x_i)	155	156	157	158	159	160	161	162	163	164	165	166	167	168	169
몸무게(y_i)	48	49	49	50	54	57	57	58	59	58	59	60	57	58	62

(1) 우선 1열에 키 자료를, 2열에 몸무게 자료를 입력시킨다.

(2) 메인 메뉴창에서 [분석] → [회귀분석] → [선형] → 〈종속변수 창에 키 항목을 이동〉 → 〈독립변수 창에 몸무게 항목을 이동〉 → [통계량] → 〈필요 통계량체크 : 추정값, 모형적합, R제곱변화량, 기술통계 등〉 → [계속] → [확인] 순서를 따르게 되면 다음과 같은 결과분석 창이 활성화 된다.

입력/제거된 변수[a]

모형	입력된 변수	제거된 변수	방법
1	몸무게[b]	.	입력

a. 종속변수: 키

b. 요청된 모든 변수가 입력되었습니다.

모형 요약

모형	R	R 제곱	수정된 R 제곱	추정값의 표준오차
1	.888[a]	.789	.772	2.134

a. 예측자: (상수), 몸무게

ANOVA[a]

모형		제곱합	자유도	평균제곱	F	유의확률
1	회귀	220.798	1	220.798	48.484	.000[b]
	잔차	59.202	13	4.554		
	전체	280.000	14			

a. 종속변수: 키

b. 예측자: (상수), 몸무게

계수[a]

모형		비표준화 계수		표준화 계수		
		B	표준오차	베타	t	유의확률
1	(상수)	113.032	7.054		16.023	.000
	몸무게	.880	.126	.888	6.963	.000

a. 종속변수: 키

결과해석

결과분석 창에서 결정계수 $r^2=0.789$이므로 회귀선이 [키]변화의 약 79%설명하고 있다. 또한 분산분석표에서 모형의 유의확률이 [0.000]이므로 유의수준 0.05에서 회귀선이 유의하다고 판단할 수 있다. 회귀계수 a, b는 계수 표에서 비표준화계수를 이용하여 도출한다. 따라서 $\hat{y}_i = 113.032 + 0.88\,x_i$가 된다. 즉, 몸무게가 1kg 증가하면 키는 0.88Cm 만큼 증가함을 알 수 있다. 또한 계수표의 유의확률을 보면 몸무게 계수의 유의확률이 [0.000]으로 유의수준 0.05에서 통계적으로 유의함을 알 수 있다.

SPSS 분석 2

〈예제 8〉의 문제를 SPSS 통계패키지로 분석하여 보자. 즉, H제약회사의 신약 판매량을 예측하기 위해 신약의 수요 y_i는 광고비 x_i와 약효 w_i에 의해 가장 큰 영향을 받는다고 믿고 있다. 과거 신약을 개발하여 판매할 경우 판매액과 TV광고비, 그리고 약효 등에 관한 자료를 정리한 결과가 다음과 같다. 선형회귀모형 $y_i = a + bx_i + cw_i$를 구하고, 판매액을 증가시키기 위해서는 TV광고비와 약효 중 어느 것이 더 효과적인가를 판단하시오.

판매액(y_i)	40	43	45	50	55	65	70	75	70	80	$\sum y_i = 600$
TV광고비(x_i)	100	150	200	300	350	400	500	600	650	700	$\sum x_i = 4{,}000$
약효 (w_i)	33	35	34	35	34	36	35	36	35	37	$\sum w_i = 350$

(1) 우선 1열에 판매액 자료를, 2열에 TV광고비 자료를, 3열에 약효 자료를 입력시킨다.

(2) 메인 메뉴창에서 [분석] → [회귀분석] → [선형] → 〈종속변수 창에 판매액 항목을 이동〉 → 〈독립변수 창에 TV광고비 항목과 약효 항목을 이동〉 → [통계량] → 〈필요 통계량체크 : 추정값, 모형적합, R제곱변화량, 기술통계, 공선성진단, Durbin-Watson 등〉 → [계속] → [확인] 순서를 따르게 되면 다음과 같은 결과분석 창이 활성화 된다.

기술통계량

	평균	표준편차	N
판매액	60.00	15.195	10
TV광고비	400.00	221.108	10
약효	35.00	1.155	10

상관계수

		판매액	TV광고비	약효
Pearson 상관	판매액	1.000	.984	.760
	TV광고비	.984	1.000	.762
	약효	.760	.762	1.000
유의확률 (단측)	판매액	.	.000	.005
	TV광고비	.000	.	.005
	약효	.005	.005	.
N	판매액	10	10	10
	TV광고비	10	10	10
	약효	10	10	10

입력/제거된 변수[a]

모형	입력된 변수	제거된 변수	방법
1	약효, 광고[b]	.	입력

a. 종속변수: 판매액

b. 요청된 모든 변수가 입력되었습니다.

모형 요약[b]

모형	R	R 제곱	수정된 R 제곱	추정값의 표준오차	통계량 변화량: R 제곱 변화량	F 변화량	자유도1	자유도2	유의확률 F 변화량	Durbin-Watson
1	.984[a]	.968	.959	3.069	.968	106.802	2	7	.000	1.077

a. 예측자: (상수), 약효, 광고

b. 종속변수: 판매액

ANOVA[a]

모형		제곱합	자유도	평균제곱	F	유의확률
1	회귀	2012.063	2	1006.032	106.802	.000[b]
	잔차	65.937	7	9.420		
	전체	2078.000	9			

a. 종속변수: 판매액

b. 예측자: (상수), 약효, 광고

계수[a]

모형		비표준화 계수 B	표준오차	표준화 계수 베타	t	유의확률	상관계수 0차	편상관	부분상관	공선성 통계량 공차	VIF
1	(상수)	21.843	45.722		.478	.647					
	광고	.066	.007	.965	9.285	.000	.984	.962	.625	.420	2.381
	약효	.333	1.367	.025	.243	.815	.760	.092	.016	.420	2.381

a. 종속변수: 판매액

결과해석

결과분석 창의 기술통계량에서 각 변수의 평균과 표준편차 그리고 각 변수의 관측치 N이 출력되어 있다. 상관계수는 각 변수들 간의 상관관계와 유의확률이 출력되어 있다. 그리고 모형요약에서는 R제곱 값이 0.968이므로 회귀선이 판매액의 97%를 설명하고 있다는 것으로 설명력이 매우 높다고 할 수 있다. 분산분석에서 유의확률이 0.000이므로 유의수준 0.05에서 회귀모형은 통계적으로 유의하다. 또한 계수에서 비표준화 계수를 이용하여 회귀식을 도출하면 판매액=21.843+0.066(TV광고비)+0.333(약효)이 된다. 그러나 유의확률을 보면 TV광고비는 유의확률이 0.000으로 유의함을 알 수 있으나 약효는 유의확률이 0.815로 유의하지 않음을 알 수 있다.

SPSS 분석 3

18명의 성인을 대상으로 년간 소득이 연령과 거주지에 어떤 관계가 있는지를 조사하기 위해 다음과 같이 설문조사하고 결과를 정리하였다. Dummy 변수를 적용하여 회귀분석 하시오.

1. 귀하의 년간 소득은 얼마입니까? (   )백만원

2. 귀하의 나이는 어떻게 됩니까? (   )세

3. 귀하의 거주지는 어디 입니까?
   ① 강북 ② 강남 ③ 기타 (지방도시)

소득: 백반원

년간 소득	2	2.5	2	3	3.5	3.3	4	4.5	3.5	4	4.2	4	4.2	4.9	4.1	5	5.5	4.5
연령	29	29	30	32	30	33	35	34	35	38	35	40	45	43	50	55	54	58
거주지	1	2	3	1	2	3	1	2	3	1	2	3	1	2	3	1	2	3

(1) 우선 거주지 자료는 명목척도이므로 회귀분석의 변수로 사용할 수 없다. 따라서 Dummy 변수로 변환하여야 한다. 거주지 항목이 3개이므로 Dummy 변수는 $(3-1)=2$개가 필요하다. 즉, 강북(1)은 $D1=0$, $D2=0$으로, 강남(2)은 $D1=0$, $D2=1$로, 기타(3)는 $D1=1$, $D2=0$로 변환한다. 따라서 1열에 년간 소득, 2열에 연령, 3열에 $D1$, 4열에 $D2$ 자료를 입력시킨다.

(2) 메인 메뉴창에서 [분석] → [회귀분석] → [선형] → 〈종속변수 창에 년간소득 항목을

이동〉 → 〈독립변수 창에 연령과 $D1$, $D2$ 항목을 이동〉 → [통계량] → 〈필요 통계량체크 : 추정값, 모형적합, R제곱변화량, 기술통계, 공선성진단, Durbin-Watson 등〉 → [계속] → [확인] 순서를 따르게 되면 다음과 같은 결과분석 창이 활성화 된다.

회귀

기술통계량

	평균	표준편차	N
년간소득	3.8167	.97874	18
연령	39.17	9.507	18
D1	.33	.485	18
D2	.33	.485	18

상관계수

		년간소득	연령	D1	D2
Pearson 상관	년간소득	1.000	.770	-.186	.273
	연령	.770	1.000	.140	-.128
	D1	-.186	.140	1.000	-.500
	D2	.273	-.128	-.500	1.000
유의확률 (단측)	년간소득	.	.000	.230	.137
	연령	.000	.	.289	.307
	D1	.230	.289	.	.017
	D2	.137	.307	.017	.
N	년간소득	18	18	18	18
	연령	18	18	18	18
	D1	18	18	18	18
	D2	18	18	18	18

입력/제거된 변수[a]

모형	입력된 변수	제거된 변수	방법
1	D2, 연령, D1[b]	.	입력

a. 종속변수: 년간소득

b. 요청된 모든 변수가 입력되었습니다.

모형 요약[b]

모형	R	R 제곱	수정된 R 제곱	추정값의 표준오차	통계량 변화량					Durbin-Watson
					R 제곱 변화량	F 변화량	자유도1	자유도2	유의확률 F 변화량	
1	.866[a]	.750	.697	.53916	.750	14.007	3	14	.000	.392

a. 예측자: (상수), D2, 연령, D1

b. 종속변수: 년간소득

ANOVA[a]

모형		제곱합	자유도	평균제곱	F	유의확률
1	회귀	12.215	3	4.072	14.007	.000[b]
	잔차	4.070	14	.291		
	전체	16.285	17			

a. 종속변수: 년간소득

b. 예측자: (상수), D2, 연령, D1

계수[a]

모형		비표준화 계수		표준화 계수	t	유의확률	상관계수			공선성 통계량	
		B	표준오차	베타			0차	편상관	부분상관	공차	VIF
1	(상수)	.367	.586		.626	.541					
	연령	.085	.014	.830	6.138	.000	.770	.854	.820	.976	1.025
	D1	-.304	.313	-.151	-.974	.347	-.186	-.252	-.130	.744	1.344
	D2	.612	.312	.303	1.960	.070	.273	.464	.262	.747	1.339

a. 종속변수: 년간소득

결과해석

결과분석 창의 기술통계량에서 각 변수의 평균과 표준편차가 나타나 있다. 상관계수는 각 변수들 간의 상관관계와 유의확률 등이 나타나 있다. 그리고 모형요약에서는 R제곱 값이 0.75이므로 회귀선이 판매액의 75%를 설명하고 있어 설명력이 높다고 할 수 있다. 분산분석에서 유의확률이 0.000이므로 유의수준 0.05에서 회귀모형은 통계적으로 유의하다. 또한 계수에서 비표준화 계수를 이용하여 회귀식을 도출하면 년간 소득 = 0.367 +0.085(연령)− 0.304(D1)+0.612($D2$)이다. 즉, 나이가 한 살 많을수록 년간 소득이 0.085만큼 증가하고 지역을 분류하는 더미변수 $D1$은 소득을 감소시키는 반면 $D2$는 소득을 증가시킨다. 그러나 유의확률을 보면 연령은 0.000으로 1%수준에서 유의하고 $D2$는 10%수준에서 유의하나 $D1$은 유의하지 않음을 알 수 있다.

연 습 문 제

13.1 어느 고속화물 운송회사에서 거리에 대한 화물운송의 소요시간을 계산하기 위해 과거의 운송기록서류 중 열 개의 서류를 표본으로 뽑아 조사하였더니 아래 표와 같았다. 다음 물음에 답하시오.

표본	1	2	3	4	5	6	7	8	9	10
거리 $X(Km)$	825	215	1,070	550	480	920	1,350	325	670	1,215
배달시간 Y(days)	3.5	1.0	4.0	2.0	1.0	3.0	4.5	1.5	3.0	5.0

① 점산도를 그리고 선형회귀분석이 적절한가를 판단하시오.

② 최소자승법을 적용하여 회귀방정식을 구하고 1,000Km에 대한 배달시간을 결정하시오. 또한 2,000Km에 대한 배달시간을 결정할 수 있는가?

③ 배달시간 분석문제에 대한 추정치의 표준오차를 계산하시오.

13.2 8명의 학생을 확률표본으로 하여 수학, 전산학 및 영어의 기말고사 성적을 보면 다음과 같다.

수학	50	58	67	70	75	82	86	92
전산학	62	54	63	78	81	78	88	90
영어	79	82	70	74	67	62	64	56

① 수학성적으로 전산학성적을 회귀분석하시오.

② 수학성적으로 영어성적을 회귀분석하시오.

③ 전산학성적과 수학성적의 점산도 및 회귀선을 구하시오.

④ 영어성적과 수학성적의 점산도 및 회귀선을 그리시오.

13.3 다음 표는 2010년부터 2015년 까지 6년간 어느 제조업체에서 실현한 판매실적이다. y는 이윤이고 x는 총 판매액이다.

연도	2010	2011	2012	2013	2014	2015
이윤(y)	55	66	86	84	77	97
총판매액(x)	75.0	85.0	101.7	106.1	106.5	120.3

① 표본의 회귀직선식을 적합하고 r^2을 계산하시오.

② 회귀계수 a 및 b 그리고 r^2은 무엇을 의미하는지를 구체적으로 설명하시오.

13.4 다음 자료를 사용하여 r^2과 r을 구하시오.

$n = 20$ $\qquad \sum y = 133$ $\qquad \sum x = 83$

$\sum y^2 = 960$ $\qquad \sum x^2 = 463$ $\qquad \sum xy = 503$

13.5 어느 기업에서 여직원 15명을 표본으로 선정하여 그들의 핸드백의 크기와 무게를 조사한 결과 다음과 같다. 다음 자료에 사용하여 r를 구하시오.

도수	2	3	4	5	6	7	8	9
핸드백의 크기(x)	2	2	3	4	4	5	6	6
핸드백의 무게(y)	4	4	5	5	6	6	7	7

13.6 다음 자료는 어느 기업의 수입과 지출에 대한 조사 결과이다.

수입(x)	25	30	35	40	40	38	32	44
지출(y)	0.9	1.2	2.2	1.1	1.3	1.4	1.2	1.5

① 회귀계수 a와 b를 구하시오.

② r^2을 구하시오.

③ 회귀선에 대한 표준오차를 구하고 그것을 그림으로 표시함으로써 일표준오차의 범위 내에 있는 도수를 계산하시오.

④ 편차와 편차제곱합에 대한 분할을 실시하시오.

13.7 H제약회사는 판매원들의 첫 해 판매실적에 근거하여 다음 해 판매원들의 판매실적을 예측하고 있다.

첫해의 판매액 x(백만원)	둘째해의 판매액 y(백만원)
125.2	159.3
141.7	185.7
150.3	196.1
114.2	168.6
131.8	162.0
160.2	213.7
127.3	168.8
130.1	165.4

① 단순회귀모형을 구하시오.

② 산점도를 그리고 그 위에 최소자승선을 그려보시오.

③ 위의 자료를 사용할 때 x값이 y값을 예측하는 데 유용한 정보를 제공해주는가?

④ r^2을 계산하고 그 의미를 해석해 보시오.

13.8 연간 가계소득 x와 연간 가계지출 y간의 관련성을 보기 위하여 66개의 표본 가계를 조사하였다. 총변동이 409,600이며, 불설명변동이 77,824이었다.

① 가계지출에 있어서 변동의 몇 %가 선형회귀 관계로 설명되는가?

② 상관계수 r을 계산하고 이에 관하여 설명하시오.

13.9 H대학의 농구선수 10명에 대한 신장과 체중이 다음과 같다.

신장 $x(cm)$	77	79	75	82	87	88	81	78	80	85
체중 $y(kg)$	75	77	70	65	70	73	76	69	76	72

① 회귀계수 a, b를 구하시오.

② 결정계수를 구하시오.

③ 상관계수를 구하시오.

13.10 다음은 흰쥐를 대상으로 한 달 동안 서로 다른 양의 비타민 A를 먹였을 때의 체중증가를 기록한 것이다.

(단위: mg)

투여량	0.3	0.3	0.6	0.6	0.9	0.9	1.2	1.5
체중증가	33	36	40	41	45	29	34	37

0.3mg, 0.6mg 및 0.9mg은 각기 두 마리식의 흰쥐에 투여하였으며, 1.2mg 및 1.5mg은 한 마리씩을 대상으로 실시하였다. 체중증가를 비타민 투여량으로 회귀분석하고, 결정계수를 구하시오.

13.11 확률표본 $n = 30$으로부터 y와 x, w에 관한 값들을 아래와 같이 계산하였다. 이를 사용하여 $y_i = a + bx_i + cw_i$의 회귀계수 b, c를 구하시오.

$\sum(x_i - \bar{x})^2 = 76.0$ $\quad\sum(x_i - \bar{x})(w_i - \bar{w}) = 45.6$ $\quad\sum x_i = 360$

$\sum(w_i - \bar{w})^2 = 304.0$ $\quad\sum(x_i - \bar{x})(y_i - \bar{y}) = 212.8$ $\quad\sum y_i = 400$

$\sum(y_i - \bar{y})^2 = 1,216.0$ $\quad\sum(x_i - \bar{x})(w_i - \bar{w}) = 364.8$ $\quad\sum w_i = 560$

13.12 표본회귀방정식 $y_i = a + bx_i + cw_i + e_i$는 $n = 20$인 자료를 적용시킨 결과 $\sum(y_i - \hat{y}_i) = 215$, $\sum(y_i - \bar{y})^2 = 315$를 얻었다. r^2의 값을 구하고 r^2의 값으로 위의 모형이 적합하다고 할 수 있는가?

13.13 다중회귀모형 $Y_i = A + BX_i + CW_i + \mu_i$에서 μ_i는 서로 독립이고 평균이 0이며 분산이 σ_μ^2이라 하자. 다음 2개의 자료를 이용하여 물음에 답하시오.

Y	X	W
34	11	13
37	12	12
47	13	15
39	14	12
43	15	13

Y	X	W
32	11	12
39	12	13
39	13	12
40	14	13
50	15	15

① 다중회귀방정식을 구하고, r^2, S_e, S_b, S_c를 구하시오.

② r^2, S_e, S_b, S_c의 의미를 설명하시오.

13.14 다음 표의 통계량 자료는 표본수 $n = 98$일 때 계산된 것이다. 다중회귀식과 결정계수 r^2을 구하시오.

변수	표본평균	표본의 표준편차
y	52.46	9.283
x	46.43	10.978
w	31.38	7.247

$$\sum \tilde{x}^2 = \sum (x - \bar{x})^2 = 11.69 \qquad \sum (x - \bar{x})(w - \bar{w}) = 4,159$$

$$\sum \tilde{w}^2 = \sum (w - \bar{w})^2 = 5,095 \qquad \sum (x - \bar{x})(y - \bar{y}) = 6,122$$

$$\sum \tilde{y}^2 = \sum (y - \bar{y})^2 = 8,358 \qquad \sum (w - \bar{w})(y - \bar{y}) = 3,382$$

13.15 XYZ회사는 내년 여름의 에어컨 판매량을 예측하고자 한다. 이 회사의 임원진은 판매량이 1인당 GNP와 그 해 여름의 평균기온에 의해 큰 영향을 받는다고 믿고 있다. 에어컨의 판매량, 1인당 GNP, 여름 평균기온에 관한 과거 15년간의 자료를 정리한 결과가 다음과 같다.

연 도	에어컨 판매량(만대)	1인당 GNP(만원)	여름 평균기온($^\circ C$)
2000	14	458	21.3
2001	18	539	22.3
2002	16	467	21.5
2003	18	535	22.7
2004	26	585	23.2
2005	19	549	22.5
2006	23	583	22.8
2007	28	622	22.1
2008	25	616	21.9
2009	24	604	22.9
2010	29	617	23.1
2011	37	660	24.9
2012	33	644	22.8
2013	44	695	22.0
2014	51	703	25.9

① 에어컨 판매량을 종속변수로 하고 1인당 GNP와 여름의 평균기온을 독립변수로 하여 선형회귀식을 구하시오.

② 1인당 GNP가 에어컨 판매량에 아무런 영향을 미치지 않는다는 가설을 $\alpha = 0.05$의 유의수준에서 검정하시오.

③ 결정계수 r^2을 구하시오.

13.16 L백화점에서는 다가올 세일기간 동안의 소요인력을 예측하기 위해 세일기간 동안 입장하는 고객 수를 추정하기로 했다. 세일기간 동안의 입장객 수는 날씨와 요일에 다라 다르고 그 날의 기온에 따라 차이가 있을 것으로 판단되어 모형을 아래와 같이 설정하였다.

$y_i = a + bx_i + cw_i + dz_i$ (단, $y =$ 일별입장객수)

$x_i = \begin{cases} 1: \text{주말일 경우} \\ 0: \text{그렇지 않을 경우} \end{cases}$ (더미변수)

$w_i = \begin{cases} 1: \text{맑은날씨} \\ 0: \text{비, 눈이 오거나 흐린 날씨} \end{cases}$ (더미변수)

$z_i =$ 예측된 매일의 온도($^\circ C$)

30일간의 자료를 수집한 후 다음과 같은 모형을 만들었다.

$$y_i = -92 + 20x_i + 91w_i + 8z_i \text{ (단, } S_b = 9.2, \ S_c = 24, \ S_d = 3.9, \ r^2 = 0.62)$$

① 위 모형이 일별 입장객을 예측하는데 유용하다고 판단할 수 있는가? 유의수준 $\alpha = 0.05$를 사용하시오.

② 입장객의 평균 숫자가 주말에는 더욱 증가한다고 할 수 있는가? 유의수준 $\alpha = 0.10$를 사용하시오.

13.17 아래 표는 10개 지역의 평균소득(Y), 평균 교육년수(E), 그리고 농업종사자 비율(F)을 나타내고 있다.

지역	평균소득 (Y)(천$)	평균 교육년수 (E)(년)	농업종사자 비율 (F)(%)
1	6,228	11.2	1.7
2	6,311	10.6	2.1
3	6,315	10.8	7.1
4	5,254	10.8	18.9
5	4,810	9.7	8.9
6	3,891	8.8	18.4
7	4,645	10.1	9.0
8	5,670	12.1	8.3
9	6,671	12.2	3.1
10	6,731	12.5	2.9

① 평균소득은 평균 교육년수의 증가함수라고 가정하고, 다음 회귀선을 추정하시오.

$$Y_i = a_1 + b_2 E_i + e_{1i}$$

그리고 r^2, S_e 그리고 회귀계수의 표준오차를 구하시오.

② 평균소득은 농업종사자 비율의 감소함수라고 가정하고, 다음 회귀선을 추정하시오.

$$Y_i = a_2 + b_2 F_i + e_{2i}$$

그리고 r^2, S_e 그리고 회귀계수의 표준오차를 구하시오.

③ 평균 교육년수와 농업종사자비율이 평균소득에 미치는 영향을 다음 회귀선으로 추정하고 r^2, S_e 그리고 회귀계수의 표준오차를 구하시오.

$$Y_i = a + bE_i + cF_i + e_i$$

13.18 다음 자료를 이용하여 다중회귀모형을 추정한 결과 $y = -96.3499 + 0.0766x + 3.6067w$였다. 유의수준 $\alpha = 0.05$로 오차의 독립성을 DW 통계량으로 검정하시오.

기간(t)	판매량(만대)	기간(t)	판매량(만대)
1	15.7	9	26.2
2	19.1	10	25.8
3	17.6	11	30.1
4	19.3	12	38.3
5	27.3	13	34.6
6	20.1	14	45.8
7	24.5	15	40.2
8	29.9	16	47.3

CHAPTER

14 시계열분석

같은 종류의 통계자료를 일정한 순서에 따라 차례대로 배열한 것을 통계계열(statistical series)이라 하고, 이러한 통계계열을 시간의 흐름순으로 정렬한 것을 시계열(time series)이라 한다. 그리고 시계열 자료를 사용한 통계적 처리를 시계열 분석(time series analysis)이라 한다.

시계열 분석은 시계열 자료가 가진 변화패턴을 분석하거나, 시계열 자료가 가진 인과관계를 해석하여 미래의 현상을 예측하는 등 모든 시계열 자료의 분석과정을 말한다. 따라서 시계열 분석의 궁극적인 목적은 예측이며, 응용분야도 사회과학과 자연과학 등 여러 학문분야와 다양한 실무에서 중요하게 사용되고 있다.

본 장에서는 시계열 분석의 기본개념과 시계열 분석을 위해 많이 사용되는 평활법(smoothing)과 분해법(decomposition methods)을 설명하고자 한다.

14.1. 시계열 모형

시계열을 구성하는 통계자료는 관측된 결과를 변형없이 직접 표현한 것과 평균이나 비율과 같이 관측된 결과를 변형시켜 표현한 것이 있다. 그리고 시계열의 통계자료들은 동일한 방법에 의해 조사되거나 정의되어야 하고, 시간적으로 같은 간격으로 나열되어야 한다.

시계열 자료는 〈그림 14.1〉과 같이 선 그래프의 형태로 나타낼 수 있는데, 횡축에는 시간 간격을 표시하고 종축에는 시계열 자료에 따라 여러 종류의 변화량을 표시한다.

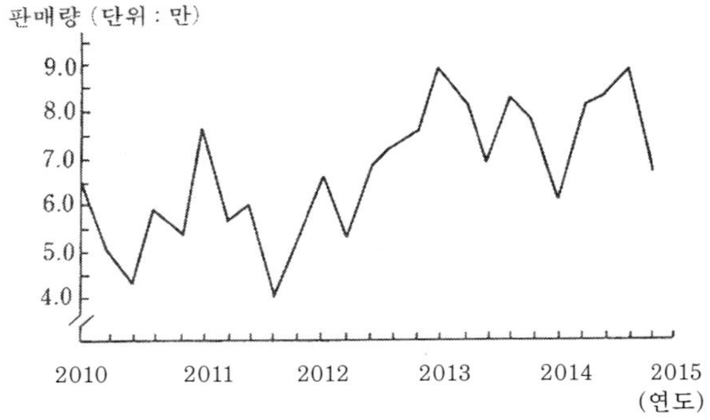

그림 14.1 연도별 승용차 판매량

〈그림 14.1〉의 시계열 자료는 2010년부터 2014년까지 어느 자동차 회사에서 판매한 승용차의 수를 연도별로 나타낸 것으로, 종축에는 시간단위(연도)가 횡축에는 해당 시간단위의 판매량을 나타내고 있다.

시계열 모형은 시계열 분석을 위해 구축된 모형으로 일종의 예측모형이다. 시계열 모형은 과거자료의 변동들이 미래에도 동일한 형태로 되풀이 된다는 것을 기본 가정으로 한다. 즉, 과거 시계열이 갖는 확률과정이 미래에도 동일한 확률과정으로 실현된다는 것이다. 시계열의 확률과정은 시간의 변화에 따라 일정하게 변화하는 안정적 확률과정과 시간의 변화에 따라 불규칙적으로 변화하는 불안정적 확률과정이 있다. 확률과정이 안정적일 때 파생되는 시계열(정상 시계열)은 〈그림 14.2〉에서 보는 바와 같이 일정한 수준(평균)을 중심으로 등락을 거듭하지만, 확률과정이 불안정적일 때(비정상 시계열)는 시간이 흐를수록 평행선상에서 벗어나 발산을 하게 된다.

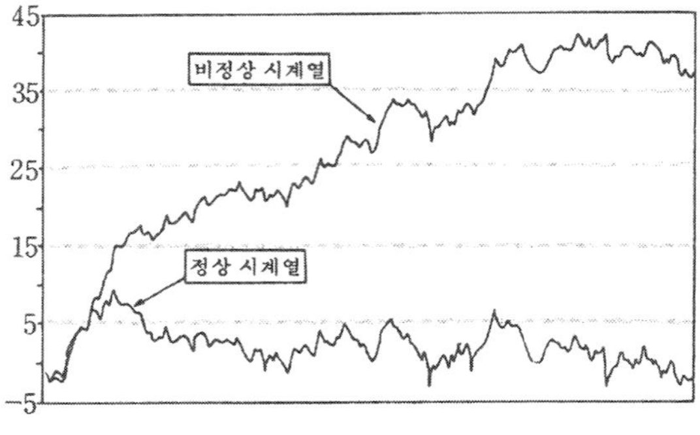

그림 14.2 정상 시계열과 비정상 시계열

안정적 확률과정에서 파생되는 시계열을 안정적 시계열 또는 정상 시계열이라 하고, 불안정적 확률과정에서 파생되는 시계열을 불안정 시계열 또는 비정상 시계열이라 한다.

시계열 분석에서 가장 중요한 문제는 분석하고자 하는 시계열이 가진 변동의 종류를 정확하게 파악하는 것이다. 시계열이 가진 변동의 종류에는 추세 변동(secular trend), 순환변동(cyclical variation), 계절변동(seasonal variation), 불규칙 변동(irregular variation) 등으로 구분되는데 각 변동의 성질은 다음과 같다.

1) 추세변동(secular tend T)

추세변동은 국민총생산(GNP), 인구변동, 수출입변동, 기타 경영 및 경제지표와 같이 시계열 자료가 장기적으로 시간흐름에 따라 증가 또는 감소하는 변동을 말한다. 추세변동을 경향변동이라고도 하며, 〈그림 14.3〉의 추세변동은 시계열의 장기적인 변동(long-term movement)이 증가하는 변동을 나타낸다.

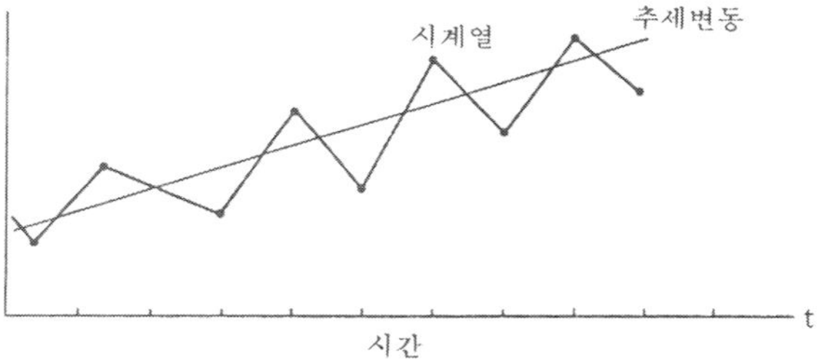

그림 14.3 추세변동

2) 순환변동(cyclical variation C)

순환변동은 경기동향, 실업률, 재고수준, 이자율과 같이 일정한 주기를 가지고 일정기간에 걸쳐 상하 반복적으로 변동하는 것을 말한다. 순환변동의 일반적인 형태는 〈그림 14.4〉와 같으며, 경기변동이 순환변동의 대표적인 경우이다. 순환의 주기는 비교적 단기적일 경우 2~3년이 되고, 중 · 장기적인 경우 5~10년이 된다.

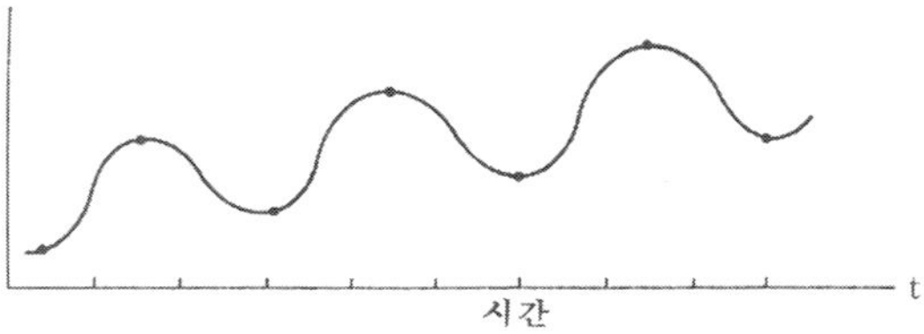

그림 14.4 순환변동

3) 계절변동(seasonal variation S)

계절변동은 〈그림 14.5〉와 같이 일정기간(년, 분기, 월, 주, 일 등)을 주기로 규칙적으로 발생하는 변동을 말한다.

계절변동의 예는 전력소비량과 백화점의 매출액, 그리고 고속도로 통행차량의 수를 들 수 있다. 즉, 전력소비량은 1년을 주기로 여름철이 가장 높은 소비량을 보이면서 반복하고, 백화점의 매출액은 12월이 가장 높은 매출액을 보이면서 매년 반복한다. 그리고 고속도로 통행차량은 1주일을 주기로 주말에 가장 많은 통행량을 보이면서 주별로 반복된다. 따라서 계절변동은 그 변화양상이 순환변동보다 더 규칙적인 경향이 있으며, 주로 단기적인 변동(short-term variation)을 나타낸다.

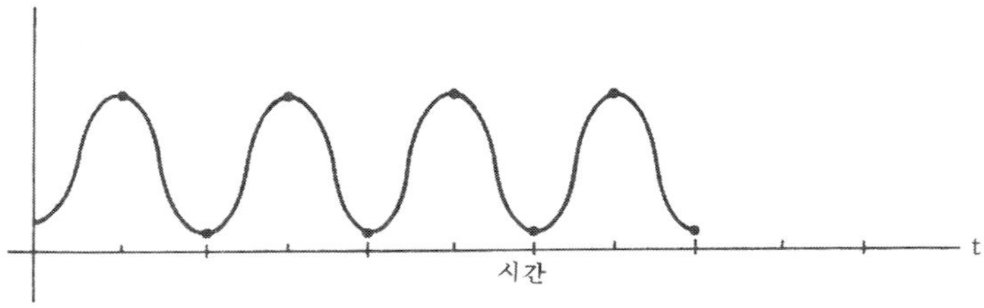

그림 14.5 계절변동

4) 불규칙 변동(irregular variation I)

불규칙 변동이란 거의 예측할 수 없는 예외적인 모양으로 나타나는 변동을 말한다. 이러한 불규칙 변동은 주로 전쟁, 홍수, 지진, 이상 기후 등 예측할 수 없는 원인 때문에 나타난다. 시계열 변동 중에서 추세변동, 계절변동, 순환변동을 뺀 나머지 변동부분으로 잔여변동이라고도 한다.

대부분의 시계열 자료는 지금까지 설명한 네 가지 변동들의 혼합형태로 나타난다. 따라서 시계열 분석을 통한 좋은 예측방법은 시계열 자료가 지니고 있는 변동의 형태를 정확히 찾아내고, 이들 변동을 잘 조합시켜 분석함으로써 가능하다.

14.2. 평활법

시계열 자료를 사용하여 미래 예측치를 구하는 가장 간단한 방법은 과거자료를 평활(smoothing)시켜 이것으로부터 예측치를 구하는 것이다. **평활**이란 〈그림 14.6〉과 같이 과거 자료에 내재한 불규칙 변동의 확률오차를 평준화 시켜 시계열의 변동과정을 쉽게 인식할 수 있도록 변화시키는 방법이다.

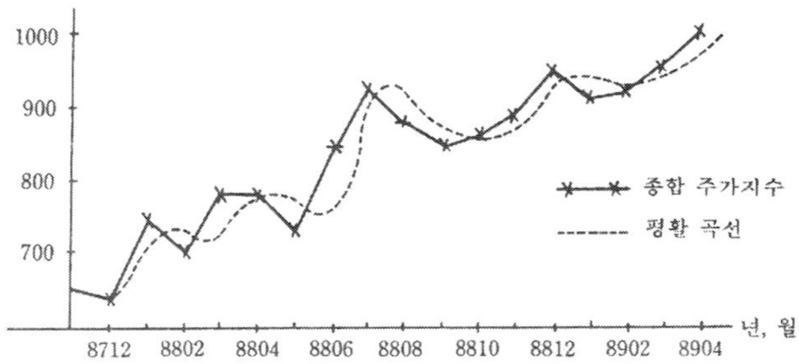

그림 14.6 월별 종합주가지수와 평활지수

평활법은 현재 사용되고 있는 예측기법들 중 가장 경험적인 예측기법으로, 이론 전개에 있어 통계적으로나 수학적으로 논리구조가 빈약하다. 반면 실제적용이 편리하고 계산이 간단하면서 정확한 예측값을 비교적 구할 수 있어 자주 사용되고 있다.

평활법에는 정상 시계열의 예측에 사용되는 단순 이동평균법(simple moving average method)과 단순 지수평활법(linear exponential smoothing method)이 있으며, 비정상 시계열의 예측에 사용되는 선형 이동평균법(linear moving average method)과 선형 지수평활법(linear exponential smoothing method), 2차(quadratic), 3차(cubic), 고차(higher order) 지수평활법 등이 있다. 본 장에서는 단순 이동평균법과 단순 지수평활법, 그리고 이중 이동평균법과 이중 지수평활법에 대하여 설명하고자 한다.

1) 이동평균법

정상 시계열(stationary time series) 분석에서 이동평균법이란 가장 최근의 시계열 자료부터 역으로 n개의 시계열 자료까지 평균값을 구하고, 이 값을 미래시계열의 예측치로 사용하는 방법이다. 시계열 자료의 평균값은 시간이 지남에 따라 평균계산에 포함되는 시계열 자료가 바뀌기 때문에 이동평균(moving average)법이라 한다. 단순 이동평균치는 n기간 동안의 시계열 자료를 더하고 이를 다시 n으로 나눈 수치로 다음 식으로 계산된다.

$$M_t = \frac{z_t + z_{t-1} + \cdots + z_{t-n+1}}{n}$$

단, $z_1, z_2, \cdots, z_t$은 시계열 관측치

위의 식에서 M_t는 미래인 $(t+l)$기의 예측값 F_{t+l}으로 사용된다. 예컨대 특정제품의 월별 판매량이 〈표 14.1〉과 같을 때, 2016년 6월의 3기간(n=3)의 이동평균($M_{16,6}$)은 다음과 같이 계산된다.

▌표 14.1 ▌ 최근 6개월간 판매량

년 · (t)	2016.1	2016.2	2016.3	2016.4	2016.5	2016.6	2016.7
판매량(A_t)	15	16	19	20	15	18	?

$$M_{16,6} = \frac{18+15+20}{3} = 17.7$$

따라서 $M_{16,6} = 17.7$은 2016년 7월의 판매량 예측치가 된다. 즉, $M_{16,7} = 17.7$이고 또한 2016년 5월의 3기간 이동평균치는 다음과 같다.

$$M_{16,5} = \frac{15+20+19}{3} = 18$$

그리고 이동평균기간 $n = 5$로 할 경우 $M_{16,6}$은 다음과 같다.

$$M_{16,6} = \frac{18+15+20+19+16}{5} = 17.6$$

즉, 최근 5개월의 판매량 평균은 17.6으로, 이는 2016년 7월의 평균 예측 판매량 $F_{16,7} = 17.6$이 된다. 〈표 14.1〉의 자료를 2016년 9월까지 확대시켜 3기간 이동평균에 의한 판매량 예측과 5기간 이동평균에 의한 판매량 예측이 〈표 14.2〉와 같다.

표 14.2 이동평균법에 의한 판매량 예측

년/월	판매량	3기간 이동평균	3기간 이동평균예측	5기간 이동평균	5기간 이동평균예측
2016.1	15	-	-	-	-
2	16	-	-	-	-
3	19	16.7	-	-	-
4	20	18.3	16.7	-	-
5	15	18.0	18.3	17.0	-
6	18	17.7	18.0	17.6	17.0
7	15	16.0	17.7	17.4	17.6
8	20	17.7	16.0	17.6	17.4
9	21	18.7	17.7	17.8	17.6

그리고 이동평균값은 다음 식으로도 계산할 수 있다.

$$M_t = M_{t-1} + \frac{z_t - z_{t-n}}{n}$$

예를 들어 2016년 7월의 3기간 이동평균을 계산하면,

$M_{t-1} = M_6 = 17.7,\ n = 3,\ z_t = z_7 = 15,\ z_{t-n} = z_4 = 20$이 된다. 따라서 위의 식을 용하면 $M_{16.7} = 17.7 + \frac{15-20}{3} = 16.0$가 되어 앞서 구한 결과 값과 동일하다.

그리고 〈표 14.2〉의 결과를 가지고 산점도를 나타내면 〈그림 14.7〉과 같다. 이동평균값은 일정 기간의 변동자료들을 평균함으로써 불규칙 변동, 계절변동, 순환변동 등을 제거시켜 자료의 흐름을 평활시키는게 목적이다. 그러므로 이동평균기간 n이 길어지면 길어질수록 평활의 효과는 더욱 뚜렷해 지지만 최근의 추세를 잘 반영할 수 없다는 단점이 있고, 반면에 이동평균기간이 짧아지면 최근의 추세는 잘 반영하지만 변동의 폭이 크다는 단점이 있다. 예컨대 〈그림 14.7〉에서 볼 수 있듯이 5기간 이동평균이 3기간 이동평균보다 평활의 효과가 커서 곡선이 더욱 평탄함을 알 수 있다.

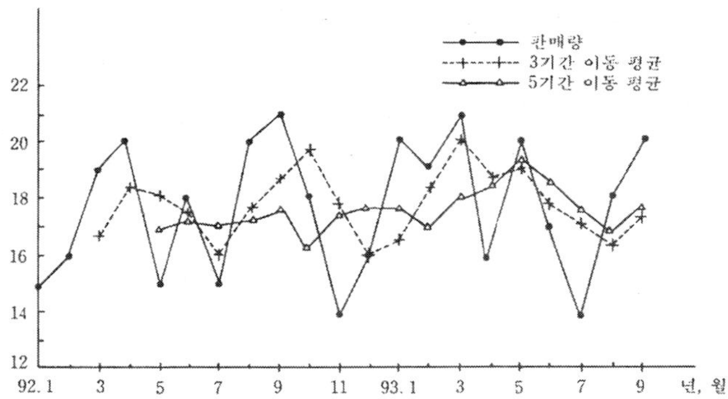

그림 14.7 3기간 이동평균과 5기간 이동평균

2) 지수평활법

앞서 설명한 이동평균법의 예측방법에는 두 가지 문제점이 있다. 첫째는 이동평균을 계산하기 위해 최근 n기간 동안의 시계열 자료가 있어야 하고, 또한 최초 n기간 내의 자료들은 이동평균을 계산할 수 없어 자료의 손실이 따른다는 것이다. 둘째는 최근 n개의 시계열 값에 동일한 비중을 두고 미래 시계열을 계산하고, 아울러 n기간 이전의 시계열은 계산에서 제외되므로 이 기간의 자료 정보는 완전히 무시된다는 것이다.

지수평활법(simple exponential smoothing method)은 이러한 문제점을 감안하여 최근의 자료가 과거의 자료보다 미래를 더 잘 반영한다는 전제하에서 가중치를 지수적으로 감소시키면서 미래 예측치를 계산하는 방법이다. 그러므로 지수평활법은 이동평균법의 단점을 보완시킨 정상시계열에서의 예측방법으로, 두 개의 관측값만 있으면 미래의 시계열을 예측 할 수 있다.

지수평활법을 식으로 나타내면 다음과 같다.

$$F_{t+l} = S_t = \alpha z_t + (1-\alpha)S_{t-l}$$

위의 식에서 S_t은 현재 시점인 t시점에서의 지수평활값(smoothed value)이며, 이는 l기간 후의 예측값 F_{t+l}이 된다. 그리고 α은 평활계수(smoothing constant)로 그 값은 가중치의 역할을 하며 범위는 $0 \le \alpha \le 1$이 된다. 가령 미래시차 $l=1$이면 $S_t = \alpha z_t + (1-\alpha)S_{t-1}$이고, $S_{t-1} = az_{t-1} + (1-\alpha)S_{t-2,}$ $S_{t-2} = az_{t-2} + (1-\alpha)S_{t-3,}$ $S_{t-3} = az_{t-3} + (1-\alpha)S_{t-4}, \cdots,$ $S_{t-k} = \alpha z_{t-k} + (1-\alpha)S_{t-k-1}$가 된다. 즉,

$$S_t = \alpha z_t + (1-\alpha)\{a z_{t-1} + (1-\alpha)S_{t-2}\} = \alpha z_t + \alpha(1-\alpha)z_{t-1} + (1-\alpha)^2 S_{t-2}$$
$$= \alpha z_t + \alpha(1-\alpha)z_{t-1} + \alpha(1-\alpha)^2 z_{t-2} + (1-\alpha)^3 S_{t-3}$$
$$= \alpha z_t + \alpha(1-\alpha)z_{t-1} + \alpha(1-\alpha)^2 z_{t-2} + \alpha(1-\alpha)^3 z_{t-3} + (1-\alpha)^k S_{t-k}$$ 이다.

따라서 S_t를 계산하기 위해 사용되는 각 기간별 가중치는 다음과 같다.

$$\alpha \ge \alpha(\alpha-1) \ge \alpha(\alpha-1)^2 \ge \cdots \ge \alpha(1-\alpha)^{k-1}$$

그러므로 지수평활법은 최근 자료에 더 큰 비중을 두고 예측치를 계산하는 방법으로, 과거의 모든 실제치의 지수적 가중평균치임을 알 수 있다.

지수평활법을 실제문제에 적용할 경우, 가장 중요한 것은 평활계수 α를 결정하는 문제이다. α는 평활의 정도를 나타내는 계수로 실제치와 예측치의 오차에 대한 반응의 정도를 나타낸다. 따라서 α가 클수록 예측치는 실제치를 더 가까이 따라가기 때문에 평활의 효과가 작은 대신, α가 작으면 예측치는 실제치와 멀어지나 평활의 효과는 커지게 된다.

〈표 14.3〉과 〈그림 14.8〉은 어느 맥주 생산회사의 맥주수요에 대한 지수평활 예측치로, 평활계수 $\alpha = 0.1$, $\alpha = 0.5$, $\alpha = 0.9$일 때 월별 예측치를 계산한 것이다. 〈표 14.3〉의 자료에서는 1월 이전의 0시점(0월)의 관측값이 없으므로 초기 관측값 z_1을 초기 예측값 F_2(또는 지수평활값 S_1)로 사용하여 계산하였다.

표 14.3 **지수평활법에 의한 맥주수요 예측**

월	수요(z_t)	지수평활값		
		$\alpha = 0.1$	$\alpha = 0.5$	$\alpha = 0.9$
1	250.0	-	-	-
2	185.0	250.00	250.00	250.00
3	245.0	243.50	217.50	191.50
4	247.0	243.65	231.25	239.15
5	360.0	243.99	239.13	246.22
6	225.0	255.59	299.57	348.62
7	205.0	252.53	262.29	237.36
8	180.0	247.78	233.65	208.24
9	270.0	241.00	206.83	182.82
10	327.5	243.90	238.42	261.28
11	285.0	252.26	282.96	320.88
12	-	255.53	283.98	288.59

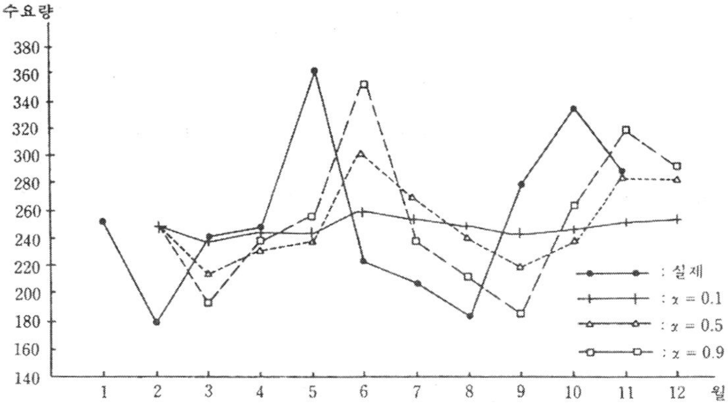

그림 14.8 맥주수요량과 지수평활값

예를 들어 〈표 14.3〉에서 12월의 지수평활값(또는 예측값) 255.53은 위의 식으로부터 $\alpha = 0.1$인 경우이다. 즉,

$F_{12} = S_{11} = \alpha z_{11} + (1-\alpha)S_{10} = (0.1)(285.0) + (0.9)(252.26) = 255.53$ 이다.

같은 방법으로 $\alpha = 0.9$일 때 12월의 예측값은 다음과 같다.

$$F_{12} = S_{11} = (0.9)(285.0) + (0.1)(252.26) = 288.59$$

이와 같이 평활계수 α값에 따라 예측값이 달라짐을 알 수 있는데, 〈그림 14.8〉에서 볼 수 있듯이 α값이 클 때 평활의 효과가 작게 나타나고, α값이 작을 때는 평활의 효과가 크게 나타난다. 이러한 평활계수 α값은 사전에 미리 결정될 수 없기 때문에 과거 시계열에서 α값을 적용시킨 예측값과 실제값과의 차이, 즉 평균제곱오차(mean squared error; MSE)가 가장 적은 α값을 선택하여야 한다. MSE는 다음 식으로 계산된다.

$$MSE = \sum_{t=1}^{n} (S_t - z_{t+1})^2 / (n-1)$$

예컨대 〈표 14.3〉에서 $\alpha = 0.1$, $\alpha = 0.5$, $\alpha = 0.9$에 대한 각 지수평활값에 대한 평균제곱오차(MSE)는 다음과 같이 계산된다.

$\alpha = 0.1$인 경우 $MSE = 3{,}438.76$

$\alpha = 0.5$인 경우 $MSE = 4{,}348.99$

$\alpha = 0.9$인 경우 $MSE = 5{,}049.41$

따라서 MSE가 최소인 $\alpha = 0.1$이 가장 적절한 평활계수가 된다. 〈표 14.3〉의 자료는 α값이 0에 접근할수록 더 좋은 평활계수가 되는데, 이는 〈표 14.3〉의 시계열 자료가 완전한 정상 시계열에 가깝다는 것을 의미한다.

3) 이중 이동평균법

이중 이동평균법(double moving average method)은 시계열 자료의 이동평균을 다시 이동평균시킨 것으로, 〈그림 14.2〉와 같이 추세(trend)요인이 포함된 비정상 시계열에 널리 사용되는 평활기법이다. 이중 이동평균법을 선정 이동평균법(linear moving average method)이라고도 하며, 다음 식으로 정의된다.

$$t\text{시점의 이동평균}: M_t = \frac{Z_t + Z_{t-1} + \cdots + Z_{t-n+1}}{n}$$

$$t\text{시점의 이중 이동평균}: DM_t = \frac{M_t + M_{t-1} + \cdots + M_{t-n+1}}{n}$$

예를 들어 〈표 14.4〉는 완전 선형추세를 가진 비정상 시계열의 관측값을 기간 $t = 4$로 하여 이동평균법과 이중 이동평균법으로 계산한 표이다.

표 14.4 추세요인을 가진 비정상 시계열의 예측

시점	관측값	이동평균($n=4$)	이중 이동평균($n=4$)	$M_t - DM_t$
1	1	-	-	-
2	3	-	-	-
3	5	-	-	-
4	7	4	-	-
5	9	6	-	-
6	11	8	-	-
7	13	10	7	3
8	15	12	9	3
9	17	14	11	3
10	19	16	13	3

〈표 14.4〉에서 4번째 열은 이중 이동평균치로, 시계열이 완전 선형추세일 때는 실제 관측치보다 작은 값으로 계산된다. 〈표 14.4〉의 5번째 열이 실제 관측치와의 차이로, 실제 관측치의 과소 추정분($M_t - DM_t$)이 된다. 과소 추정분을 예측오차라 하는데, 예측오차

를 이용하면 관측치 Z_t의 예측치 F_t는 다음 식으로 계산할 수 있다.

$$F_t = M_t + (M_t - DM_t) = 2M_t - DM_t$$

즉, t시점의 예측치 F_t는 t시점의 이동평균에 예측오차를 더함으로써 계산할 수 있다. 그러나 위의 식은 t시점에서의 예측값이므로 $(t+l)$시점의 예측치 F_{t+l}을 구하는 데는 이용할 수 없다.

따라서 위의 식에서 추세변동 요인인 예측오차를 더함으로써 $(t+l)$시점의 예측값을 계산할 수 있다.

$$F_{t+l} = F_t + b_t \cdot l$$

단, b_t(t시점의 추세변동비) $= \frac{2}{n-1}(M_t - DM_t)$

l: 미래시차

예컨대 〈표 14.4〉의 $t = 10$에서 추세변동비는 다음과 같이 계산된다.

$$b_{10} = \frac{2}{4-1}(16-13) = 2$$

그러므로 미래시점 $t = 11$에서의 예측값을 계산하면 $F_{11} = F_{10} + b_{10}$인데, 여기서 F_{10}을 계산하면 $F_{10} = 2 \cdot M_{10} - DM_{10} = 2 \cdot 16 - 13 = 19$이고 $F_{11} = 19 + 2 \cdot 1 = 21$이 된다.

또 다른 예로 〈표 14.5〉는 확률오차를 포함한 비정상 시계열인 어느 상품의 월별 재고량을 이중 이동평균법으로 예측한 것이다. 〈표 14.5〉의 마지막 열인 예측값 (F_{t+1})은 다음과 같이 계산된다. 예컨대 2016년 6월에 계산된 7월의 예측값 136.7은, 우선 2016년 6월에서 3기간의 단순 이동평균을 계산한다.

$$M_6 = \frac{Z_4 + Z_5 + Z_6}{3} = \frac{121 + 119 + 116}{3} = 118.7$$

❙ 표 14.5 ❙ 이중 이동평균법에 의한 재고량 예측

년 월	재고량	이동평균($n=3$)	이중 이동평균($n=3$)	F_t	b_t	예측값(F_{t+1})
2016. 1	114	-	-	-	-	-
2	117	-	-	-	-	-
3	120	117.0	-	-	-	-
4	121	119.3	-	-	-	-
5	119	120.0	118.8	121.2	1.2	-
6	116	118.7	119.3	118.1	-0.6	122.4
7	120	118.3	119.0	117.6	-0.7	117.5
8	126	120.7	119.2	122.2	1.5	116.9
9	122	122.7	120.6	124.8	2.1	123.7
10	124	124.0	122.5	125.5	1.5	126.9
11	127	124.3	123.7	124.9	0.6	127.0
12	130	127.0	125.1	128.9	1.9	125.5

아울러 6월에서 3기간의 이중 이동평균을 계산한다.

$$MD_6 = \frac{M_4 + M_5 + M_6}{3} = \frac{119.3 + 120.0 + 118.7}{3} = 119.3$$

그리고 6월에서의 예측치 F_t와 추세 변동비 b_t는 다음과 같이 계산된다.

$$F_6 = 2M_6 - DM_6 = 2(118.7) - 119.3 = 118.1$$

$$b_6 = \frac{2}{n-1}(M_6 - DM_6) = \frac{2}{3-1}(118.71 - 119.31) = -0.6$$

따라서 1시점 ($l=1$) 미래계열의 예측값은 다음과 같다.

$$F_7 = F_6 + b_6 \cdot l = 118.1 - 0.6(1) = 117.5$$

그리고 〈표 14.4〉의 산점도는 〈그림 14.9〉와 같다.

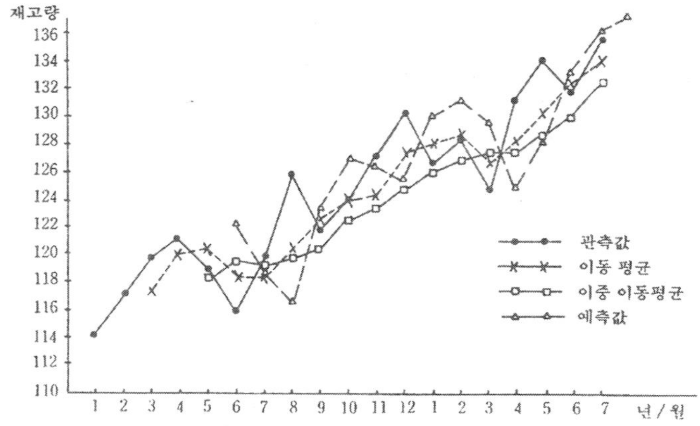

그림 14.9 재고량 예측 산전도

4) 이중 지수평활법

이동평균법의 단점을 보완하기 위해 지수평활법이 제안된 것과 같이, 이중 이동평균법의 단점을 보완하기 위해 이중 지수평활법(double exponential smoothing)이 제안되었다. 이중 이동평균법의 단점은 단순 이동평균법의 단점과 같이 미래 시계열을 예측하는데 $(2n-1)$개의 최근 시계열 자료가 있어야 하고, 또한 예측을 함에 있어 과거 시계열의 관측치 모두에게 동일한 가중치를 두고 계산한다는 것이다. 따라서 이중 지수평활법은 이러한 단점을 보완시킨 시계열 분석법으로 세 개의 관측값과 평활계수인 α값만 있으면 계산이 가능한 방법이다. 아울러 관측시점이 과거로 거슬러 감에 따라 예측에 미치는 영향이 지수적으로 줄어들게 하여 시계열을 계산한다.

이중 지수평활법을 선형 지수평활법(linear exponential smoothing)이라고도 하며 논리적인 체계는 이중 이동평균법과 동일하다. 즉, 이중 이동평균법이 이동평균 M_t를 다시 이동평균시킨 것과 같이 이중 지수평활법도 지수평활 $S_t = \alpha Z_t + (1-\alpha)S_{t-1}$를 다시 지수평활시킨 것으로 이중 지수평활 DS_t는 다음 식과 같다.

$$DS_t = \alpha S_t + (1-\alpha)DS_{t-1}$$

단, α : 지수평활계수 S_t : 단순지수평활값

위의 식에서 단순지수평활 $S_t = \alpha z_t + (1-\alpha)S_{t-1}$는 이중 이동평균법에서와 같이 추세요인을 포함한 비정상 시계열에서는 실제 시계열치 z_t를 과소추정하게 된다. 그러므로 과소 추정분 $(S_t - DS_t)$를 S_t에 합하여 t시점의 예측 값으로 이용한다. 즉, t시점의

예측 값 $F_t = S_t + (S_t - DS_t)$가 된다. 이중 지수평활법에 의한 예측 방정식은 다음과 같이 F_t에 미래 시계열의 추세 변동치를 합한 식이 된다.

$$F_{t+l} = F_t + b_t \cdot l$$

단, b_t(t시점의 추세변동비) $= \dfrac{\alpha}{1-\alpha}(S_t - DS_t)$

l: 미래시차

예를 들어 〈표 14.5〉의 재고량 자료를 평활계수 $\alpha = 0.2$로 이중 지수평활법으로 예측하면 〈표 14.6〉과 같다. 〈표 14.6〉에서 마지막 열이 이중 지수평활법에 의한 1시점의 예측치로, 예를 들어 2016년 6월의 예측치를 구하면 다음과 같다.

$$F_{16,\,6} = F_{16,\,5} + b_t \cdot l = 119.1 + 0.475.1 = 119.575 \approx 119.6$$

여기서 $F_{16,\,5}$는 〈표 14.6〉의 다섯 번째 열로 $F_t = S_t + (S_t - DS_t)$를 이용하여 구한 값이다.

$$F_{16,\,5} = 2S_{16,\,5} - DS_{16,\,5} = 2(117.2) - 115.3 = 119.1$$

▎표 14.6 ▎ 이중 지수평활법에 의한 재고량 예측

년 월	재고량(Z_t)	지수평활값(S_t), $\alpha=0.2$	이중 지수평활값(DS_t)	F_t	b_t	1시점 예측값(F_{t+1})
2016.1	114	114.0	114.0	114.0	-	-
2	117	114.6	114.1	115.1	0.125	-
3	120	115.7	114.4	117.0	0.325	115.2
4	121	116.8	114.9	118.7	0.475	117.3
5	119	117.2	115.3	119.1	0.475	119.2
6	116	117.0	115.6	118.4	0.350	119.6
7	120	117.6	116.0	119.2	0.400	118.8
8	126	119.3	116.7	121.9	0.650	119.6
9	122	119.8	117.4	122.2	0.600	122.6
10	124	120.6	118.0	123.2	0.650	122.8
11	127	121.9	118.8	125.0	0.775	123.9
12	130	123.5	119.7	127.3	0.950	125.8

그리고 $b_{16,\,5}$는 〈표 14.6〉의 여섯 번째 열로 다음 식으로 계산된다.

$$b_{16,\,5} = \frac{\alpha}{1-\alpha}(S_{16,\,5} - DS_{16,\,5}) = \frac{0.2}{1-0.2}(117.2 - 115.3) = 0.475$$

〈표 14.6〉에서 $t=0$일 때의 지수평활값과 이중 지수평활값은 직접 관측된 자료로 계산할 수 없어 $t=1$일 때의 관측값 Z_1을 S_1과 DS_1으로 사용한다. 〈표 14.6〉의 계산결과를 산점도로 나타내면 〈그림 14.10〉과 같다.

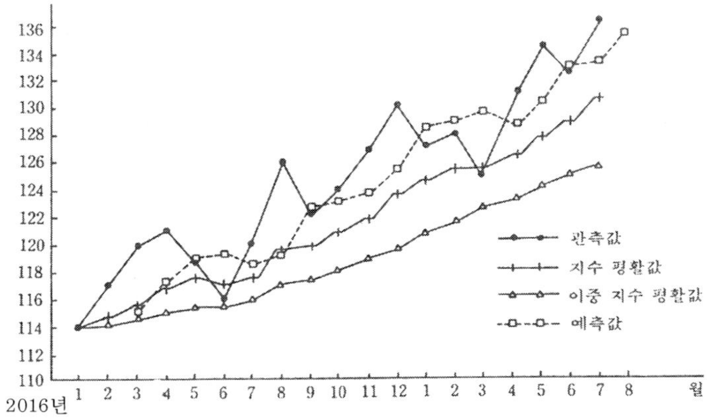

그림 14.10 이중 지수평활법에 의한 재고량 예측 산점도

이중 지수평활법의 단점도 평활계수 α값을 사전에 정할 수 없다는 것이다. 따라서 최적 예측을 위한 α값은 단순 지수평활법에서와 같이 평균제곱오차(MSE)를 최소화시키는 α값을 찾아서 결정하여야 한다.

14.3. 분해법

앞 절에서 설명한 평활법은 시계열 자료의 평활을 통하여 확률적 변동을 제거시킴으로써 시계열 자료를 분석하는 방법이다. 그러나 평활법은 시계열 자료에 포함된 변동요인(추세변동, 순환변동, 계절변동, 불규칙 변동 등)들을 개별적으로 식별할 수 없다는 단점이 있다.

만일 과거의 시계열 자료로부터 변동요인인 추세변동, 순환변동, 계절변동, 불규칙 변동 등을 분리시킬 수 있다면 미래시점에서의 각 변동요인들의 개별 예측치를 구할 수 있고, 이를 다시 조합시켜 미래의 시계열을 예측할 수 있다.

이와 같이 분해법(decomposition method)은 시계열 자료들로부터 각 변동요소들을 분리시켜 그 특성을 고찰함으로써 미래의 시계열을 예측하는 방법이다. 분해법은 미래 시계열의 예측뿐만 아니라 계절성, 순환성과 같은 시계열의 변동요인들에 대한 정보와 이들의 영향분석 등이 가능하다는 점에서 대단히 유용한 기법이다.

분해법은 각 변동요인들의 상호관계에 따라 가법모형(additive model)과 승법모형(multiplicative model)으로 구분되는데, 전자는 각 변동요인들이 상호 독립적인 경우이고, 후자는 상호 종속적인 경우이다.

1) 승법모형

승법모형은 시계열 자료 Y가 4가지 변동요소인 추세변동(T), 계절변동(S), 순환변동(C), 불규칙 변동(I)과 상호 곱의 관계가 있다고 가정한다. 즉, 승법모형은 다음 식으로 표현되며 비례모형이라고도 한다.

$$Y = T \times S \times C \times I$$

위의 식과 같이 승법모형은 비록 네 가지의 변동요소가 서로 다른 원인 때문에 발생하지만 상호 영향을 미친다고 가정한다.

승법모형을 설명하기 위해 〈표 14.7〉에 나타나 있는 우리나라의 분기별 맥주소비량을 예로 보면 다음과 같다. 〈표 14.7〉의 산점도는 〈그림 14.11〉과 같으며, 그림에서 볼 수 있듯이 맥주소비량은 상향추세와 함께 분기에 따른 계절변동이 있음을 알 수 있다.

(1) 추세 및 순환변동의 분석

추세변동, 순환변동, 계절변동, 불규칙 변동 등 네 가지 요소 중에서 추세(T)와 순환변동(C)을 분석하기 위해 시계열 자료에서 계절변동(S)과 불규칙 변동(I)을 제거해야 한다. 계절변동과 불규칙 변동은 앞서 공부한 바와 같이 시계열 자료를 이동평균시킴으로써 계절변화에 따른 수요변동을 제거할 수 있고, 아울러 평활에 따른 불규칙 변동도 제거된다.

┃표 14.7┃ 분기별 맥주소비량

연도	분기	일련번호	소비량(kl)	4개 분기 이동평균	2기간 수정 이동평균	T	C
2013	1	1	21.7			25.6	
	2	2	43.7	34.5		27.4	1.1986
	3	3	46.7	35.4	35.0	29.2	1.1254
	4	4	26.0	34.6	35.0	31.1	1.0547
2014	1	5	25.3	34.8	34.7	32.9	1.0172
	2	6	40.3	35.9	35.4	34.8	0.9918
	3	7	47.7	36.6	36.3	36.6	0.9531
	4	8	30.3	36.6	36.6	38.4	0.8983
2015	1	9	28.0	35.8	36.2	40.3	0.8622
	2	10	37.0	36.8		42.1	0.8568
	3	11	52.0			44.0	0.8930
	4	12	30.1			45.8	

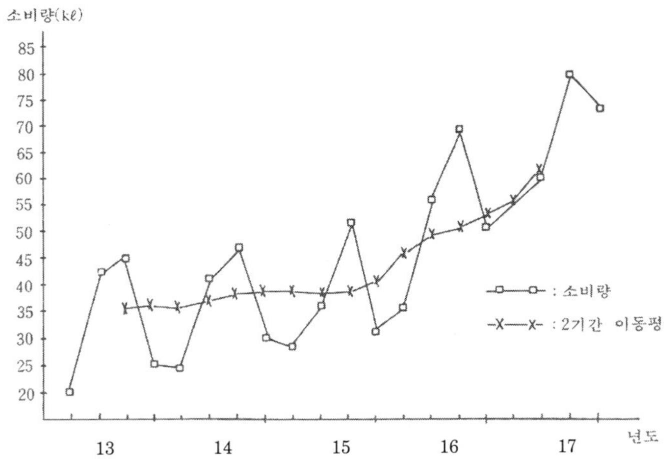

그림 14.11 맥주소비량의 이동평균

〈표 14.7〉은 분기별 시계열 자료이므로 네 개 분기(연간 자료)의 소비량을 이동평균하면 계절 및 불규칙 변동을 제거할 수 있다. 즉, 〈표 14.7〉의 (5)열이 계절과 불규칙 변동이 제거된 자료로 각 분기의 중간 위치에 기술되어 있다. 예컨대 2013년 1분기에서 4분기까지의 맥주소비량의 평균이 34.5인데 이 값은 2분기와 3분기의 중간인 2.5분기의 값이란 뜻이다. (5)열의 이러한 중간분기의 문제를 해결하기 위해 (5)열에서 인접한 두 개의 이동평균을 다시 이동평균하고, 이를 (6)열에 기술하였다. 예컨대 (5)열의 2013년 2.5분기의 값 34.5와 2013년 3.5분기의 값을 35.4를 다시 평균한 값 35.0을 (2.5분기+

3.5분기)/2=3분기로 계산하여 (6)열에 기술하였다.

따라서 〈표 14.7〉의 (6)열값은 승법모형의 $(T\times S\times C\times I)$에서 $(S\times I)$가 제거되고 $(T\times C)$로 구성된 시계열 자료이다. 〈그림 14.11〉에서 원소비량의 시계열 자료와 (6)열의 시계열 자료 $(T\times C)$가 도시화되어 있는데, 그림에서 볼 수 있듯이 $(S\times I)$가 평활되고 나머지 $(T\times C)$의 자료가 상향추세임이 명확하게 나타나 있다. 〈그림 14.11〉에서 $(T\times C)$그래프를 선형추세라 하면, $(T\times C)$의 시계열에서 시간을 독립변수로 한 단순회귀분석으로 추세변동(T)을 분석할 수 있다. 이 때 독립변수는 시간 t가 되는데, 〈표 14.7〉의 자료에서는 t가 3번째 열인 일련번호가 된다. 따라서 추정회귀식은 다음 식으로 표시할 수 있다.

$$T_i = A + B_t$$

단, T_i : i시점의 맥주소비량

A : 절편

B : 추세선의 기울기

〈표 14.7〉의 자료를 이용하여 회귀분석하면 $B = 1.84$, $A = 23.71$이 된다. 따라서 추세선은 $T_i = 23.71 + 1.84t$가 되는데, 〈표 14.7〉의 (7)열이 $t=1$에서 $t=20$까지 대입하여 추세변동 T를 분석한 것이다.

다음은 $(T\times C)$의 시계열에서 순환변동 C를 분석할 수 있다. 순환변동은 추세변동과의 곱으로 되어 있으므로 다음과 같이 추세변동 T로 나누면 된다. 즉, $C = \frac{T\times C}{T}$이므로 〈표 14.7〉의 (8)열 C값이 순환변동치이다.

(2) 계절 및 불규칙 변동의 분석

계절변동(S)과 불규칙 변동(I)을 분석하기 위해서는 승법모형 $Y = T\times S\times C\times I$에서 Y값을 추세변동과 순환변동으로 나누면 된다.

$$\frac{Y}{T\times C} = \frac{T\times S\times C\times I}{T\times C} = S\times I$$

〈표 14.7〉의 맥주소비량의 자료로 $(S\times I)$를 계산하면 〈표 14.8〉과 같다. 〈표 14.8〉에서 계산한 (5)열의 $(S\times I)$ 값을 2013년부터 2015년까지 분기별로 평균을 내면 평활의 효과가 있어 불규칙 변동(I)이 제거되고 계절변동 S만 남게 된다. 따라서 계절변동 S를 분석하

기 위해 〈표 14.8〉의 계절변동 S만을 정리하여 계산한 것이 〈표 14.9〉인데, 〈표 14.9〉의 마지막 행의 수정평균이 계절변동을 나타내는 계절지수(seasonal index)가 된다.

▌표 14.8▐ 맥주소비량의 $(S\times I)$ 계산

연 도	분 기	소비량 $T\times S\times C\times I$	$T\times C$	$S\times I$	S	I
2013	1	21.7			0.7631	
	2	43.7			1.0958	
	3	46.7	35.0	1.3343	1.3602	0.9905
	4	26.0	35.0	0.7429	0.7689	0.9110
2014	1	25.3	34.7	0.7291	0.7631	0.9553
	2	40.3	35.4	1.1384	1.0789	1.0598
	3	47.7	36.3	1.3141	1.3602	0.9755
	4	30.3	36.6	0.8279	0.7089	1.0152
2015	1	28.0	36.2	0.7735	0.7631	1.0135
	2	37.0	36.3	1.0193	1.0958	0.9489
	3	52.0	37.7	1.3793	1.3602	1.0239
	4	30.1	40.9	0.7359	0.7089	0.9024

계절지수는 매월의 변량을 1년간의 월 평균치에 대한 비율(또는 백분율)로 표시하거나, 각 분기별 변량을 분기평균에 대한 비율로 표시한다. 따라서 1년이 12개월이므로 1년 동안의 계절지수의 합은 12가 되고, 분기별 계절지수의 합은 4가 된다.

▌표 14.9▐ 계절변동의 분석

연도 \ 분기	1	2	3	4	합 계
2013			1.3343	0.7429	
2014	0.7291	1.1384	1.3141	0.8279	
2015	0.7735	1.0193	1.3793	0.7359	
평균	0.7513	1.0789	1.3392	0.7689	3.9383
수정평균	0.7631	1.0958	1.3602	0.7089	4.0000

그러므로 〈표 14.9〉의 평균 합계가 3.9555이므로 이를 4가 되도록 각 분기별 지수를 수정하여야 하는데, 이를 수정한 것이 〈표 14.9〉의 수정평균(수정계절지수)이다.

〈표 14.9〉에서 계산한 계절지수를 〈표 14.8〉에 옮기면 S 열이 되는데, 우리는 여기서 불규칙 변동 I을 고려할 수 있다. 즉, 〈표 14.8〉의 $(S\times I)$열을 S로 나누면 불규칙 변동 I를 구할 수 있다.

(3) 미래 예측치 계산

과거 시계열 자료로부터 추세변동, 순환변동, 불규칙 변동을 분리시켰다면, 이 중에서 불규칙 변동을 제외한 세 가지 변동요인을 이용하여 미래의 시계열을 예측할 수 있다. 미래 시계열을 예측하기 위해 추세변동은 추세식 $T_i = A + B_t$에서 구하고, 계절변동은 〈표 14.9〉에서 구한 계절지수를 이용한다. 그런데 순환변동의 경우는 계절변동과 같이 일정한 주기를 갖는 것이 아니기 때문에 예측의 어려움이 있다.

따라서 순환변동요인을 포함시켜 예측하는 것이 오히려 오차를 더 크게 할 수 있어 여기서는 순환변동을 예측에 포함시키지 않고 추세와 계절변동만을 이용하여 〈표 14.7〉의 맥주소비량을 2016년 1분기부터 4분기까지를 예측하고자 한다. 즉, 맥주소비량의 예측은 우선 추세 및 순환변동의 분석에서 구한 추세식 $T_i = 23.71 + 1.84t$를 이용하여 T 값을 구하고, t값으로 일련번호 13, 14, 15, 16을 대입한다. 그리고 〈표 14.9〉의 분기별 계절지수를 적용시켜 ($T\times S$)로 예측치를 계산하면 〈4.10〉과 같다.

표 14.10 맥주소비량의 예측

연 도	분 기	일련번호	T	S	$T\times S$ (예측치)
2016	1	13	47.63	0.7631	36.35
	2	14	49.47	1.0958	54.21
	3	15	51.31	1.3602	69.79
	4	16	53.15	0.7089	36.68

2) 가법모형

가법모형은 시계열 자료 Y가 4가지 변동요소인 추세변동(T), 계절변동(S), 순환변동(C), 불규칙 변동(I)들이 합의 관계가 있다고 가정한다. 즉, 가법모형은 다음 식으로 표현된다.

$$Y = T + S + C + I$$

위의 식 가법모형은 앞서 설명한 승법모형과 비슷한 절차에 의해 각 변동요소들이 분석된다. 가법모형의 분석방법을 설명하기 위해 승법모형에서 이용한 〈표 14.7〉의 시계열 자료를 이용하고자 한다.

(1) 추세변동의 분석

가법모형에서 추세변동을 분석하는 방법은 승법모형과 동일하다. 즉, 〈표 14.7〉의 분기별 맥주소비량의 자료를 가지고 추세변동 T를 분석하면 〈표 14.11〉의 T열과 같다.

가법모형에서 추세변동을 분석하기 위해서는 승법모형에서와 같이 우선 일년간의 자료를 이동평균하여 불규칙 변동(I)과 계절변동(S)을 평활하여야 한다. 네 개 분기(1년간 자료)를 이동평균한 결과가 〈표 14.11〉의 (5)열에 나타나 있고, 이를 수정한 이동평균이 (6)열에 나타나 있다. 수정이동평균이 〈표 14.7〉의 승법모형과 동일하므로 추세변동 T도 같아지게 된다. 따라서 추세변동을 나타내는 추세선이 승법모형에서의 추세선 $T = 23.71 + 1.84t$와 같게 되고, 이 추세선에 따라 추세변동을 계산하면 〈표 14.11〉의 T열이 된다.

(2) 계절변동의 분석

〈표 14.11〉에서 수정이동평균은 시계열 자료 Y에서 계절변동 S와 불규칙 변동 I가 제거된 수치이다. 즉, 〈표 14.11〉의 (6)열은 $Y = T + S + C + I$에서 $(S + I)$가 제거된 $(T + C)$의 변동치이다. 그리고 Y에서 $(T + C)$를 빼면 $(S + I)$의 변동치만 남게 된다. 즉,

표 14.11 가법모형의 추세변동분석

연도	분기	일련번호	소비량(kl)(4)	4개 분기 이동평균	2기간 수정 이동평균	T	$S+I$
2013	1	1	21.7			25.6	
	2	2	43.7	34.5		27.4	
	3	3	46.7	35.4	35.0	29.2	11.7
	4	4	26.0	34.6	35.0	31.1	9.0
2014	1	5	25.3	34.8	34.7	32.9	−9.4
	2	6	40.3	35.9	35.4	34.8	4.9
	3	7	47.7	36.6	36.3	36.6	11.4
	4	8	30.3	36.6	36.6	38.4	−6.3
2015	1	9	28.0	35.8	36.2	40.3	−8.2
	2	10	37.0	36.8	36.3	42.1	0.7
	3	11	52.0			44.0	
	4	12	30.1			45.8	

$$Y - (T + C) = T + C + S + I - (T + C) = S + I$$

이다. 따라서 〈표 14.11〉의 $(S + I)$열이 계절변동과 불규칙 변동의 합이 된다. 승법모형

에서와 같이 각 분기별로 계산된 $(S+I)$를 여러 연도에 걸쳐 평균하면, 불규칙 변동 I가 평활되어 제거된다. 즉, 불규칙 변동 I를 제거하기 위해 〈표 14.11〉의 $(S+I)$열을 분기별로 정리하여 평균하면 〈표 14.12〉와 같이 계절지수를 구할 수 있다.

▎표 14.12 ▎ 가법모형의 계절지수

연도 \ 분기	1	2	3	4	합 계
2013			11.7	−9.0	
2014	−9.4	4.9	11.4	−6.3	
2015	−8.2	0.7	14.3	−10.8	
평　균	−8.8	2.8	12.47	−8.7	−2.23
수정평균	−8.2425	3.3575	13.0275	−8.1425	0

〈표 14.12〉에서 분기별로 각 연도의 $(S+I)$를 평균한 값이 각 분기의 계절지수 S가 되는데, 평균의 합이 0이 아니므로 계절지수를 수정하여야 한다. 승법모형에서는 계절지수가 모두 양수가 되고, 수정도 비율로 수정되나, 가법모형에서는 합계로 표시되기 때문에 계절지수가 음수가 될 수 있고 수정도 가감에 의해 수정된다.

따라서 〈표 14.12〉의 계절지수 평균이 -2.23이므로 이를 4개 분기에 고루 분산시켜 평균을 0으로 만들어야 한다. 즉, 각 분기에 $-2.23/4=-0.5575$을 더하면 된다. 이렇게 구한 수정평균이 수정계절지수가 된다.

(3) 미래 예측치 계산

가법모형에서도 승법모형과 같이 미래 예측치를 추세변동 T와 계절변동 S을 이용하여 계산할 수 있다. 〈표 14.11〉의 맥주소비량의 시계열 자료를 이용하여 2016년 1분기에서 4분기까지의 미래 예측치를 계산하면, 우선 추세변동분석에서 구한 추세식 $(T=23.71+1.84t)$을 이용하여 추세치 T를 계산한 후, 〈표 14.12〉에서 구한 수정계절지수 S를 추세치 T와 더함으로써 예측치를 얻을 수 있다. 이러한 계산과정이 〈표 14.13〉과 같으며, 마지막 $(T+S)$열이 예측치가 된다.

▌표 14.13▐ 가법모형에 의한 예측치

연도	분기	일련번호	$T(1)$	$S(2)$	$T+S(3)$
2016	1	21	62.35	−10.075	52.28
	2	22	64.19	−3.125	61.07
	3	23	66.03	14.000	80.03
	4	24	67.87	−7.050	60.82

14.4. SPSS 통계분석

SPSS 분석

다음 자료는 2011년부터 2015년까지 분기별 맥주소비량을 조사한 자료이다. 분기별 맥주소비량의 계절지수를 승법모형과 가법모형으로 구해보자.

2011년 : 21.7, 43.7, 46.7, 26.0

2012년 : 25.3, 40.3, 47.7, 30.3

2013년 : 28.0, 37.0, 52.0, 30.1

2014년 : 35.2, 55.5, 70.1, 51.0

2015년 : 42.7, 60.9, 80.0, 73.3

우선 맥주소비량 자료를 1열에 입력한다.

(1) 메인메뉴 [데이터]에서 각 년도와 분기를 생성시킨다, 즉 [데이터] → [날짜 및 시간정의] → 〈날짜정의 창에서 (년, 분기) 선택, 그리고 시작 년에 2011, 분기에 1을 입력〉 → [확인]하여 년도와 분기가 데이터에 추가됨을 볼 수 있다.

(2) 시계열 도표를 작성하여 보자. 메인메뉴 [분석] → [시계열분석] → [순서도표] → 〈변수 창에 소비량을 이전, 시간축 설정창에 (년, 분기)를 이전〉 → [확인]하여 맥주 소비량의 그래프를 얻을 수 있다.

(3) 계절지수는 메인메뉴 [분석] → [시계열분석] → [계절분해] → 〈계절분해 창의 변수 창에 소비량을 이전하고, 모형유형에 승법모형과 가법모형을 선택한다.〉 → [확인] → [4변수 저장 창] → [확인] 순서를 따르게 되면 다음과 같은 승법모형과 가법모형의 분기별 계절지수를 구할 수 있다.

1) 순서도표 출력

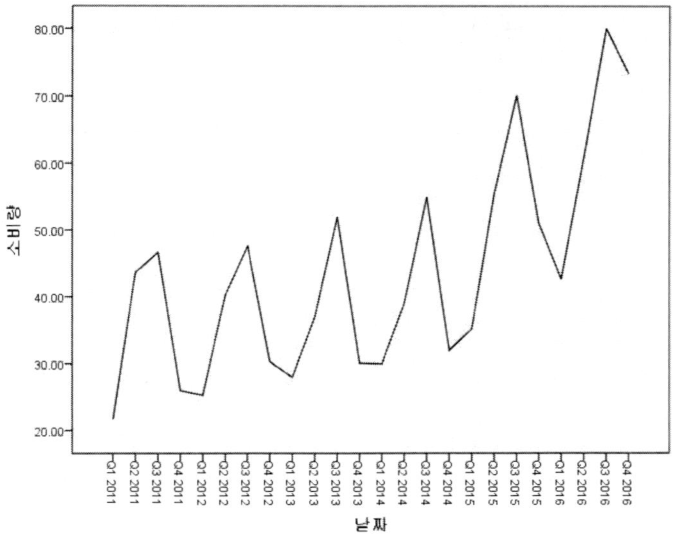

그림 14.12 분기별 맥주소비량

2) 분기별 계절지수

계절요인

계열 이름: 소비량

주기	계절요인(%)
1	77.7
2	106.5
3	135.1
4	80.8

(a)승법모형

계절요인

계열 이름: 소비량

주기	계절요인
1	-9.83063
2	2.80438
3	14.35688
4	-7.33063

(b)가법모형

3) 계절분해 결과(승법모형)

소비량	YEAR_	QUARTER_	DATE_	ERR_1	SAS_1	SAF_1	STC_1
21.70	2011	1	Q1 2011	.80940	27.94024	.77666	34.51962
43.70	2011	2	Q2 2011	1.18892	41.04173	1.06477	34.52010
46.70	2011	3	Q3 2011	1.00166	34.57832	1.35056	34.52104
26.00	2011	4	Q4 2011	.93500	32.17762	.80802	34.41453
25.30	2012	1	Q1 2012	.95288	32.57549	.77666	34.18621
40.30	2012	2	Q2 2012	1.06779	37.84855	1.06477	35.44567
47.70	2012	3	Q3 2012	.97722	35.31875	1.35056	36.14215
30.30	2012	4	Q4 2012	1.02946	37.49930	.80802	36.42634
28.00	2013	1	Q1 2013	.99385	36.05192	.77666	36.27492
37.00	2013	2	Q2 2013	.95317	34.74929	1.06477	36.45645
52.00	2013	3	Q3 2013	1.03691	38.50262	1.35056	37.13211
30.10	2013	4	Q4 2013	.99370	37.25178	.80802	37.48796
30.00	2014	1	Q1 2014	1.01393	38.62706	.77666	38.09628
39.00	2014	2	Q2 2014	.95429	36.62763	1.06477	38.38221
55.00	2014	3	Q3 2014	1.02212	40.72393	1.35056	39.84255
32.00	2014	4	Q4 2014	.93883	39.60322	.80802	42.18377
35.20	2015	1	Q1 2015	.98993	45.32242	.77666	45.78333
55.50	2015	2	Q2 2015	1.03433	52.12394	1.06477	50.39405
70.10	2015	3	Q3 2015	.96021	51.90450	1.35056	54.05536
51.00	2015	4	Q4 2015	1.10854	63.11764	.80802	56.93774
42.70	2016	1	Q1 2016	.95763	54.97918	.77666	57.41145
60.90	2016	2	Q2 2016	.92942	57.19545	1.06477	61.53868
80.00	2016	3	Q3 2016	.85787	59.23480	1.35056	69.04880
73.30	2016	4	Q4 2016	1.24603	90.71613	.80802	72.80386

※ SAF_1 : 계절지수, ERR_1 : 불규칙변동, STC_1 : 추세 및 순환변동

※ SAF_1열은 3)에서 구한 계절지수가 4분기별로 반복된다.

4) 계절분해 결과(가법모형)

소비량	YEAR_	QUARTER_	DATE_	ERR_1	SAS_1	SAF_1	STC_1
21.70	2011	1	Q1 2011	-3.51278	31.53062	-9.83062	35.04340
43.70	2011	2	Q2 2011	5.97250	40.89563	2.80437	34.92313
46.70	2011	3	Q3 2011	-2.33944	32.34313	14.35688	34.68257
26.00	2011	4	Q4 2011	-1.48389	33.33063	-7.33062	34.81451
25.30	2012	1	Q1 2012	.38278	35.13062	-9.83062	34.74785
40.30	2012	2	Q2 2012	1.89611	37.49563	2.80437	35.59951
47.70	2012	3	Q3 2012	-2.57278	33.34313	14.35688	35.91590
30.30	2012	4	Q4 2012	1.30500	37.63063	-7.33062	36.32563
28.00	2013	1	Q1 2013	1.37167	37.83063	-9.83062	36.45896
37.00	2013	2	Q2 2013	-2.31500	34.19563	2.80437	36.51063
52.00	2013	3	Q3 2013	.54944	37.64313	14.35688	37.09368
30.10	2013	4	Q4 2013	-.08389	37.43063	-7.33062	37.51451
30.00	2014	1	Q1 2014	1.49389	39.83063	-9.83062	38.33674
39.00	2014	2	Q2 2014	-2.28167	36.19563	2.80437	38.47729
55.00	2014	3	Q3 2014	.88278	40.64313	14.35688	39.76035
32.00	2014	4	Q4 2014	-2.69500	39.33063	-7.33062	42.02563
35.20	2015	1	Q1 2015	-1.13944	45.03063	-9.83062	46.17007
55.50	2015	2	Q2 2015	1.88500	52.69563	2.80437	50.81062
70.10	2015	3	Q3 2015	1.64944	55.74312	14.35688	54.09368
51.00	2015	4	Q4 2015	2.51611	58.33063	-7.33062	55.81451
42.70	2016	1	Q1 2016	-4.33944	52.53063	-9.83062	56.87007
60.90	2016	2	Q2 2016	-2.97056	58.09563	2.80437	61.06618
80.00	2016	3	Q3 2016	-2.48000	65.64313	14.35688	68.12313
73.30	2016	4	Q4 2016	8.97903	80.63063	-7.33062	71.65160

※ 3)계절분해(승법모형) 결과표와 동일함

연 습 문 제

14.1 C 회사의 청량음료 판매실적(단위: 백만병)이 다음과 같다.

월 \ 년	2011	2012	2013	2014
1	50	52	55	58
2	60	62	65	68
3	77	79	83	86
4	86	99	102	106
5	137	140	144	149
6	158	164	165	170
7	167	174	165	180
8	159	156	166	171
9	108	114	116	120
10	75	78	81	85
11	61	62	64	67
12	54	56	58	91

① 위 자료를 이용하여 3기간 이동평균과 6기간 이동평균을 구하시오.

② 실제자료와 ①에서 구한 이동평균을 비교해 보아라. 어떤 것이 더 잘 맞는가?

14.2 문제 14.1의 자료를 이용하여 다음 예측치를 계산하시오.

① 평활지수 $\alpha = 0.2$일 때 2015년도의 매월 예측치를 구하시오.

② 평활지수 $\alpha = 0.6$일 때 2015년도의 매월 예측치를 구하시오.

14.3 다음 각 경우에 대해서 승법모형의 계절지수를 구하시오.

① 추세변동치 $T = 124.5$, 수정이동평균 $= 119.8$

② 추세변동치 $T = 71.4$, 수정이동평균 $= 72.6$

14.4 문제 14.3을 가법모형으로 계절지수를 각각 구하시오.

14.5 다음 문제에 답하시오.

① 추세변동치 $T=254.3$, 계절지수 $S=1.34$인 경우 승법모형으로 예측치를 구하시오.

② 추세변동치 $T=189.4$, 계절지수 $S=-12.6$인 경우 가법모형으로 예측치를 구하시오.

14.6 SK전자(주)는 제품생산에 필요한 주요부품의 수입가격이 계속 변동하여 어려움을 겪고 있다. 그래서 주요부품의 가격을 시계열 분석으로 예측하고자 과거 10개월 자료를 수집한 결과 다음과 같다.

기간(월)	1	2	3	4	5	6	7	8	9	10
가격(만원)	2.3	2.2	1.9	1.8	2.0	2.2	2.4	2.7	2.5	2.9

① 다음 달의 예측치를 3개월 이동평균과 6개월 이동평균으로 계산하시오.

② 평활계수 $\alpha=0.3$, $\alpha=0.7$일 때 지수평활법에 의해 다음달의 예측치를 구하시오.

14.7 아래 자료는 2010년부터 2013년까지의 분기별 국내 건설공사의 매출액(단위:백억 원)이다. 다음 물음에 답하시오.

분기 \ 년	2010	2011	2012	2013
1	367.4	292.3	297.0	218.7
2	581.1	511.3	523.0	491.1
3	561.5	459.8	434.6	398.6
4	477.1	388.0	351.1	301.7

① 승법모형을 사용하여 분기별 선형추세치를 구하시오.

② 승법모형을 사용하여 분기별 계절지수를 구하시오.

③ 승법모형을 사용하여 2014년도 분기별 예측치를 구하시오.

14.8 세명회사의 A제품 수요가 다음 표와 같을 때 물음에 답하시오.

연도	분기	수요	연도	분기	수요
2010	1	657	2013	1	902
	2	865		2	1,207
	3	336		3	517
	4	542		4	726
2011	1	741	2014	1	962
	2	1,003		2	1,388
	3	380		3	576
	4	652		4	888
2012	1	760	2015	1	970
	2	988		2	1,450
	3	470		3	590
	4	783		4	920

① 승법모형으로 추세변동과 순환변동을 분석하시오.

② 승법모형으로 계절변동과 불규칙 변동을 분석하시오.

③ 승법모형에서 계산된 추세변동과 계절변동을 사용하여 2016년도의 분기별 예측치를 계산하시오.

14.9 문제 14.8의 자료를 이용하여

① 가법모형으로 추세변동과 계절변동을 분석하시오.

② 가법모형으로 2016년도의 분기별 예측치를 계산하시오.

14.10 다음 자료는 2011년 1월부터 2015년 12월까지 5년간 한국 자동차 시장에서 판매된 월별 자료이다. 월별 자동차 판매의 추세변동, 순환변동, 계절지수를 구하시오.

2011년 : 545, 528.4, 594.4, 627.2, 684.4, 758.4, 464.3, 254, 454.2, 365.4, 341.1, 570.6

2012년 : 678.1, 719, 815.9, 703.6, 716.7, 761.3, 468.9, 457.6, 712, 758.6, 736.6, 593.2

2013년 : 666, 716.1, 765.2, 736.9, 798, 761.6, 393.6, 371, 808.8, 841.7, 827.4, 666.2

2014년 : 859, 815.5, 882.8, 786.6, 880.1, 873.3, 677.5, 415.7, 666, 887.2, 827.1, 507.1

2015년 : 552.1, 501.5, 557.1, 617.4, 679, 618.2, 512.2, 415.8, 608.8, 762.6, 499.6, 394

4.11 아래 표는 1990년부터 2014년까지 국내 음향기기의 판매자료이다. 주어진 자료로 선형 추세방정식을 구하시오.

연 도	일련번호(X)	판매량(Y) (단위:백만 대)	XY	X^2
90	0	6,513	0	0
91	1	5,090	5,090	1
92	2	4,154	8,308	4
93	3	5,954	17,862	9
94	4	5,352	21,408	16
95	5	7,666	38,330	25
96	6	5,623	33,738	36
97	7	5,953	41,671	49
98	8	4,132	33,056	64
99	9	5,474	49,266	81
2000	10	6,530	65,300	100
01	11	5,402	59,422	121
02	12	6,754	81,048	144
03	13	7,444	96,772	169
04	14	7,554	105,756	196
05	15	9,101	136,515	225
06	16	8,337	133,392	256
07	17	7,070	120,190	289
08	18	8,407	151,326	324
09	19	7,807	148,333	361
10	20	6,187	123,740	400
11	21	8,122	170,562	411
12	22	8,353	183,766	484
13	23	9,079	208,817	529
14	24	6,721	161,304	576
합계	300	168,779	2,194,972	4,900

부록
(Appendix)

표 I 이항분포표

n	x	.01	.05	.10	.15	.20	.25	.30	.35	.40	.45	.50
1	0	.9900	.9500	.9000	.8500	.8000	.7500	.7000	.6500	.6000	.5500	.5000
	1	.0100	.0500	.1000	.1500	.2000	.2500	.3000	.3500	.4000	.4500	.5000
2	0	.9801	.9025	.8100	.7225	.6400	.5625	.4900	.4225	.3600	.3025	.2500
	1	.0198	.0950	.1800	.2550	.3200	.3750	.4200	.4550	.4800	.4950	.5000
	2	.0001	.0025	.0100	.0225	.0400	.0625	.0900	.1225	.1600	.2025	.2500
3	0	.9703	.8574	.7290	.6141	.5120	.4219	.3430	.2746	.2160	.1664	.1250
	1	.0294	.1354	.2430	.3251	.3840	.4219	.4410	.4436	.4320	.4084	.3750
	2	.0003	.0071	.0270	.0574	.0960	.1406	.1890	.2389	.2880	.3341	.3750
	3	.0000	.0001	.0010	.0034	.0080	.0156	.0270	.0429	.0640	.0911	.1250
4	0	.9606	.8145	.6561	.5220	.4096	.3164	.2401	.1785	.1296	.0915	.0625
	1	.0388	.1715	.2916	.3685	.4096	.4219	.4116	.3845	.3456	.2995	.2500
	2	.0006	.0135	.0486	.0975	.1536	.2109	.2646	.3105	.3456	.3675	.3750
	3	.0000	.0005	.0036	.0115	.0258	.0469	.0756	.1115	.1536	.2005	.2500
	4	.0000	.0000	.0001	.0005	.0016	.0039	.0081	.0150	.0256	.0410	.0625
5	0	.9510	.7738	.5905	.4437	.3277	.2373	.1681	.1160	.0778	.0503	.0312
	1	.0480	.2036	.3280	.3915	.4096	.3955	.3602	.3124	.2592	.2059	.1562
	2	.0010	.0214	.0729	.1382	.2048	.2637	.3087	.3364	.3456	.3369	.3125
	3	.0000	.0011	.0081	.0244	.0512	.0879	.1323	.1811	.2304	.2757	.3125
	4	.0000	.0000	.0004	.0022	.0064	.0146	.0284	.0488	.0768	.1128	.1562
	5	.0000	.0000	.0000	.0001	.0003	.0010	.0024	.0053	.0102	.0185	.0312
6	0	.9415	.7351	.5314	.3771	.2621	.1780	.1176	.0754	.0467	.0277	.0156
	1	.0571	.2321	.3543	.3993	.3932	.3560	.3025	.2437	.1866	.1359	.0938
	2	.0014	.0305	.0984	.1762	.2458	.2966	.3241	.3280	.3110	.2780	.2344
	3	.0000	.0021	.0146	.0415	.0819	.1318	.1852	.2355	.2765	.3032	.3125
	4	.0000	.0001	.0012	.0055	.0154	.0330	.0595	.0951	.1382	.1861	.2344
	5	.0000	.0000	.0001	.0004	.0015	.0044	.0102	.0205	.0369	.0609	.0938
	6	.0000	.0000	.0000	.0000	.0001	.0002	.0007	.0018	.0041	.0083	.0156
7	0	.9321	.6983	.4783	.3206	.2097	.1335	.0824	.0490	.0280	.0152	.0078
	1	.0659	.2573	.3720	.3960	.3670	.3115	.2471	.1848	.1306	.0872	.0547
	2	.0020	.0406	.1240	.2097	.2753	.3115	.3177	.2985	.2613	.2140	.1641
	3	.0000	.0036	.0230	.0617	.1147	.1730	.2269	.2679	.2903	.2918	.2734
	4	.0000	.0002	.0026	.0109	.0287	.0577	.0972	.1442	.1935	.2388	.2734
	5	.0000	.0000	.0002	.0012	.0043	.0115	.0250	.0466	.0774	.1172	.1641
	6	.0000	.0000	.0000	.0001	.0004	.0013	.0036	.0084	.0172	.0320	.0547
	7	.0000	.0000	.0000	.0000	.0000	.0001	.0002	.0006	.0016	.0037	.0078

n	x	.01	.05	.10	.15	.20	.25	.30	.35	.40	.45	.50
8	0	.9227	.6634	.4305	.2725	.1678	.1002	.0576	.0319	.0168	.0084	.0039
	1	.0746	.2793	.3826	.3847	.3355	.2670	.1977	.1373	.0896	.0548	.0312
	2	.0026	.0515	.1488	.2376	.2936	.3115	.2065	.2587	.2090	.1569	.1094
	3	.0001	.0054	.0331	.0839	.1468	.2076	.2541	.2786	.2787	.2568	.2188
	4	.0000	.0004	.0046	.0185	.0459	.0865	.1361	.1875	.2322	.2627	.2734
	5	.0000	.0000	.0004	.0026	.0092	.0231	.0467	.0808	.1239	.1719	.2188
	6	.0000	.0000	.0000	.0002	.0011	.0038	.0100	.0217	.0413	.0403	.1094
	7	.0000	.0000	.0000	.0000	.0001	.0004	.0012	.0033	.0079	.0164	.0312
	8	.0000	.0000	.0000	.0000	.0000	.0000	.0001	.0002	.0007	.0017	.0039
9	0	.9135	.6302	.3874	.2316	.1342	.0751	.0404	.0207	.0101	.0046	.0020
	1	.0830	.2985	.3874	.3679	.3020	.2253	.1556	.1004	.0605	.0339	.0176
	2	.0034	.0629	.1722	.2597	.3020	.3003	.2668	.2162	.1612	.1110	.0703
	3	.0001	.0077	.0446	.1069	.1762	.2336	.2668	.2716	.2508	.2119	.1641
	4	.0000	.0006	.0074	.0283	.0661	.1168	.1715	.2194	.2508	.2600	.2461
	5	.0000	.0000	.0008	.0050	.0165	.0389	.0735	.1181	.1672	.2128	.2461
	6	.0000	.0000	.0001	.0006	.0028	.0087	.0210	.0424	.0743	.1160	.1641
	7	.0000	.0000	.0000	.0000	.0003	.0012	.0039	.0098	.0212	.0407	.0703
	8	.0000	.0000	.0000	.0000	.0000	.0001	.0004	.0013	.0035	.0083	.0176
	9	.0000	.0000	.0000	.0000	.0000	.0000	.0000	.0001	.0003	.0008	.0020
10	0	.9044	.5987	.3487	.1969	.1074	.0563	.0282	.0135	.0060	.0025	.0010
	1	.0914	.3151	.3874	.3474	.2684	.1877	.1211	.0725	.0403	.0207	.0098
	2	.0042	.0746	.1937	.2759	.3020	.2816	.2335	.1757	.1209	.0763	.0439
	3	.0001	.0105	.0574	.1298	.2013	.2503	.2668	.2522	.2150	.1665	.1172
	4	.0000	.0010	.0112	.0401	.0881	.1460	.2001	.2377	.2508	.2384	.2051
	5	.0000	.0001	.0015	.0085	.0264	.0584	.1029	.1536	.2007	.2340	.2461
	6	.0000	.0000	.0001	.0012	.0055	.0162	.0368	.0689	.1115	.1596	.2051
	7	.0000	.0000	.0000	.0001	.0008	.0031	.0090	.0212	.0425	.0746	.1172
	8	.0000	.0000	.0000	.0000	.0001	.0004	.0014	.0043	.0106	.0229	.0439
	9	.0000	.0000	.0000	.0000	.0000	.0000	.0001	.0005	.0016	.0042	.0098
	10	.0000	.0000	.0000	.0000	.0000	.0000	.0000	.0000	.0001	.0003	.0010
11	0	.8953	.5688	.3138	.1673	.0859	.0422	.0198	.0088	.0036	.0014	.0005
	1	.0995	.3293	.3835	.3248	.2362	.1549	.0932	.0518	.0266	.0125	.0054
	2	.0050	.0867	.2131	.2866	.2953	.2581	.1998	.1395	.0887	.0513	.0269
	3	.0002	.0137	.0710	.1517	.2215	.2581	.2568	.2254	.1774	.1259	.0806
	4	.0000	.0010	.0112	.0401	.0881	.1460	.2001	.2377	.2508	.2384	.2051
	5	.0000	.0001	.0025	.0132	.0388	.0803	.1321	.1830	.2207	.2360	.2256
	6	.0000	.0000	.0003	.0023	.0097	.0268	.0566	.0985	.1471	.1931	.2256
	7	.0000	.0000	.0000	.0003	.0017	.0064	.0173	.0379	.0701	.1128	.1611
	8	.0000	.0000	.0000	.0000	.0002	.0011	.0037	.0102	.0234	.0462	.0806
	9	.0000	.0000	.0000	.0000	.0000	.0001	.0005	.0018	.0052	.0126	.0269
	10	.0000	.0000	.0000	.0000	.0000	.0000	.0000	.0002	.0007	.0021	.0054
	11	.0000	.0000	.0000	.0000	.0000	.0000	.0000	.0000	.0000	.0002	.0005

n	x	.01	.05	.10	.15	.20	.25	.30	.35	.40	.45	.50
12	0	.8864	.5404	.2824	.1422	.0687	.0317	.0138	.0057	.0022	.0008	.0002
	1	.1074	.3413	.3766	.3012	.2062	.1267	.0712	.0368	.0174	.0075	.0029
	2	.0060	.0988	.2301	.2924	.2835	.2323	.1678	.1088	.0639	.0339	.0161
	3	.0002	.0173	.0852	.1720	.2362	.2581	.2397	.1954	.1419	.0923	.0537
	4	.0000	.0021	.0213	.0683	.1329	.1936	.2311	.2367	.2128	.1700	.1204
	5	.0000	.0002	.0038	.0193	.0532	.1032	.1585	.2039	.2270	.2225	.1934
	6	.0000	.0000	.0005	.0040	.0155	.0401	.0792	.1281	.1766	.2124	.2256
	7	.0000	.0000	.0000	.0006	.0033	.0115	.0291	.0591	.1009	.1489	.1934
	8	.0000	.0000	.0000	.0001	.0005	.0024	.0078	.0199	.0420	.0762	.1208
	9	.0000	.0000	.0000	.0000	.0001	.0004	.0015	.0048	.0125	.0277	.0537
	10	.0000	.0000	.0000	.0000	.0000	.0000	.0002	.0008	.0025	.0068	.0161
	11	.0000	.0000	.0000	.0000	.0000	.0000	.0000	.0001	.0003	.0010	.0029
	12	.0000	.0000	.0000	.0000	.0000	.0000	.0000	.0000	.0000	.0001	.0002
13	0	.8775	.5133	.2542	.1209	.0550	.0238	.0097	.0037	.0013	.0004	.0001
	1	.1152	.3512	.3672	.2774	.1787	.1029	.0540	.0259	.0113	.0045	.0016
	2	.0070	.1109	.2448	.2937	.2680	.2059	.1388	.0836	.0453	.0220	.0095
	3	.0003	.0214	.0997	.1900	.2457	.2517	.2181	.1651	.1107	.0660	.0349
	4	.0000	.0028	.0277	.0838	.1535	.2097	.2337	.2222	.1845	.1350	.0873
	5	.0000	.0003	.0055	.0266	.0691	.1258	.1803	.2154	.2214	.1989	.1571
	6	.0000	.0000	.0008	.0063	.0230	.0559	.1030	.1546	.1968	.2169	.2095
	7	.0000	.0000	.0001	.0011	.0058	.0186	.0442	.0833	.1312	.1775	.2095
	8	.0000	.0000	.0001	.0001	.0011	.0047	.0142	.0336	.0656	.1089	.1571
	9	.0000	.0000	.0000	.0000	.0001	.0009	.0034	.0101	.0243	.0495	.0873
	10	.0000	.0000	.0000	.0000	.0000	.0001	.0006	.0022	.0065	.0162	.0349
	11	.0000	.0000	.0000	.0000	.0000	.0000	.0001	.0003	.0012	.0036	.0095
	12	.0000	.0000	.0000	.0000	.0000	.0000	.0000	.0000	.0001	.0005	.0016
	13	.0000	.0000	.0000	.0000	.0000	.0000	.0000	.0000	.0000	.0000	.0001
14	0	.8687	.4877	.2288	.1028	.0440	.0178	.0068	.0024	.0008	.0002	.0001
	1	.1229	.3593	.3559	.2539	.1539	.0832	.0407	.0181	.0073	.0027	.0009
	2	.0081	.1229	.2570	.2912	.2501	.1802	.1134	.0634	.0317	.0141	.0056
	3	.0003	.0259	.1142	.2056	.2501	.2402	.1943	.1366	.0845	.0462	.0222
	4	.0000	.0037	.0349	.0998	.1720	.2202	.2290	.2022	.1549	.1040	.0611
	5	.0000	.0004	.0078	.0352	.0860	.1468	.1963	.2178	.2066	.1701	.1222
	6	.0000	.0000	.0013	.0093	.0322	.0734	.1262	.1759	.2066	.2088	.2833
	7	.0000	.0000	.0002	.0019	.0092	.0280	.0618	.1082	.1574	.1952	.2095
	8	.0000	.0000	.0000	.0003	.0020	.0082	.0232	.0510	.0918	.1398	.1833
	9	.0000	.0000	.0000	.0000	.0003	.0018	.0066	.0183	.0408	.0762	.1222
	10	.0000	.0000	.0000	.0000	.0000	.0003	.0014	.0049	.0136	.0312	.0611
	11	.0000	.0000	.0000	.0000	.0000	.0000	.0002	.0010	.0033	.0093	.0222
	12	.0000	.0000	.0000	.0000	.0000	.0000	.0000	.0001	.0005	.0019	.0056
	13	.0000	.0000	.0000	.0000	.0000	.0000	.0000	.0000	.0001	.0002	.0009
	14	.0000	.0000	.0000	.0000	.0000	.0000	.0000	.0000	.0000	.0000	.0001

n	x	.01	.05	.10	.15	.20	.25	.30	.35	.40	.45	.50
15	0	.8601	.4633	.2059	.0874	.0352	.0134	.0047	.0016	.0005	.0001	.0000
	1	.1303	.3658	.3432	.2312	.1319	.0668	.0305	.0126	.0047	.0016	.0005
	2	.0092	.1348	.2669	.2856	.2309	.1559	.0916	.0476	.0219	.0090	.0032
	3	.0004	.0307	.1285	.2184	.2501	.2252	.1700	.1110	.0634	.0318	.0139
	4	.0000	.0049	.0428	.1156	.1876	.2252	.2186	.1792	.1268	.0780	.0417
	5	.0000	.4633	.2059	.0874	.0352	.0134	.0047	.0016	.0005	.0001	.0000
	6	.0000	.0000	.0019	.0132	.0430	.0917	.1472	.1906	.2066	.1914	.1527
	7	.0000	.0000	.0003	.0030	.0138	.0393	.0811	.1319	.1771	.2013	.1964
	8	.0000	.0000	.0000	.0005	.0035	.0131	.0348	.0710	.1181	.1647	.1964
	9	.0000	.0000	.0000	.0001	.0007	.0034	.0116	.0298	.0612	.1048	.1527
	10	.0000	.0000	.0000	.0000	.0001	.0007	.0030	.0096	.0245	.0515	.0916
	11	.0000	.0000	.0000	.0000	.0000	.0001	.0006	.0024	.0074	.0191	.0417
	12	.0000	.0000	.0000	.0000	.0000	.0000	.0001	.0004	.0016	.0052	.0139
	13	.0000	.0000	.0000	.0000	.0000	.0000	.0000	.0001	.0003	.0010	.0032
	14	.0000	.0000	.0000	.0000	.0000	.0000	.0000	.0000	.0000	.0001	.0005
	15	.0000	.0000	.0000	.0000	.0000	.0000	.0000	.0000	.0000	.0000	.0000
16	0	.8515	.4401	.1853	.0743	.0281	.0100	.0033	.0010	.0003	.0001	.0000
	1	.1376	.3706	.3294	.2097	.1126	.0535	.0228	.0087	.0030	.0009	.0002
	2	.0104	.1463	.2745	.2775	.2111	.1336	.0732	.0353	.0150	.0056	.0018
	3	.0005	.0359	.1423	.2285	.2463	.2079	.1465	.0888	.0468	.0215	.0085
	4	.0000	.0061	.0514	.1311	.2001	.2252	.2040	.1553	.1014	.0572	.0278
	5	.0000	.0008	.0137	.0555	.1201	.1802	.2099	.2008	.1623	.1123	.0667
	6	.0000	.0001	.0028	.0180	.0550	.1101	.1649	.1982	.1983	.1684	.1222
	7	.0000	.0000	.0004	.0045	.0197	.0524	.1010	.1524	.1889	.1969	.1746
	8	.0000	.0000	.0001	.0009	.0055	.0197	.0487	.0923	.1417	.1812	.1964
	9	.0000	.0000	.0000	.0001	.0012	.0058	.0185	.0442	.0840	.1318	.1746
	10	.0000	.0000	.0000	.0000	.0002	.0014	.0056	.0167	.0392	.0755	.1222
	11	.0000	.0000	.0000	.0000	.0000	.0002	.0013	.0049	.0142	.0337	.0667
	12	.0000	.0000	.0000	.0000	.0000	.0000	.0002	.0011	.0040	.0115	.0278
	13	.0000	.0000	.0000	.0000	.0000	.0000	.0000	.0002	.0008	.0029	.0085
	14	.0000	.0000	.0000	.0000	.0000	.0000	.0000	.0000	.0001	.0005	.0018
	15	.0000	.0000	.0000	.0000	.0000	.0000	.0000	.0000	.0000	.0001	.0002
	16	.0000	.0000	.0000	.0000	.0000	.0000	.0000	.0000	.0000	.0000	.0000
17	0	.8429	.4181	.1668	.0631	.0225	.0075	.0023	.0007	.0002	.0000	.0000
	1	.1447	.3741	.3150	.1893	.0957	.0426	.0169	.0060	.0019	.0005	.0001
	2	.0117	.1575	.2800	.2673	.1914	.1136	.0581	.0260	.0102	.0035	.0010
	3	.0006	.0415	.1556	.2359	.2393	.1893	.1245	.0701	.0341	.0144	.0052
	4	.0000	.0076	.0605	.1457	.2093	.2209	.1868	.1320	.0796	.0411	.0182
	5	.0000	.0010	.0175	.0668	.1361	.1914	.2081	.1849	.1379	.0875	.0472
	6	.0000	.0000	.0039	.0236	.0680	.1276	.1784	.1991	.1839	.1432	.0944
	7	.0000	.0000	.0007	.0065	.0267	.0668	.1201	.1685	.1927	.1841	.1484
	8	.0000	.0000	.0001	.0014	.0084	.0279	.0644	.1134	.1606	.1883	.1855
	9	.0000	.0000	.0000	.0003	.0021	.0093	.0276	.0611	.1070	.1540	.1855

n	x	.01	.05	.10	.15	.20	.25	.30	.35	.40	.45	.50
17	10	.0000	.0000	.0000	.0000	.0004	.0025	.0095	.0263	.0571	.1008	.1484
	11	.0000	.0000	.0000	.0000	.0001	.0005	.0026	.0090	.0242	.0525	.0944
	12	.0000	.0000	.0000	.0000	.0000	.0001	.0006	.0024	.0081	.0215	.0472
	13	.0000	.0000	.0000	.0000	.0000	.0000	.0001	.0005	.0021	.0068	.0182
	14	.0000	.0000	.0000	.0000	.0000	.0000	.0000	.0001	.0004	.0016	.0052
	15	.0000	.0000	.0000	.0000	.0000	.0000	.0000	.0000	.0001	.0003	.0010
	16	.0000	.0000	.0000	.0000	.0000	.0000	.0000	.0000	.0000	.0000	.0001
	17	.0000	.0000	.0000	.0000	.0000	.0000	.0000	.0000	.0000	.0000	.0000
18	0	.8345	.3972	.1501	.0536	.0180	.0056	.0016	.0004	.0001	.0003	.0010
	1	.1517	.3763	.3002	.1704	.0811	.0338	.0126	.0042	.0012	.0003	.0001
	2	.0130	.1683	.2835	.2556	.1723	.0958	.0458	.0190	.0069	.0022	.0006
	3	.0007	.0473	.1680	.2406	.2297	.1704	.1046	.0547	.0246	.0095	.0001
	4	.0000	.0093	.0700	.1592	.2153	.2130	.1681	.1104	.0614	.0291	.0117
	5	.0000	.0014	.0218	.0787	.1507	.1988	.2017	.1664	.1146	.0666	.0327
	6	.0000	.0002	.0052	.0301	.0816	.1436	.1873	.1941	.1655	.1181	.0708
	7	.0000	.0000	.0010	.0091	.0350	.0820	.1376	.1792	.1892	.1657	.1214
	8	.0000	.0000	.0002	.0022	.0120	.0376	.0811	.1327	.1734	.1864	.1669
	9	.0000	.0000	.0000	.0004	.0033	.0139	.0386	.0794	.1284	.1694	.1855
	10	.0000	.0000	.0000	.0001	.0008	.0042	.0149	.0385	.0771	.1248	.1669
	11	.0000	.0000	.0000	.0000	.0001	.0010	.0046	.0151	.0374	.0742	.1214
	12	.0000	.0000	.0000	.0000	.0000	.0002	.0012	.0047	.0145	.0354	.0708
	13	.0000	.0000	.0000	.0000	.0000	.0000	.0002	.0012	.0045	.0134	.0327
	14	.0000	.0000	.0000	.0000	.0000	.0000	.0000	.0002	.0011	.0039	.0117
	15	.0000	.0000	.0000	.0000	.0000	.0000	.0000	.0000	.0002	.0009	.0031
	16	.0000	.0000	.0000	.0000	.0000	.0000	.0000	.0000	.0000	.0001	.0006
	17	.0000	.0000	.0000	.0000	.0000	.0000	.0000	.0000	.0000	.0000	.0001
	18	.0000	.0000	.0000	.0000	.0000	.0000	.0000	.0000	.0000	.0000	.0000
19	0	.8262	.3774	.1351	.0456	.0144	.0042	.0011	.0003	.0001	.0000	.0000
	1	.1586	.3774	.2852	.1529	.0685	.0268	.0093	.0029	.0008	.0002	.0000
	2	.0144	.1787	.2852	.2428	.1540	.0803	.0358	.0138	.0046	.0013	.0003
	3	.0008	.0533	.1796	.2428	.2182	.1517	.0869	.0422	.0175	.0062	.0018
	4	.0000	.0112	.0798	.1714	.2182	.2023	.1491	.0909	.0467	.0203	.0074
	5	.0000	.0018	.0266	.0907	.1636	.2023	.1916	.1468	.0933	.0497	.0222
	6	.0000	.0002	.0069	.0374	.0955	.1574	.1916	.1844	.1451	.0949	.0518
	7	.0000	.0000	.0014	.0122	.0443	.0974	.1525	.1844	.1797	.1443	.0961
	8	.0000	.0000	.0002	.0032	.0166	.0487	.0981	.1489	.1797	.1771	.1442
	9	.0000	.0000	.0000	.0007	.0051	.0198	.0514	.0980	.1464	.1771	.1762
	10	.0000	.0000	.0000	.0001	.0013	.0066	.0220	.0528	.0976	.1449	.1762
	11	.0000	.0000	.0000	.0000	.0003	.0018	.0077	.0233	.0532	.0970	.1442
	12	.0000	.0000	.0000	.0000	.0000	.0004	.0022	.0083	.0237	.0529	.0961
	13	.0000	.0000	.0000	.0000	.0000	.0001	.0005	.0024	.0085	.0233	.0518
	14	.0000	.0000	.0000	.0000	.0000	.0000	.0001	.0006	.0024	.0082	.0222

n	x	.01	.05	.10	.15	.20	.25	.30	.35	.40	.45	.50
19	15	.0000	.0000	.0000	.0000	.0000	.0000	.0000	.0001	.0005	.0022	.0074
	16	.0000	.0000	.0000	.0000	.0000	.0000	.0000	.0000	.0001	.0005	.0018
	17	.0000	.0000	.0000	.0000	.0000	.0000	.0000	.0000	.0000	.0001	.0003
	18	.0000	.0000	.0000	.0000	.0000	.0000	.0000	.0000	.0000	.0000	.0000
	19	.0000	.0000	.0000	.0000	.0000	.0000	.0000	.0000	.0000	.0000	.0000
20	0	.8179	.3585	.1216	.0388	.0115	.0032	.0008	.0002	.0000	.0000	.0000
	1	.1652	.3774	.2702	.1368	.0576	.0211	.0068	.0020	.0005	.0001	.0000
	2	.0159	.1887	.2852	.2293	.1369	.0669	.0278	.0100	.0031	.0008	.0002
	3	.0010	.0596	.1901	.2428	.2054	.1339	.0718	.0323	.0123	.0040	.0011
	4	.0000	.0133	.0898	.1821	.2182	.1897	.1304	.0738	.0350	.0139	.0046
	5	.0000	.0022	.0319	.1028	.1746	.2023	.1789	.1272	.0746	.0365	.0148
	6	.0000	.0003	.0089	.0454	.1091	.1686	.1916	.1712	.1244	.0746	.0370
	7	.0000	.0000	.0020	.0160	.0545	.1124	.1643	.1844	.1659	.1221	.0739
	8	.0000	.0000	.0004	.0046	.0222	.0609	.1144	.1614	.1797	.1623	.1201
	9	.0000	.0000	.0001	.0011	.0074	.0271	.0654	.1158	.1597	.1771	.1602
	10	.0000	.0000	.0000	.0002	.0020	.0099	.0308	.0686	.1171	.1593	.1762
	11	.0000	.0000	.0000	.0000	.0005	.0030	.0120	.0336	.0710	.1185	.1602
	12	.0000	.0000	.0000	.0000	.0001	.0008	.0039	.0136	.0355	.0727	.1201
	13	.0000	.0000	.0000	.0000	.0000	.0002	.0010	.0045	.0146	.0366	.0739
	14	.0000	.0000	.0000	.0000	.0000	.0000	.0002	.0012	.0049	.0150	.0370
	15	.0000	.0000	.0000	.0000	.0000	.0000	.0000	.0003	.0013	.0049	.0148
	16	.0000	.0000	.0000	.0000	.0000	.0000	.0000	.0000	.0003	.0013	.0046
	17	.0000	.0000	.0000	.0000	.0000	.0000	.0000	.0000	.0000	.0002	.0011
	19	.0000	.0000	.0000	.0000	.0000	.0000	.0000	.0000	.0000	.0000	.0002
	19	.0000	.0000	.0000	.0000	.0000	.0000	.0000	.0000	.0000	.0000	.0000
	20	.0000	.0000	.0000	.0000	.0000	.0000	.0000	.0000	.0000	.0000	.0000

| 표 II | $e^{-\lambda}$ **표**

λ	$e^{-\lambda}$	λ	$e^{-\lambda}$	λ	$e^{-\lambda}$
0.00	1.000000	2.35	.955369	4.70	.009095
0.05	.951229	2.40	.090718	4.75	.008652
0.10	.904837	2.45	.086294	4.80	.008230
0.15	.860708	2.50	.082085	4.85	.007828
0.20	.818731	2.55	.078082	4.90	.007447
0.25	.778801	2.60	.074274	4.95	.007083
0.30	.740818	2.65	.070651	5.00	.006738
0.35	.704688	2.70	.067206	5.05	.006409
0.40	.670320	2.75	.063928	5.10	.006097
0.45	.637628	2.80	.060810	5.15	.005799
0.50	.606531	2.85	.057844	5.20	.005517
0.55	.576950	2.90	.055023	5.25	.005248
0.60	.548812	2.95	.052340	5.30	.004992
0.65	.522046	3.00	.049787	5.35	.004748
0.70	.496585	3.05	.047359	5.40	.004517
0.75	.472367	3.10	.045049	5.45	.004296
0.80	.449329	3.15	.042852	5.50	.004087
0.85	.427415	3.20	.040762	5.55	.003887
0.90	.406570	3.25	.038774	5.60	.003698
0.95	.386741	3.30	.036883	5.65	.003518
1.00	.367879	3.35	.035084	5.70	.003346
1.05	.349938	3.40	.033373	5.75	.003183
1.10	.332871	3.45	.031746	5.80	.003028
1.15	.316637	3.50	.030197	5.85	.002880
1.20	.301194	3.55	.028725	5.90	.002739
1.25	.286505	3.60	.027324	5.95	.002606
1.30	.272532	3.65	.025991	6.00	.002479
1.35	.259240	3.70	.024724	6.05	.002358
1.40	.246597	3.75	.023518	6.10	.002243
1.45	.234570	3.80	.022371	6.15	.002133
1.50	.223130	3.85	.021280	6.20	.002029
1.55	.212248	3.90	.020242	6.25	.001930
1.60	.201897	3.95	.019255	6.30	.001836
1.65	.192050	4.00	.018316	6.35	.001747
1.70	.182684	4.05	.017422	6.40	.001661
1.75	.173774	4.10	.016573	6.45	.001581
1.80	.165299	4.15	.015764	6.50	.001503
1.85	.157237	4.20	.014996	6.55	.001430
1.90	.149569	4.25	.014264	6.60	.001360
1.95	.142274	4.30	.013569	6.65	.001294
2.00	.135335	4.35	.012907	6.70	.001231
2.05	.128735	4.40	.012277	6.75	.001171
2.10	.122456	4.45	.011679	6.80	.001114
2.15	.116484	4.50	.011109	6.85	.001059
2.20	.110803	4.55	.010567	6.90	.001008
2.25	.105399	4.60	.010052	6.95	.000959
2.30	.100259	4.65	.009562	7.00	.000912

λ	$e^{-\lambda}$	λ	$e^{-\lambda}$	λ	$e^{-\lambda}$
7.05	.000867	8.05	.000319	9.05	.000117
7.10	.000825	8.10	.000304	9.10	.000112
7.15	.000785	8.15	.000289	9.15	.000106
7.20	.000747	8.20	.000275	9.20	.000101
7.25	.000710	8.25	.000261	9.25	.000096
7.30	.000676	8.30	.000249	9.30	.000091
7.35	.000643	8.35	.000236	9.35	.000087
7.40	.000611	8.40	.000225	9.40	.000083
7.45	.000581	8.45	.000214	9.45	.000079
7.50	.000553	8.50	.000204	9.50	.000075
7.55	.000526	8.55	.000194	9.55	.000071
7.60	.000501	8.60	.000184	9.60	.000068
7.65	.000476	8.65	.000175	9.65	.000064
7.70	.000453	8.70	.000167	9.70	.000061
7.75	.000431	8.75	.000158	9.75	.000058
7.80	.000410	8.80	.000151	9.80	.000056
7.85	.000390	8.85	.000143	9.85	.000053
7.90	.000371	8.90	.000136	9.90	.000050
7.95	.000353	8.95	.000130	9.95	.000048
7.80	.000336	9.00	.000123	10.00	.000045

표 III **포아송분포표**

x	λ									
	0.1	0.2	0.3	0.4	0.5	0.6	0.7	0.8	0.9	1.0
0	.9048	.8187	.7408	.6703	.6065	.5488	.4966	.4493	.4066	.3679
1	.0905	.1637	.0222	.2681	.3033	.3293	.3476	.3595	.3659	.3679
2	.0045	.0164	.0333	.0536	.0758	.0988	.1217	.1438	.1647	.1839
3	.0002	.0011	.0033	.0072	.0126	.0198	.0284	.0383	.0494	.0613
4		.0001	.0002	.0007	.0016	.0030	.0050	.0077	.0111	.0153
5				.0001	.0002	.0004	.0007	.0012	.0020	.0031
6							.0001	.0002	.0003	.0005
7										.0001

x	λ									
	1.5	2.0	2.5	3.0	3.5	4.0	4.5	5.0	6.0	7.0
0	.2231	.1353	.0821	.0498	.0302	.0183	.0111	.0067	.0025	.0009
1	.3347	.2707	.2052	.1494	.1057	.0733	.0500	.0337	.0149	.0064
2	.2510	.2707	.2565	.2240	.1850	.1465	.1125	.0842	.0446	.0223
3	.1255	.1804	.2138	.2240	.2158	.1954	.1687	.1404	.0892	.0521
4	.0471	.0902	.1336	.1680	.1888	.1954	.1898	.1755	.1339	.0912
5	.0141	.0361	.0668	.1008	.1322	.1563	.1708	.1755	.1606	.1277
6	.0035	.0120	.0278	.0504	.0771	.1042	.1281	.1462	.1606	.1490
7	.0008	.0034	.0099	.0216	.0385	.0595	.0824	.1044	.1377	.1490
8	.0001	.0009	.0031	.0081	.0169	.0298	.0463	.0653	.1033	.1304
9		.0002	.0009	.0027	.0066	.0132	.0232	.0363	.0688	.1014
10			.0002	.0008	.0023	.0053	.0104	.0181	.0413	.0710
11				.0002	.0007	.0019	.0043	.0082	.0225	.0452
12				.0001	.0002	.0006	.0016	.0034	.0113	.0264
13					.0001	.0002	.0006	.0013	.0052	.0142
14						.0001	.0002	.0005	.0022	.0071
15							.0001	.0002	.0009	.0033
16									.0003	.0014
17									.0001	.0006
18										.0002
19										.0001

▌표 Ⅳ▌ 표준 정규분포표

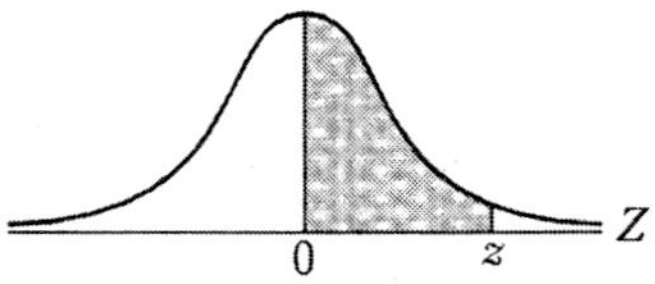

$$z = \frac{x - \mu}{\sigma}$$

Z	.00	.01	.02	.03	.04	.05	.06	.07	.08	.09
.00	.0000	.0040	.0080	.0120	.0160	.0199	.0239	0.279	.0319	.0359
.10	.0398	.0438	.0478	.0517	.0557	.0596	.0636	.0675	.0714	.0753
.20	.0793	.0832	.0871	.0910	.0948	.0987	.1026	.1064	.1103	.1141
.30	.1179	.1217	.1255	.1293	.1331	.1368	.1406	.1443	.1480	.1517
.40	.1554	.1591	.1628	.1664	.1700	.1736	.1772	.1808	.1844	.1879
.50	.1915	.1950	.1985	.2019	.2054	.2088	.2123	.2157	.2190	.2224
.60	.2257	.2291	.2324	.2357	.2389	.2422	.2454	.2486	.2517	.2549
.70	.2580	.2611	.2642	.2673	.2703	.2734	.2764	.2793	.2823	.2852
.80	.2881	.2910	.2939	.2967	.2995	.3023	.3051	.3078	.3106	.3133
.90	.3159	.3186	.3212	.3238	.3264	.3289	.3315	.3340	.3365	.3389
1.00	.3413	.3438	.3461	.3485	.3508	.331	.3554	.3577	.3599	.3621
1.10	.3643	.3665	.3686	.3708	.3729	.3749	.3770	.3790	.3810	.3830
1.20	.3849	.3869	.3888	.3907	.3925	.3944	.3962	.3980	.3997	.4015
1.30	.4032	.4049	.4066	.4082	.4099	.4115	.4131	.4147	.4162	.4177
1.40	.4192	.4207	.4222	.4236	.4251	.4265	.4279	.4292	.4306	.4319
1.50	.4332	.4345	.4357	.4370	.4382	.4394	.4406	.4418	.4429	.4441
1.60	.4452	.4463	.4474	.4474	.4495	.4505	.4515	.4525	.4535	.4545
1.70	.4554	.4564	.4573	.4582	.4591	.4599	.4608	.4616	.4625	.4633
1.80	.4641	.4649	.4656	.4664	.4671	.4678	.4686	.4693	.4699	.4706
1.90	.4713	.4719	.4726	.4732	.4738	.4744	.4750	.4756	.4761	.4767
2.00	.4772	.4778	.4783	.4788	.4793	.4798	4803	.4808	.4812	.4817
2.10	.4821	.4826	.4830	.4834	.4838	.4842	.4846	.4850	.4854	.4857
2.20	.4861	.4864	.4868	.4871	.4875	.4878	.4881	.4884	.4887	.4890
2.30	.4893	.4896	.4898	.4901	.4904	.4906	.4909	.4911	.4913	.4916
2.40	.4918	.4920	.4922	.4925	.4927	.4929	.4931	.4932	.4934	.4936
2.50	.4938	.4940	.4941	.4943	.4945	.4946	.4948	.4949	.4951	.4952
2.60	.4953	.4955	.4956	.4957	.4959	.4960	.4961	.4962	.4963	.4964
2.70	.4965	.4966	.4967	.4968	.4969	.4970	.4971	.4972	.4973	.4974
2.80	.4974	.4975	.4976	.4977	.4977	.4978	.4979	.4979	.4980	.4981
2.90	.4981	.4982	.4982	.4983	.4984	.4984	.4985	.4985	.4986	.4986
3.00	.4987	.4987	.4987	.4988	.4988	.4989	.4989	.4989	.4990	.4990
3.10	.4990	.4991	.4991	.4991	.4992	.4992	.4992	.4992	.4993	.4993
3.20	.4993	.4993	.4994	.4994	.4994	.4994	.4994	.4995	.4995	.4995
3.30	.4995	.4995	.4995	.4996	.4996	.4996	.4996	.4996	.4996	.4997
3.40	.4997	.4997	.4997	.4997	.4997	.4997	.4997	.4997	.4997	.4998
3.50	.4998	.4998	.4998	.4998	.4998	.4998	.4998	.4998	.4998	.4998
3.60	.4998	.4998	.4999	.4999	.4999	.4999	.4999	.4999	.4999	.4999
3.70	.4999	.4999	.4999	.4999	.4999	.4999	.4999	.4999	.4999	.4999
3.80	.4999	.4999	.4999	.4999	.4999	.4999	.4999	.4999	.4999	.4999

표 V 난수표

00000	10097	32533	76520	13586	34673	54876	80959	09117	39292	74945
00001	37542	04805	64894	74296	24805	24037	20636	10402	00822	91665
00002	08422	68953	19645	09303	23209	02560	15953	34764	35080	33606
00003	99019	02529	09376	70715	38311	31165	88676	74397	04436	27659
00004	12807	99970	80157	36147	64032	36653	98951	16877	12171	76833
00005	66065	74717	34072	76850	36697	36170	65813	39885	11199	29170
00006	31060	10805	45571	82406	35303	42614	86799	07439	23403	09732
00007	85269	77602	02051	65692	68665	74818	73053	85247	18623	88579
00008	63573	32135	05325	47048	90553	57548	28468	28709	83491	25624
00009	73796	45753	03529	64778	35808	34282	60935	20344	35273	88435
00010	98520	17767	14905	68607	22109	40558	60970	93433	50500	73998
00011	11805	05431	39808	27732	50725	68248	29405	24201	52775	67851
00012	83452	99634	06288	98083	13746	70078	18475	40610	68711	77817
00013	88685	40200	86507	58401	36766	67951	90364	76493	29609	11062
00014	99594	67348	87517	64969	91826	08928	93785	61368	23478	34113
00015	65481	17674	17468	50950	58047	76974	73039	57186	40218	16544
00016	80124	35635	17727	08015	45318	22374	21115	78253	14385	53763
00017	74350	99817	77402	77214	43236	00210	45521	64237	96286	02655
00018	69916	26803	66252	29148	36936	87203	76621	13990	94400	56418
00019	09893	20505	14225	68514	46427	56788	96297	78822	54382	14598
00020	91499	14523	68479	27686	46162	83554	94750	89923	37089	20048
00021	80336	94598	26940	36858	70297	34135	53140	33340	42050	82341
00022	44104	81949	85157	47954	32979	26575	57600	40881	22222	06413
00023	12550	73742	11100	02040	12860	74697	96644	89439	28707	25815
00024	63606	49329	16505	34484	40219	52563	43651	77082	07207	31790
00025	61196	90446	26457	47774	51924	33729	65394	59593	42582	60527
00026	15474	45266	95270	79953	59367	83848	82396	10118	33211	59466
00027	94557	28573	67897	54387	54622	44431	91190	42592	92927	45973
00028	42481	16213	97344	08721	16868	48767	03071	12059	25701	46670
00029	23523	78317	73208	89837	68935	91416	26252	29663	05522	82562
00030	04493	52494	75246	33824	45862	51025	61962	79335	65337	12472
00031	00549	97654	64051	88159	96119	63896	54692	82391	23287	29529
00032	35963	15307	26898	09354	33351	35462	77974	50024	90103	39333
00033	59808	08391	45427	26842	83609	49700	13021	24892	78565	20106
00034	46058	85236	01390	92286	77281	44077	93910	83647	70617	42941

표 VI t 분포표

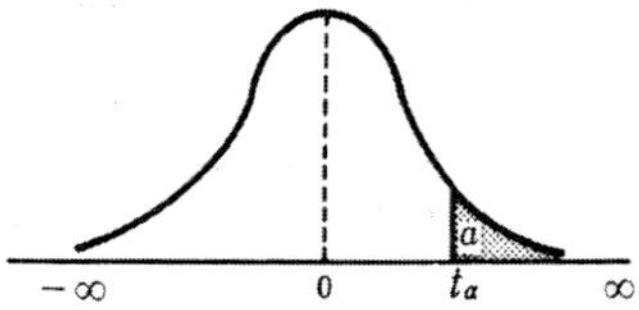

예 : $\alpha = 0.05$, 자유도 = 10일 때, $t_\alpha = 1.812$

$$t = \frac{\bar{X} - \mu}{S/\sqrt{n}}$$

자유도	$t_{.100}$	$t_{.050}$	$t_{.025}$	$t_{.010}$	$t_{.005}$
1	3.078	6.314	12.706	31.821	63.657
2	1.886	2.920	4.303	6.965	9.925
3	1.638	2.353	3.182	4.541	5.841
4	1.533	2.132	2.776	3.747	4.604
5	1.476	2.015	2.571	3.365	4.032
6	1.440	1.943	2.447	3.143	3.707
7	1.415	1.895	2.365	2.998	3.499
8	1.397	1.860	2.306	2.896	3.355
9	1.383	1.833	2.262	2.821	3.250
10	1.372	1.812	2.228	2.764	3.169
11	1.363	1.796	2.201	2.718	3.106
12	1.356	1.782	2.179	2.681	3.055
13	1.350	1.771	2.160	2.650	3.012
14	1.345	1.761	2.145	2.624	2.977
15	1.341	1.753	2.131	2.602	2.947
16	1.337	1.746	2.120	2.583	2.921
17	1.333	1.740	2.110	2.567	2.898
18	1.330	1.734	2.101	2.552	2.878
19	1.328	1.729	2.093	2.539	2.861
20	1.325	1.725	2.086	2.528	2.845
21	1.323	1.721	2.080	2.518	2.831
22	1.321	1.717	2.074	2.508	2.819
23	1.319	1.714	2.069	2.500	2.807
24	1.318	1.711	2.064	2.492	2.797
25	1.316	1.708	2.060	2.485	2.787
26	1.315	1.706	2.056	2.479	2.779
27	1.314	1.703	2.052	2.473	2.771
28	1.313	1.701	2.048	2.467	2.763
29	1.311	1.699	2.045	2.462	2.756
∞	1.282	1.645	1.960	2.326	2.576

▌표 VII▌ χ^2 분포표

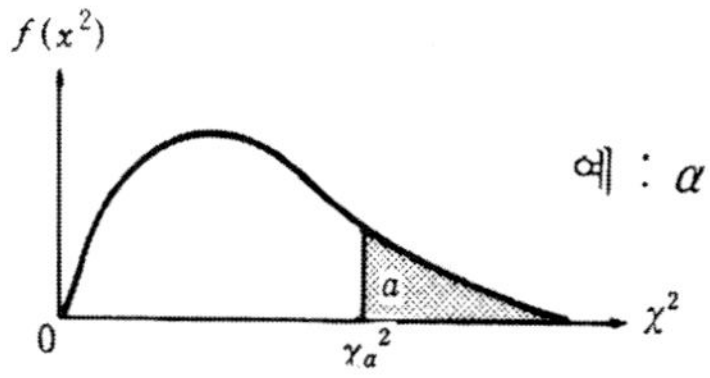

예 : $\alpha = 0.05$, 자유도 = 20일 때, $\chi_\alpha^2 = 31.4104$

자유도	$\chi^2_{.995}$	$\chi^2_{.990}$	$\chi^2_{.975}$	$\chi^2_{.950}$	$\chi^2_{.900}$
1	0.0000393	0.0001571	0.0009821	0.0039321	0.0157908
2	0.100251	0.0201007	0.0506356	0.102587	0.210720
3	0.0717212	0.114832	0.215795	0.351846	0.584375
4	0.206990	0.297110	0.484419	0.710721	1.063623
5	0.411740	0.554300	0.831211	1.145476	1.61031
6	0.675727	0.872085	1.237347	1.63539	2.20413
7	0.989265	1.239043	1.68987	2.16735	2.83311
8	1.344419	1.646482	2.17973	2.73264	3.48954
9	1.734926	2.087912	2.70039	3.32511	4.16816
10	2.15586	2.55821	3.24697	3.94030	4.86518
11	2.60321	3.05347	3.81575	4.57481	5.57779
12	3.07382	3.57056	4.40379	5.22603	6.30380
13	3.56503	4.10691	5.00874	5.89186	7.04150
14	4.07468	4.66043	5.62872	6.57063	7.78953
15	4.60094	5.22935	6.26214	7.26094	8.54675
16	5.14224	5.81221	6.90766	7.96164	9.31223
17	5.69724	6.40776	7.56418	8.67176	10.0852
18	6.26481	7.01491	8.23075	9.39046	10.8649
19	6.84398	7.63273	8.90655	10.1170	11.6509
20	7.43386	8.26040	9.59083	10.8508	12.4426
21	8.03366	8.89720	10.28293	11.5913	13.2396
22	8.64272	9.54249	10.9823	12.3380	14.0415
23	9.26042	10.19567	11.6885	13.0905	14.8479
24	9.88623	10.8564	12.4011	13.8484	15.6587
25	10.517	11.5240	13.1197	14.6114	16.4734
26	11.1603	12.1981	13.8439	15.3791	17.2919
27	11.8076	12.8786	14.5733	16.1513	18.1138
28	12.4613	13.5648	15.3079	16.9279	18.9392
29	13.1211	14.2565	16.0471	17.7083	19.7677
30	13.7867	14.9535	16.7908	18.4926	20.5992
40	20.7065	22.1643	24.4331	26.5093	29.0505
50	27.9907	29.7067	32.3574	34.7642	37.6886
60	35.5346	37.4848	40.4817	43.1879	46.4589
70	43.2752	45.4418	48.7576	51.7393	55.3290
80	51.1720	53.5400	57.1532	60.3915	64.2778
90	59.1963	61.7541	65.6466	69.1260	73.2912
100	67.3276	70.0648	74.2219	77.9295	82.3581

자유도	$\chi^2_{.100}$	$\chi^2_{.050}$	$\chi^2_{.025}$	$\chi^2_{.010}$	$\chi^2_{.005}$
1	2.70554	3.84146	5.02389	6.63490	7.87944
2	4.60517	5.99147	7.37776	9.21034	10.5966
3	6.25139	7.81473	9.34840	11.3449	12.8381
4	7.77944	9.48773	11.1433	13.2767	14.8602
5	9.23635	11.0705	12.8325	15.0863	16.7496
6	10.6446	12.5916	14.4494	16.8119	18.5476
7	12.0170	14.0671	16.0128	18.4753	20.2777
8	13.3616	15.5073	17.5346	20.0902	21.9550
9	14.6837	16.9190	19.0228	21.6660	23.5893
10	15.9871	18.3070	20.4831	23.2093	25.1882
11	17.2750	19.6751	21.9200	24.7250	26.7569
12	18.5494	21.0261	23.3367	26.2170	28.2995
13	19.8119	22.3621	24.7356	27.6883	29.8194
14	21.0642	23.6848	26.1190	29.1413	31.3193
15	22.3072	24.9958	27.4884	30.5779	32.8013
16	23.5418	26.2962	28.8454	31.9999	34.2672
17	24.7690	27.5871	30.1910	33.4087	35.7185
18	25.9894	28.8693	31.5264	34.8053	37.1564
19	27.2036	30.1435	32.8523	36.1908	38.5822
20	28.4120	31.4104	34.1696	37.5662	39.9968
21	29.6151	32.6705	35.4789	38.9321	41.4010
22	30.9133	33.9244	36.7807	40.2894	42.7956
23	32.0069	35.1725	38.0757	41.2894	44.1813
24	33.1963	36.4151	39.3641	42.9798	45.5585
25	34.3816	37.6525	40.6465	44.3141	46.9278
26	35.5631	38.8852	41.9232	45.6417	48.2898
27	36.7412	40.1133	43.1944	46.9630	49.6449
28	37.9159	41.3372	44.4607	48.2782	50.9933
29	39.0875	42.5569	45.7222	49.5879	52.3356
30	40.2560	43.7729	46.9792	50.8922	53.6720
40	51.8050	55.7585	59.3417	63.6907	66.7659
50	63.1671	67.5048	71.4202	76.1539	79.4900
60	74.3970	79.0819	83.2976	88.3794	91.9517
70	85.5271	90.5312	95.0231	100.425	104.215
80	96.5782	101.879	106.629	112.329	116.321
90	107.565	113.145	118.136	124.116	128.299
100	118.498	124.342	129.561	135.807	140.169

| 표 Ⅷ | F **분포표**

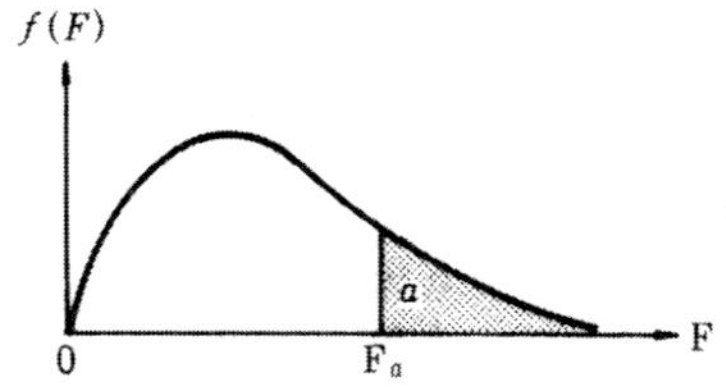

예 : $\alpha = 0.05$, $\nu_1 = 4$, $\nu_2 = 7$일 때, $F_{0.05} = 4.12$

$\alpha = 0.10$

	ν_2 \ ν_1	분자자유도								
		1	2	3	4	5	6	7	8	9
	1	39.86	49.50	53.59	55.83	57.24	58.20	58.91	59.44	59.86
	2	8.53	9.00	9.16	9.24	9.29	9.33	9.35	9.37	9.38
	3	5.54	5.46	5.39	5.34	5.31	5.28	5.27	5.25	5.24
	4	4.54	4.32	4.19	4.11	4.05	4.01	3.98	3.95	3.94
	5	4.06	3.78	3.62	3.52	3.45	3.40	3.37	3.34	3.32
	6	3.78	3.46	3.29	3.18	3.11	3.05	3.01	2.98	2.96
	7	3.59	3.26	3.07	2.96	2.88	2.83	2.78	2.75	2.72
	8	3.46	3.11	2.92	2.81	2.73	2.67	2.62	2.59	2.56
	9	3.36	3.01	2.81	2.69	2.61	2.55	2.51	2.47	2.44
	10	3.29	2.92	2.73	2.61	2.52	2.46	2.41	2.38	2.35
	11	3.23	2.86	2.66	2.54	2.45	2.39	2.34	2.30	2.27
	12	3.18	2.81	2.61	2.48	2.39	2.33	2.28	2.24	2.21
분	13	3.14	2.76	2.56	2.43	2.35	2.28	2.23	2.20	2.16
	14	3.10	2.73	2.52	2.39	2.31	2.24	2.19	2.15	2.12
모	15	3.07	2.70	2.49	2.36	2.27	2.21	2.16	2.12	2.09
	16	3.05	2.67	2.46	2.33	2.24	2.18	2.13	2.09	2.06
자	17	3.03	2.64	2.44	2.31	2.22	2.15	2.10	2.06	2.03
	18	3.01	2.62	2.42	2.29	2.20	2.13	2.08	2.04	2.00
유	19	2.99	2.61	2.40	2.27	2.18	2.11	2.06	2.02	1.98
	20	2.97	2.59	2.38	2.25	2.16	2.09	2.04	2.00	1.96
도	21	2.96	2.57	2.36	2.23	2.14	2.08	2.02	1.98	1.95
	22	2.95	2.56	2.35	2.22	2.13	2.06	2.01	1.97	1.93
	23	2.94	2.55	2.34	2.21	2.11	2.05	1.99	1.95	1.92
	24	2.93	2.54	2.33	2.19	2.10	2.04	1.98	1.94	1.91
	25	2.92	2.53	2.32	2.18	2.09	2.02	1.97	1.93	1.89
	26	2.91	2.52	2.31	2.17	2.08	2.01	1.96	1.92	1.88
	27	2.90	2.51	2.30	2.17	2.07	2.00	1.95	1.91	1.87
	28	2.89	2.50	2.29	2.16	2.06	2.00	1.94	1.90	1.87
	29	2.89	2.50	2.28	2.15	2.06	1.99	1.93	1.89	1.86
	30	2.88	2.49	2.28	2.14	2.05	1.98	1.93	1.88	1.85
	40	2.84	2.44	2.23	2.09	2.00	1.93	1.87	1.83	1.79
	60	2.79	2.39	2.18	2.04	1.95	1.87	1.82	1.77	1.74
	120	2.75	2.35	2.13	1.99	1.90	1.82	1.77	1.72	1.68
	∞	2.71	2.30	2.08	1.94	1.85	1.77	1.72	1.67	1.63

$\alpha=0.10$

ν_2 \ ν_1	분자자유도									
	10	12	15	20	24	30	40	60	120	∞
1	60.19	60.71	61.22	61.74	62.00	62.26	62.53	62.79	63.06	63.33
2	9.39	9.41	9.42	9.44	9.45	9.46	9.47	9.47	9.48	9.49
3	5.23	5.22	5.20	5.18	5.18	5.17	5.16	5.15	5.14	5.13
4	3.92	3.90	3.87	3.84	3.83	3.82	3.80	3.79	3.78	3.76
5	3.30	3.27	3.24	3.21	3.19	3.17	3.16	3.14	3.12	3.10
6	2.94	2.90	2.87	2.84	2.82	2.80	2.78	2.76	2.74	2.72
7	2.70	2.67	2.63	2.59	2.58	2.56	2.54	2.51	2.49	2.47
8	2.54	2.50	2.46	2.42	2.40	2.38	2.36	2.34	2.32	2.29
9	2.42	2.38	2.34	2.30	2.28	2.25	2.23	2.21	2.18	2.16
10	2.32	2.28	2.24	2.20	2.18	2.16	2.13	2.11	2.08	2.06
11	2.25	2.21	2.17	2.12	2.10	2.08	2.05	2.03	2.00	1.97
12	2.19	2.15	2.10	2.06	2.04	2.01	1.99	1.96	1.93	1.90
분 13	2.14	2.10	2.05	2.01	1.98	1.96	1.93	1.90	1.88	1.85
14	2.10	2.05	2.01	1.96	1.94	1.91	1.89	1.86	1.83	1.80
모 15	2.06	2.02	1.97	1.92	1.90	1.87	1.85	1.82	1.79	1.76
16	2.03	1.99	1.94	1.89	1.87	1.84	1.81	1.78	1.75	1.72
자 17	2.00	1.96	1.91	1.86	1.84	1.81	1.78	1.75	1.72	1.69
18	1.98	1.93	1.89	1.84	1.81	1.78	1.75	1.72	1.69	1.66
유 19	1.96	1.91	1.86	1.81	1.79	1.76	1.73	1.70	1.67	1.63
20	1.94	1.89	1.84	1.79	1.77	1.74	1.71	1.68	1.64	1.61
도 21	1.92	1.87	1.83	1.78	1.75	1.72	1.69	1.66	1.62	1.59
22	1.90	1.86	1.81	1.76	1.73	1.70	1.67	1.64	1.60	1.57
23	1.89	1.84	1.80	1.74	1.72	1.69	1.66	1.62	1.59	1.55
24	1.88	1.83	1.78	1.73	1.70	1.67	1.64	1.61	1.57	1.53
25	1.87	1.82	1.77	1.72	1.69	1.66	1.63	1.59	1.56	1.52
26	1.86	1.81	1.76	1.71	1.68	1.65	1.61	1.58	1.54	1.50
27	1.85	1.80	1.75	1.70	1.67	1.64	1.60	1.57	1.53	1.49
28	1.84	1.79	1.74	1.69	1.66	1.63	1.59	1.56	1.52	1.48
29	1.83	1.78	1.73	1.68	1.65	1.62	1.58	1.55	1.51	1.47
30	1.82	1.77	1.72	1.67	1.64	1.61	1.57	1.54	1.50	1.46
40	1.76	1.71	1.66	1.61	1.57	1.54	1.51	1.47	1.42	1.38
60	1.71	1.66	1.60	1.51	1.51	1.48	1.44	1.40	1.35	1.29
120	1.65	1.60	1.55	1.48	1.45	1.41	1.37	1.32	1.26	1.19
∞	1.60	1.55	1.49	1.42	1.38	1.34	1.30	1.24	1.17	1.00

$\alpha = 0.05$

	ν_2 \ ν_1	분자자유도 1	2	3	4	5	6	7	8	9
	1	161.4	199.5	215.7	224.6	230.2	234.0	236.8	238.9	240.5
	2	18.51	19.00	19.25	19.25	19.30	19.33	19.35	19.37	19.38
	3	10.13	9.55	9.28	9.12	9.01	8.94	8.89	8.85	8.81
	4	7.71	6.94	6.59	6.39	6.26	6.16	6.09	6.04	6.00
	5	6.61	5.79	5.41	5.19	5.05	4.95	4.88	4.82	4.77
	6	5.99	5.14	4.76	4.53	4.39	4.28	4.21	4.15	4.10
	7	5.59	4.74	4.35	4.12	3.97	3.87	3.79	3.73	3.68
	8	5.32	4.46	4.07	3.84	3.69	3.58	3.50	3.44	3.39
	9	5.12	4.26	3.86	3.63	3.48	3.37	3.29	3.23	3.18
	10	4.96	4.10	3.71	3.48	3.33	3.22	3.14	3.07	3.02
	11	4.84	3.98	3.59	3.36	3.20	3.09	3.01	2.95	2.90
	12	4.75	3.89	3.49	3.26	3.11	3.00	2.91	2.85	2.80
분	13	4.67	3.81	3.41	3.18	3.03	2.92	2.83	2.77	2.71
	14	4.60	3.74	3.34	3.11	2.96	2.85	2.76	2.70	2.65
모	15	4.54	3.68	3.29	3.06	2.90	2.79	2.71	2.64	2.59
	16	4.49	3.63	3.24	3.01	2.85	2.74	2.66	2.95	2.54
자	17	4.45	3.59	3.20	2.96	2.81	2.70	2.61	2.55	2.49
	18	4.41	3.55	3.16	2.93	2.77	2.66	2.58	2.51	2.46
유	19	4.38	3.52	3.13	2.90	2.74	2.63	2.54	2.48	2.42
	20	4.35	3.49	3.10	2.87	2.71	2.60	2.51	2.45	2.39
도	21	4.32	3.47	3.07	2.84	2.68	2.57	2.49	2.42	2.37
	22	4.30	3.44	3.05	2.82	2.66	2.55	2.46	2.40	2.34
	23	4.28	3.42	3.03	2.80	2.64	2.53	2.44	2.37	2.32
	24	4.26	3.40	3.01	2.78	2.62	2.51	2.42	2.36	2.30
	25	4.24	3.39	2.99	2.76	2.60	2.49	2.40	2.34	2.28
	26	4.23	3.37	2.98	2.74	2.59	2.47	2.39	2.32	2.27
	27	4.21	3.35	2.96	2.73	2.57	2.46	2.37	2.31	2.25
	28	4.20	3.34	2.95	2.71	2.56	2.45	2.36	2.29	2.24
	29	4.18	3.33	2.93	2.70	2.55	2.43	2.35	2.28	2.22
	30	4.17	3.32	2.92	2.69	2.53	2.42	2.33	2.27	2.21
	40	4.08	3.23	2.84	2.61	2.45	2.34	2.25	2.18	2.12
	60	4.00	3.15	2.76	2.53	2.37	2.25	2.17	2.10	2.04
	120	3.92	3.07	2.68	2.45	2.29	2.17	2.09	2.02	1.96
	∞	3.84	3.00	2.60	2.37	2.21	2.10	2.01	1.94	1.88

$\alpha = 0.05$

	ν_2 \ ν_1	분자자유도 10	12	15	20	24	30	40	60	120	∞
	1	241.9	243.9	245.9	248.0	249.1	250.1	251.1	252.2	253.3	254.3
	2	19.40	19.41	19.43	19.44	19.45	19.46	19.47	19.48	19.49	19.50
	3	8.79	8.74	8.70	8.66	8.64	8.62	8.59	8.57	8.55	8.53
	4	5.96	5.91	5.86	5.80	5.77	5.75	5.72	5.69	5.66	5.63
	5	4.74	4.68	4.62	4.56	4.53	4.50	4.46	4.43	4.40	4.36
	6	4.06	4.00	3.94	3.87	3.84	3.81	3.77	3.74	3.70	3.67
	7	3.64	3.57	3.51	3.44	3.41	3.38	3.34	3.30	3.37	3.23
	8	3.35	3.28	3.22	3.15	3.12	3.08	3.04	3.01	2.97	2.93
	9	3.14	3.07	3.01	2.94	2.90	2.86	2.83	2.79	2.75	2.71
	10	2.98	2.91	2.85	2.77	2.74	2.70	2.66	2.62	2.58	2.54
	11	2.85	2.79	2.72	2.65	2.61	2.57	2.53	2.49	2.45	2.40
	12	2.75	2.69	2.62	2.54	2.51	2.47	2.43	2.38	2.34	2.30
분	13	2.67	2.60	2.53	2.46	2.42	2.38	2.34	2.30	2.25	2.21
	14	2.60	2.53	2.46	2.39	2.35	2.31	2.27	2.22	2.18	2.13
모	15	2.54	2.48	2.40	2.33	2.29	2.25	2.20	2.16	2.11	2.07
	16	2.49	2.42	2.35	2.28	2.24	2.19	2.15	2.11	2.06	2.01
자	17	2.45	2.38	2.31	2.23	2.19	2.15	2.10	2.06	2.01	1.96
	18	2.41	2.34	2.27	2.19	2.15	2.11	2.06	2.02	1.97	1.92
유	19	2.38	2.31	2.23	2.16	2.11	2.07	2.03	1.98	1.93	1.88
	20	2.35	2.28	2.20	2.12	2.08	2.04	1.99	1.95	1.90	1.84
도	21	2.32	2.25	2.18	2.10	2.05	2.01	1.96	1.92	1.87	1.81
	22	2.30	2.23	2.15	2.07	2.03	1.98	1.94	1.89	1.84	1.78
	23	2.27	2.20	2.13	2.05	2.01	1.96	1.91	1.86	1.81	1.76
	24	2.25	2.18	2.11	2.03	1.98	1.94	1.89	1.84	1.79	1.73
	25	2.24	2.16	2.09	2.01	1.96	1.92	1.87	1.82	1.77	1.71
	26	2.22	2.15	2.07	1.99	1.95	1.90	1.85	1.80	1.75	1.69
	27	2.20	2.13	2.06	1.97	1.93	1.88	1.84	1.79	1.73	1.67
	28	2.19	2.12	2.04	1.96	1.91	1.87	1.82	1.77	1.71	1.65
	29	2.18	2.10	2.03	1.94	1.90	1.85	1.81	1.75	1.70	1.64
	30	2.16	2.09	2.01	1.93	1.89	1.84	1.79	1.74	1.68	1.62
	40	2.08	2.00	1.92	1.84	1.79	1.74	1.69	1.64	1.58	1.51
	60	1.99	1.92	1.84	1.75	1.70	1.65	1.59	1.53	1.47	1.39
	120	1.91	1.83	1.75	1.66	1.61	1.55	1.50	1.43	1.35	1.25
	∞	1.83	1.75	1.67	1.57	1.52	1.46	1.39	1.32	1.22	1.00

$\alpha = 0.025$

ν_2 \ ν_1	분자자유도								
	1	2	3	4	5	6	7	8	9
1	647.8	799.5	864.2	899.6	921.8	937.1	948.2	956.7	963.3
2	38.51	39.00	39.17	39.25	39.30	39.33	39.36	39.37	39.39
3	17.44	16.04	15.44	15.10	14.88	14.73	14.73	14.54	14.47
4	12.22	10.65	9.98	9.60	9.36	9.20	9.20	8.98	8.90
5	10.01	8.43	7.76	7.39	7.15	6.98	6.98	6.76	6.68
6	8.81	7.26	6.60	6.23	5.99	5.82	5.82	5.60	5.52
7	8.07	6.54	5.89	5.52	5.29	5.12	5.12	4.90	4.82
8	7.57	6.06	5.42	5.05	4.82	4.65	4.65	4.43	4.36
9	7.21	5.71	5.08	4.72	4.48	4.32	4.32	4.10	4.03
10	6.94	5.46	4.83	4.47	4.24	4.07	4.07	3.85	3.78
11	6.72	5.26	4.63	4.28	4.04	3.88	3.88	3.66	3.59
12	6.55	5.10	4.47	4.12	3.89	3.73	3.73	3.51	3.44
분 13	6.41	4.97	4.35	4.00	3.77	3.60	3.60	3.39	3.31
14	6.30	4.86	4.24	3.89	3.66	3.50	3.50	3.29	3.21
모 15	6.20	4.77	4.15	3.80	3.58	3.41	3.41	3.20	3.12
16	6.12	4.69	4.08	3.73	3.50	3.34	3.22	3.12	3.05
자 17	6.04	4.62	4.01	3.66	3.44	3.28	3.16	3.06	2.98
18	5.98	4.56	3.95	3.61	3.38	3.22	3.10	3.01	2.93
유 19	5.92	4.51	3.90	3.56	3.33	3.17	3.05	2.96	2.88
20	5.87	4.46	3.86	3.51	3.29	3.13	3.01	2.91	2.84
도 21	5.83	4.42	3.82	3.48	3.25	3.09	2.97	2.87	2.80
22	5.79	4.38	3.78	3.44	3.22	3.05	2.93	2.84	2.76
23	5.75	4.35	3.75	3.41	3.18	3.02	2.90	2.81	2.73
24	5.72	4.32	3.72	3.38	3.15	2.99	2.87	2.78	2.70
25	5.69	4.29	3.69	3.35	3.13	2.97	2.85	2.75	2.68
26	5.66	4.27	3.67	3.33	3.10	2.94	2.82	2.73	2.65
27	5.63	4.24	3.65	3.31	3.08	2.92	2.80	2.71	2.63
28	5.61	4.22	3.63	3.29	3.06	2.90	2.78	2.69	2.61
29	5.59	4.20	3.61	3.27	3.04	2.88	2.76	2.67	2.59
30	5.57	4.18	3.59	3.25	3.03	2.87	2.75	2.65	2.57
40	5.42	4.05	3.46	3.13	2.90	2.74	2.62	2.53	2.45
60	5.29	3.93	3.34	3.01	2.79	2.63	2.51	2.41	2.33
120	5.15	3.80	3.23	2.89	2.67	2.52	2.39	2.30	2.22
∞	5.02	3.69	3.12	2.79	2.57	2.41	2.29	2.19	2.11

$\alpha = 0.025$

ν_2 \ ν_1 (분모자유도 \ 분자자유도)	10	12	15	20	24	30	40	60	120	∞
1	968.6	976.7	984.9	993.1	997.2	1001	1006	1010	1014	1018
2	39.40	39.41	39.43	39.45	39.46	39.46	39.47	39.48	39.49	39.50
3	14.42	14.34	14.25	14.17	14.12	14.08	14.04	13.99	13.95	13.90
4	8.84	8.75	8.66	8.51	8.51	8.46	8.41	8.36	8.31	8.26
5	6.62	6.52	6.43	6.28	6.28	6.23	6.18	6.12	6.07	6.02
6	5.46	5.37	5.27	5.12	5.12	5.07	5.01	4.96	4.90	4.85
7	4.76	4.67	4.57	4.42	4.42	4.36	4.31	4.25	4.20	4.14
8	4.30	4.20	4.10	3.95	3.95	3.89	3.84	3.78	3.73	3.67
9	3.96	3.87	3.77	3.61	3.61	3.56	3.51	3.45	3.39	3.33
10	3.72	3.62	3.52	3.37	3.37	3.31	3.26	3.20	3.14	3.08
11	3.53	3.43	3.33	3.17	3.17	3.12	3.06	3.00	2.94	2.88
12	3.37	3.28	3.18	3.02	3.02	2.96	2.91	2.85	2.79	2.72
13	3.25	3.15	3.05	2.89	2.89	2.84	2.78	2.72	2.66	2.60
14	3.15	3.05	2.95	2.79	2.79	2.73	2.67	2.61	2.55	2.49
15	3.06	2.96	2.86	2.70	2.70	2.64	2.59	2.52	2.46	2.40
16	2.99	2.89	2.79	2.68	2.63	2.57	2.51	2.45	2.38	2.32
17	2.92	2.82	2.72	2.62	2.56	2.50	2.44	2.38	2.32	2.25
18	2.87	2.77	2.67	2.56	2.50	2.44	2.38	2.32	2.26	2.19
19	2.82	2.72	2.62	2.51	2.45	2.39	2.33	2.27	2.20	2.13
20	2.77	2.68	2.57	2.46	2.41	2.35	2.29	2.22	2.16	2.09
21	2.73	2.64	2.53	2.42	2.37	2.31	2.25	2.18	2.11	2.04
22	2.70	2.60	2.50	2.39	2.33	2.27	2.21	2.14	2.08	2.00
23	2.67	2.57	2.47	2.36	2.30	2.24	2.18	2.11	2.04	1.97
24	2.64	2.54	2.44	2.33	2.27	2.21	2.15	2.08	2.01	1.94
25	2.61	2.51	2.41	2.30	2.24	2.18	2.12	2.05	1.98	1.91
26	2.59	2.49	2.39	2.28	2.22	2.16	2.09	2.03	1.95	1.88
27	2.57	2.47	2.36	2.25	2.19	2.13	2.07	2.00	1.93	1.85
28	2.55	2.45	2.34	2.23	2.17	2.11	2.05	1.98	1.91	1.83
29	2.53	2.43	2.32	2.21	2.1	2.09	2.03	1.96	1.89	1.81
30	2.51	2.41	2.31	2.20	2.14	2.07	2.01	1.94	1.87	1.79
40	2.39	2.29	2.18	2.07	2.01	1.94	1.88	1.80	1.72	1.64
60	2.27	2.17	2.06	1.94	1.88	1.82	1.74	1.67	1.58	1.48
120	2.16	2.05	1.94	1.82	1.76	1.69	1.61	1.53	1.43	1.31
∞	2.05	1.94	1.83	1.71	1.64	1.57	1.48	1.39	1.27	1.00

$\alpha = 0.01$

	ν_1 \ ν_2	분자자유도 1	2	3	4	5	6	7	8	9
	1	4,052	4,999.5	5,403	5,625	5,764	5,859	5,928	5,982	6,022
	2	98.50	99.00	99.17	99.25	99.30	99.33	99.36	99.37	99.39
	3	34.12	30.82	29.46	28.71	28.24	27.91	27.67	27.49	27.35
	4	21.20	18.00	16.69	15.98	15.52	15.21	14.98	14.80	14.66
	5	16.26	13.27	12.06	11.39	10.97	10.67	10.46	10.29	10.16
	6	13.75	10.92	9.78	9.15	8.75	8.47	8.26	8.10	7.98
	7	12.25	9.55	8.45	7.85	7.46	7.19	6.99	6.84	6.72
	8	11.26	8.65	7.59	7.01	6.63	6.37	6.18	6.03	5.91
	9	10.56	8.02	6.99	6.42	6.06	5.80	5.61	5.47	5.35
	10	10.04	7.56	6.55	5.99	5.64	5.39	5.20	5.06	4.94
	11	9.65	7.21	6.22	5.67	5.32	5.07	4.89	4.74	4.63
	12	9.33	6.93	5.95	5.41	5.06	4.82	4.64	4.50	4.39
분	13	9.07	6.70	5.74	5.21	4.86	4.62	4.44	4.30	4.19
	14	8.86	6.51	5.56	5.04	4.69	4.46	4.28	4.14	4.03
모	15	8.68	6.36	5.42	4.89	4.56	4.32	4.14	4.00	3.89
	16	8.53	6.23	5.29	4.77	4.44	4.20	4.03	3.89	3.78
자	17	8.40	6.11	5.18	4.67	4.34	4.10	3.93	3.79	3.68
	18	8.29	6.01	5.09	4.58	4.25	4.01	3.84	3.71	3.60
유	19	8.18	5.93	5.01	4.50	4.17	3.94	3.77	3.63	3.52
	20	8.10	5.85	4.94	4.43	4.10	3.87	3.70	3.56	3.46
도	21	8.02	5.78	4.87	4.37	4.04	3.81	3.64	3.51	3.40
	22	7.95	5.72	4.82	4.31	3.99	3.76	3.59	3.45	3.35
	23	7.88	5.66	4.76	4.26	3.94	3.71	3.54	3.41	3.30
	24	7.82	5.61	4.72	4.22	3.90	3.67	3.50	3.36	3.26
	25	7.77	5.57	4.68	4.18	3.85	3.63	3.46	3.32	3.22
	26	7.72	5.53	4.64	4.14	3.82	3.59	3.42	3.29	3.18
	27	7.68	5.49	4.60	4.11	3.78	3.56	3.39	3.26	3.15
	28	7.64	5.45	4.57	4.07	3.75	3.53	3.36	3.23	3.12
	29	7.60	5.42	4.54	4.04	3.73	3.50	3.33	3.20	3.09
	30	7.56	5.39	4.51	4.02	3.70	3.47	3.30	3.17	3.07
	40	7.31	5.18	4.31	3.83	3.51	3.29	3.12	2.99	2.89
	60	7.08	4.98	4.13	3.65	3.34	3.12	2.95	2.82	2.72
	120	6.85	4.79	3.95	3.48	3.17	2.96	2.79	2.66	2.56
	∞	6.63	4.61	3.78	3.32	3.02	2.80	2.64	2.51	2.41

$\alpha = 0.01$

ν_2 \ ν_1 (분모자유도 \ 분자자유도)	10	12	15	20	24	30	40	60	120	∞
1	6,056	6,106	6,157	6,209	6,235	6,261	6,287	6,313	6,339	6,366
2	99.40	99.42	99.43	99.45	99.46	99.47	99.47	99.48	99.49	99.50
3	27.23	27.05	26.87	26.69	26.60	26.50	26.41	26.32	26.22	26.13
4	14.55	14.37	14.20	14.02	13.93	13.84	13.75	13.65	13.56	13.46
5	10.05	9.89	9.72	9.55	9.47	9.38	9.29	9.20	9.11	9.02
6	7.87	7.72	7.56	7.40	7.31	7.23	7.14	7.06	6.97	6.88
7	6.62	6.47	6.31	6.16	6.07	5.99	5.91	5.82	5.74	5.65
8	5.81	5.67	5.52	5.36	5.28	5.20	5.12	5.03	4.95	4.86
9	5.26	5.11	4.96	4.81	4.73	4.65	4.57	4.48	4.40	4.31
10	4.85	4.71	4.56	4.41	4.33	4.25	4.17	4.08	4.00	3.91
11	4.54	4.40	4.25	4.10	4.02	3.94	3.86	3.78	3.69	3.60
12	4.30	4.16	4.01	3.86	3.78	3.70	3.62	3.54	3.45	3.36
13	4.10	3.96	3.82	3.66	3.59	3.51	3.43	3.34	3.25	3.17
14	3.94	3.80	3.66	3.51	3.43	3.35	3.27	3.18	3.09	3.00
15	3.80	3.67	3.52	3.37	3.29	3.21	3.13	3.05	2.96	2.87
16	3.69	3.55	3.41	3.26	3.18	3.10	3.02	2.93	2.84	2.75
17	3.59	3.46	3.31	3.16	3.08	3.00	2.92	2.83	2.75	2.65
18	3.51	3.37	3.23	3.08	3.00	2.92	2.84	2.75	2.66	2.57
19	3.43	3.30	3.15	3.00	2.92	2.84	2.76	2.67	2.58	2.49
20	3.37	3.23	3.09	2.94	2.86	2.78	2.69	2.61	2.52	2.42
21	3.31	3.17	3.03	2.88	2.80	2.72	2.64	2.55	2.46	2.36
22	3.26	3.12	2.98	2.83	2.75	2.67	2.58	2.50	2.40	2.31
23	3.21	3.07	2.93	2.78	2.70	2.62	2.54	2.45	2.35	2.26
24	3.17	3.03	2.89	2.74	2.66	2.58	2.49	2.40	2.31	2.21
25	3.13	2.99	2.85	2.70	2.62	2.54	2.45	2.36	2.27	2.17
26	3.09	2.96	2.81	2.66	2.58	2.50	2.42	2.33	2.23	2.13
27	3.06	2.93	2.78	2.63	2.55	2.47	2.38	2.29	2.20	2.10
28	3.03	2.90	2.75	2.60	2.52	2.44	2.35	2.26	2.17	2.06
29	3.00	2.87	2.73	2.57	2.49	2.41	2.33	2.23	2.14	2.03
30	2.98	2.84	2.70	2.55	2.47	2.39	2.30	2.21	2.11	2.01
40	2.80	2.66	2.52	2.37	2.29	2.20	2.11	2.02	1.92	1.80
60	2.63	2.50	2.35	2.20	2.12	2.03	1.94	1.84	1.73	1.60
120	2.47	2.34	2.19	2.03	1.95	1.86	1.76	1.66	1.53	1.38
∞	2.32	2.18	2.04	1.88	1.79	1.70	1.59	1.47	1.32	1.00

표 VIII Durbin-watson검정표

예 : $n=20$, $\beta=0.05$, $K=2$라면 $d_L=1,\ 10.$ $d_v=1.54$

	자유도 α=.05									
	독립변수의 수 k									
	k=1		k=2		k=3		k=4		k=5	
n	d_L	d_U	d_L	d_U	d_L	d_U	d_L	d_U	d_L	d_U
15	1.08	1.36	0.95	1.54	0.82	1.75	0.69	1.97	0.56	2.21
16	1.10	1.37	0.98	1.54	0.86	1.73	0.74	1.93	0.62	2.15
17	1.13	1.38	1.02	1.54	0.90	1.71	0.78	1.90	0.67	2.10
18	1.16	1.39	1.05	1.53	0.93	1.69	0.82	1.87	0.71	2.06
19	1.18	1.40	1.08	1.53	0.97	1.68	0.86	1.85	0.75	2.02
20	1.20	1.41	1.10	1.54	1.00	1.68	0.90	1.83	0.79	1.99
21	1.22	1.42	1.13	1.54	1.03	1.67	0.93	1.81	0.83	1.96
22	1.24	1.43	1.15	1.54	1.05	1.66	0.96	1.80	0.86	1.94
23	1.26	1.44	1.17	1.54	1.08	1.66	0.99	1.79	0.90	1.92
24	1.27	1.45	1.19	1.55	1.10	1.66	1.01	1.78	0.93	1.90
25	1.29	1.45	1.21	1.55	1.12	1.66	1.04	1.77	0.95	1.89
26	1.30	1.46	1.22	1.55	1.14	1.65	1.06	1.76	0.98	1.88
27	1.32	1.47	1.24	1.56	1.16	1.65	1.08	1.76	1.01	1.86
28	1.33	1.48	1.26	1.56	1.18	1.65	1.10	1.75	1.03	1.85
29	1.34	1.48	1.27	1.56	1.20	1.65	1.12	1.74	1.05	1.84
30	1.35	1.49	1.28	1.57	1.21	1.65	1.14	1.74	1.07	1.83
31	1.36	1.50	1.30	1.57	1.23	1.65	1.16	1.74	1.09	1.83
32	1.37	1.50	1.31	1.57	1.24	1.65	1.18	1.73	1.11	1.82
33	1.38	1.51	1.32	1.58	1.26	1.65	1.19	1.73	1.13	1.81
34	1.39	1.51	1.33	1.58	1.27	1.65	1.21	1.73	1.15	1.81
35	1.40	1.52	1.34	1.58	1.28	1.65	1.22	1.73	1.16	1.80
36	1.41	1.52	1.35	1.59	1.29	1.65	1.24	1.73	1.18	1.80
37	1.42	1.53	1.36	1.59	1.31	1.66	1.25	1.72	1.19	1.80
38	1.43	1.54	1.37	1.59	1.32	1.66	1.26	1.72	1.21	1.79
39	1.43	1.54	1.38	1.60	1.33	1.66	1.27	1.72	1.22	1.79
40	1.44	1.54	1.39	1.60	1.34	1.66	1.29	1.72	1.23	1.79
45	1.48	1.57	1.43	1.62	1.38	1.67	1.34	1.72	1.29	1.78
50	1.50	1.59	1.46	1.63	1.42	1.67	1.38	1.72	1.34	1.77
55	1.53	1.60	1.49	1.64	1.45	1.68	1.41	1.72	1.38	1.77
60	1.55	1.62	1.51	1.65	1.48	1.69	1.44	1.73	1.41	1.77
65	1.57	1.63	1.54	1.66	1.50	1.70	1.47	1.73	1.44	1.77
70	1.58	1.64	1.55	1.67	1.52	1.70	1.49	1.74	1.46	1.77
75	1.60	1.65	1.57	1.68	1.54	1.71	1.51	1.74	1.49	1.77
80	1.61	1.66	1.59	1.69	1.56	1.72	1.53	1.74	1.51	1.77
85	1.62	1.67	1.60	1.70	1.57	1.72	1.55	1.75	1.52	1.77
90	1.63	1.68	1.61	1.70	1.59	1.73	1.57	1.75	1.54	1.78
95	1.64	1.69	1.62	1.71	1.60	1.73	1.58	1.75	1.56	1.78
100	1.65	1.69	1.63	1.72	1.61	1.74	1.59	1.76	1.57	1.78

찾아보기

(ㅁ)

(ㅂ)

(ㅅ)

김 상 오

홍익대학교 전자공학과 졸업
동 대학교 대학원 졸업(경영학 석사 및 박사)
홍익대학교, 호서대학교 등 강사
국민투자자문(주) 전산개발팀장
세명대학교 정보처리학과장, 취업보도부장, 입학관리처장 역임
현, 세명대학교 전자상거래학과 교수

대표저서

BASIC프로그래밍(한국문헌, 1985)
전산개론(한국문헌, 1986)
최신통계학(교우사, 1995)
FORTRAN 77(상조사, 1996)
현대생산관리(대경, 2001)
디지털시대의 오피스플러스(이한출판사, 2005)
재미있는 경영해법(청람, 2013)외 다수

대표논문

직병렬 다단계 재고시스템의 시뮬레이션 연구
MRP시스템의 동적 롯트량 결정기법에 관한 연구
인터넷이 MIS에 미친 영향에 관한 연구
통합정보시스템 구축을 위한 조직의 환경변화에 관한 연구
SCM실행과 SCM성과와의 관계에 관한 연구 외 다수

정가 24,000원

재미있는 통계해법

2017년 2월 22일 초판 인쇄
2017년 2월 28일 초판 발행
저 자 : 김상오
발행자 : 우명찬 · 송 준
발행처 : 홍릉과학출판사
주 소 : 서울시 강북구 인수봉로 50길 10
01093
등 록 : 1976년 10월 21일 제5-66호
전 화 : (02) 999-2274~5, 903-7037
팩 스 : (02) 905-6729
e-mail: hongpub@hongpub.co.kr
http://www.hongpub.co.kr
ISBN: 979-11-5600-511-7

저자와의 협의하에 인지생략